U0466347

中华农耕文化精粹 食物加工卷

物开馐馔

唐志强 ◎ 主编
付 娟 ◎ 著

科学普及出版社
·北京·

图书在版编目（CIP）数据

中华农耕文化精粹. 食物加工卷：物开馐馔 / 唐志强主编；付娟著. -- 北京：科学普及出版社，2024.3
　ISBN 978-7-110-10665-5

　Ⅰ.①中⋯　Ⅱ.①唐⋯　②付⋯　Ⅲ.①食品加工—历史—中国—古代　Ⅳ.① F329

中国国家版本馆 CIP 数据核字（2023）第 226414 号

总 策 划	周少敏
策划编辑	郭秋霞　李惠兴
责任编辑	李惠兴　郭秋霞　张晶晶
封面设计	中文天地
正文设计	中文天地
责任校对	吕传新
责任印制	马宇晨

出　　版	科学普及出版社
发　　行	中国科学技术出版社有限公司发行部
地　　址	北京市海淀区中关村南大街 16 号
邮　　编	100081
发行电话	010-62173865
传　　真	010-62173081
网　　址	http://www.cspbooks.com.cn

开　　本	710mm×1000mm　1/16
字　　数	330 千字
印　　张	21
版　　次	2024 年 3 月第 1 版
印　　次	2024 年 3 月第 1 次印刷
印　　刷	北京顶佳世纪印刷有限公司
书　　号	ISBN 978-7-110-10665-5 / TS・156
定　　价	128.00 元

（凡购买本社图书，如有缺页、倒页、脱页者，本社发行部负责调换）

《中华农耕文化精粹》丛书编委会

主　编　唐志强

编　委　（以姓氏笔画为序）

　　　　　于湛瑶　　石　淼　　付　娟　　朱天纵　　李　锟
　　　　　李建萍　　李琦珂　　吴　蔚　　张　超　　赵雅楠
　　　　　徐旺生　　陶妍洁　　董　蔚　　韵晓雁

专家组　（以姓氏笔画为序）

　　　　　卢　勇　　杨利国　　吴　昊　　沈志忠　　胡泽学
　　　　　倪根金　　徐旺生　　唐志强　　曹幸穗　　曾雄生
　　　　　樊志民　　穆祥桐

编辑组

　　　　　周少敏　　赵　晖　　李惠兴　　郭秋霞　　关东东
　　　　　张晶晶　　汪莉雅　　孙红霞　　崔家岭

总序

中国具有百万年的人类史、一万年的文化史、五千多年的文明史。农耕文化是中华文化的根基，中国先民在万年的农业实践中，面对各地不尽相同的农业资源，积累了丰富的农业生产知识、经验和智慧，创造了蔚为壮观的农耕文化，成为中华文化之母，对中华文明的形成、发展和延续具有至关重要的作用，对世界农业发展做出了不可磨灭的贡献。

"中华农耕文化精粹"丛书以弘扬农耕文化为目标，以历史发展进程为叙事的纵向发展主线，以社会文化内涵为横向延展的辅线，提炼并阐释中华农耕文化的智慧精华，从不同角度全面展现中华农耕文化的璀璨辉煌及其对人类文明进步发挥的重要作用。

这套丛书以磅礴的气势展现了中华农耕博大精深的制度文明、物质文明以及技术文明，以深邃的文化诠释中华农耕文明中蕴含的经济、社会、文化、生态、科技等方面的价值，以图文互证、图文互补的形式，阐释历史事实与学者解读之确谬，具有以下四个突出特点。

一是丛书融汇了多学科最新研究成果。尝试打通考古、文物、文化、历史、艺术、民俗、博物等学科领域界限，以多学科的最新研究成果为基础，从历史、社会、经济、文化、生态等多角度，全面系统展现中华农耕文明。

二是丛书汇聚了大量珍贵的农耕图像。包括岩画、壁画、耕织图、古籍插画以及其他各种载体中反映生产、生活和文化的农耕图像，如此集中、大规模地展示农耕文化图像，在国内外均不多见。以图像还原历史真实，以文字解读图像意涵，为读者打开走进中华农耕文化的新视角。

三是丛书解读的视角独具特色。以生动有趣的故事佐证缜密严谨的史实论证，以科学的思想理念解读多样的技术变迁，以丰厚的文化积淀滋润理性的科普论述，诠释中国成为唯一绵延不绝、生生不息的文明古国的内在根基，力求科学性和趣味性的水乳交融与完美呈现。

四是丛书具有很强的"烟火气"和"带入感"。观察、叙述的视角独特而细腻，铺陈、展示的维度立体而丰富，以丰富的资料诠释中华农耕文化中蕴含的智慧，带领读者感受先民与自然和谐相处的生产生活情态及审美意趣，唤起深藏人们心中的民族自豪感、认同感和文化自信。

"文如看山不喜平。"这套丛书个性彰显，把学术性与通俗性相结合、物质文化与精神意趣相结合、文字论述与图像展示相结合，内容丰富多彩，文字生动有趣，而且各卷既自成一体，又力求风格一致、体例统一，深度和广度兼备，陪伴读者在上下五千年的农耕文化中徜徉，领略中华农耕文化的博大精深，撷取一丛丛闪耀着智慧光芒的农耕精华。

《中华农耕文化精粹》丛书编委会
2024年2月

前言

"洪范八政,食为政首。"早在文明诞生之初,中国的国家治理者们就深刻地认识到,保障人民的饮食是国家最为重要的政务。饮食是人们获取能量、维持生命的唯一方式。故《颜氏家训·涉务》曰:"夫食为民天,民非食不生矣,三日不粒,父子不能相存。"如果三天不吃饭,社会秩序和伦常道德也将不复存在。所以,《管子·牧民》有"仓廪(lǐn)实则知礼节,衣食足则知荣辱"的论断。只有衣食无忧,人们才能遵守礼仪与道德规范。这与马斯洛1943年提出的"需求层次理论"有相似之处,却早了两千多年。

中国是美食之邦,也是礼仪之邦。《礼记·礼运》曰"夫礼之初,始于饮食",饮食礼仪是传统礼仪的主要内容,是规范社会秩序、实现人伦教化的重要形式。饮食还是古人探究治国安邦之道的重要灵感来源,所以,《道德经》曰"治大国若烹小鲜",《史记·殷本纪》载伊尹"以滋味说汤,至于王道"。饮食无论对于作为生命体的个人,还是作为遵守特定社会规则运转的国家来说,都在满足生理需求和精神追求两方面具有举足轻重的影响和作用。探究古代食物加工的智慧,对理解中华民族的生存繁衍智慧、礼仪道德修养和治国安邦政策都具有积极意义。

中国自古就是农业大国,有着煌煌上万年的农耕历史。农业及畜牧业为人们提供了丰富的谷物、肉类、蔬菜、瓜果等食物。农业生产规律与自然节律一致,春种、夏耘、秋收、冬藏。无论是通过自然采集狩猎,还是农业生产,人们所获得的食物都有着鲜明的季节性，总是在收获的季节大量获得，在萧瑟的季节资源拮据。因此，古代的食物加工，一方面是为了丰富食物的制作方法和味觉享受，增强营养吸收；另一方面则是为了在收获季节对多余食物进行加工处理，以便长久贮存，应对不同季节食物多寡不均的困境，这一作用，在中国古代尤为重要。

  在长期探索的过程中，人们发明了多种贮藏、加工食物的方法，包括利用微生物进行发酵加工、利用渗透压进行腌渍加工、利用脱水进行干制加工、利用结晶析出和压榨等进行物质提取，改变食物原有状态和味道，制成更耐贮藏、更有风味的各色食物；并充分践行"物尽其用""资源循环"的理念，综合利用加工食材及其副产品，发展形成了丰富多彩的中华饮食文化，为世界食物加工历史贡献了中国味道。其中多数加工技术和原理，即便是在工厂化生产、机械化作业的现代社会，也依然被坚守和遵循，传承了中国古代食物加工中的智慧与科学。

付　娟

2024年2月

目录

第一章 主食加工

第一节
先秦时期
黍稷稻粱,
农夫之庆。
003

第二节
汉晋时期
饼饵麦饭甘豆羹。
010

第三节
唐宋时期
香粳有炊玉,
煮饼不摇牙。
026

第四节
元明清时期
美如甘酥色莹雪,
一由入口心神融。
048

第二章 豆制品加工

第一节
豆腐制品
色比土酥净,
香逾石髓坚。
055

第二节
豆豉
金醴可酣畅,
玉豉堪咀嚼。
069

第三节
酱及酱油
烹庖入盘俎,
点酱真味足。
086

第三章 食物发酵加工

第一节 蔬菜的发酵腌制
霜篱存晚菊，
腊瓮作寒菹。
107

第二节 鲊制
晴窗裹鲊帖初开，
碧碗红鲜入馔来。
117

第三节 乳制品
酥酪醍醐俱可口，
何但疗我渴与饥。
131

第四节 醋
主人调醯盐，
欲以佐滋味。
154

第四章 食物渗透压腌渍

第一节 盐渍酱腌
晶盐透渍打霜菘，
瓶瓮分装足御冬。
171

第二节 糖蜜渍
细切黄橙调蜜煎，
重罗白饼糁糖霜。
177

第三节 糟制酒渍
得糟还家喜欲舞……
食糟却如住百牢。
185

第四节 醋渍
带醋香醒鼻，
和糟味滑咽。
192

第五章 食物脱水干制

第一节 畜禽肉类
畋猎得封兽，
割鲜为腶脩。
易生非爱日，不败任经秋。
199

第二节 水产品
鳌枯庖海物，
豆乳买邻家。
205

第三节 蔬菜
南山春笋多，
万里行枯腊。
210

第四节 水果
果脯随分列，
不减到家味。
213

第六章 食物提取加工

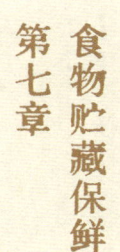

第一节 食用油
黄萼裳裳绿叶稠，
千村欣卜榨新油。
221

第二节 食盐
水润下以作咸，
莫斯盐之最灵。
234

第三节 食用糖
宝糖珍炬妆，
乌腻美饴饧。
252

第七章 食物贮藏保鲜

第一节 天然冰在食物保鲜中的应用
凿冰冲冲，
纳于凌阴。
279

第二节 天然冰在冷饮冰食中的应用
公子调冰水，
佳人雪藕丝。
286

第三节 食物的常温贮藏保鲜
菽粟瓶罂贮满家。
296

参考文献

第一章 主食加工

饼炉饭甑（zèng）无饥色，接到西风熟稻天。

——宋代范成大《夏日田园杂兴》

《黄帝内经·素问·藏气法时论篇》记载有"五谷为养，五果为助，五畜为益，五菜为充"的膳食平衡原则，其中，"五谷为养"反映的正是中国农作区人们以谷物为主要食物和能量来源的膳食结构。故而，在中国农作区的语境中，主食指的就是谷物加工制成的各种食物。

《礼记·内则》中将饮食分为饭、膳、羞、饮四类，《周礼·天官》中记载周王的饮食分为食、饮、膳、羞。饭和食指的都是谷物类食物，即主食，被排在膳食的第一位。《论语·乡党》中说，"肉虽多，不使胜食气"，也认为人的日常饮食应以谷物类食物为主，肉的食用量不应超过谷物食物。这与中国古代农业以种植业为主、畜牧业为辅的生产结构直接相关。

清粥白饭，是中国农作区人们数千年来的饮食主角。谷物磨成粉后，人们充分利用谷物粉末与水混合及加热后的化学反应，创造出了丰富多样的主食，满足人体对营养与能量的需求。

第一节 先秦时期

> 黍稷稻粱，农夫之庆。
> ——周代《诗经·小雅·甫田》

《孟子·滕文公上》记载周人始祖后稷的功绩，"教民稼穑，树艺五谷，五谷熟而民人育"。东汉经学家赵岐注，"五谷"为稻、黍（shǔ，黄米）、稷（小米）、麦、菽（shū，大豆）五种作物。除了最后一种大豆，在奔流的历史长河中逐渐从粮食作物转化为副食作物、油料作物外，其余的几种一直都是先民种植和食用的粮食作物。

在中国的谷物饮食版图上，很早就形成了"北粟麦、南水稻"的格局。基于不同作物对生长环境的需求，在农业起源时期，南方地区主要种植水稻，距今大约有上万年的种植历史，北方则主要种植粟、黍等作物，距今约有七千年的种植历史。而麦是从西亚等地传入中国，距今约有四千年的种植历史，它却后来居上，最终取代了粟、黍，成为北方最重要的粮食作物。因此，"北粟麦、南水稻"基本也是中国从古至今最主要的主食加工原料。

原始社会时期，对粮食作物的加工比较简单，以煮、蒸为主。煮，算是最古老的谷物烹饪方法。原始社会时期发现的鬲、釜、鼎等炊煮器，就是用来水煮食物的。安徽亳县钓鱼台大汶口文化遗址在一个红烧土台的西端发现了一个

第一章　主食加工

陶储藏罐及里面装盛的粟粒·陕西西安半坡遗址出土
│西安半坡博物馆·藏　王宪明·绘│

陶鬲·内蒙古赤峰红山庙夏家店下层文化遗址出土
│中国国家博物馆·藏　王宪明·绘│

新石器时代仰韶文化陶釜、陶灶·河南三门峡市陕州区庙底沟出土
│中国国家博物馆·藏　王宪明·绘│

距今四千多年前的面条·青海民和喇家遗址出土
|喇家遗址博物馆·藏|

陶鬲，里面装满了小麦，反映了当时人们用鬲来水煮食物的情景。陶甑则是一种最古老的蒸锅，放在陶鬲上，组成陶甗（yǎn），鬲中放水，煮沸形成的水蒸气通过甑底的孔，上升到甑内，蒸熟食物。蒸饭煮粥的方法，从古至今，一直是人们加工谷物的重要方法。

长期以来，我们一直认为原始社会时期的石磨盘、石磨棒等粮食粉碎工具不足以将谷物加工成细粉，无法用来加工面食，而面条的出现更是晚至汉代。但这种刻板印象被距今四千年前后青海民和喇家遗址的考古发现彻底打破了。

青海民和喇家遗址属于新石器时代晚期文化，距今大约四千多年。据考古学家研究，当时发生了一场包括洪水、地震在内的大规模群发性自然灾害事件，导致了喇家遗址的毁灭。在遗址的 20 号房址中发现了一只陶碗，倒扣在地上，应该是灾难发生的瞬间掉落在地上的。碗中盛放的食物正是细长的面条，颜色米黄，粗细均匀，直径约 0.3 厘米，最长的一根达 50 厘米。

据检测分析，这根面条用粟、黍加工制成。科学家们参考古代面条制作的文献记载和近代传统面条的做法，不用石磨等磨粉工具，成功复制出了小米面条，是先将粟、黍等原料脱粒，充分浸泡，之后捣碎捶打成面团，放入蒸锅中加热，再继续捶打，趁热用饸饹（北方地区常见的一种压制面条）机压入开水

第一章　主食加工

中，煮制而成。在原始社会，这种方法是可行的。我们或许可以这样大胆地猜测，原始社会的先民在利用陶甑蒸制食物时，发现甑孔偶然漏下的糊状食物，经开水煮熟后，口感筋柔滑美，受到启发，遂发明了面条。

不仅如此，科学家们还在面条样品中检测出少量的油脂和动物骨头碎片，说明这碗面条很有可能是加了肉汤的荤汤面，类似于现在加了肉汤或肉块调味的面条。

喇家遗址发现的面条，是迄今为止发现的世界上最早的面条，印证了中国是面条的发源地。这碗面条充分体现了中国古代先民对美食的不懈探索和加工智慧，在没有高效谷物粉碎工具的条件下，发挥聪明才智，利用谷物淀粉受热后的黏性作用，加工制作成面条食用，不仅改善了谷物加工食物的口味，增进了饮食体验，也更利于谷物营养的消化吸收。

除了面条，原始社会时期的人们还发明了用陶器烤烙面食的方法。河南荥阳青台仰韶文化遗址出土了一件古老的陶鏊（ào），形状类似一个倒扣的盘子，底部有三足，顶部平整光滑，底部有烟炙烤过的痕迹。考古学者将其命名为"干食器"，认为是当时人们用以加工烙饼等烤烙类食物的工具。清代王筠《说文句读》中说，"鏊，面圆而平，三足高二寸[①]许，饼鏊也"，与青台遗址的陶鏊形状一致。类似的陶鏊在各地，尤其是在中原地区的新石器时代中晚期遗址中相当常见，说明当时人们已经普遍开始加工烙饼等烤烙类主食了。

如此，则中国饮食加工文化中的水煮、汽蒸、炙烤等主食烹饪手法，在新石器时代都已经出现了。

周代有八种美味的食物，名曰"八珍"。《礼记·内则》记载了八珍的具体做法，其中"淳熬"是加了肉酱和动物油脂的陆稻（旱地稻）饭，"淳毋"是加了肉酱和动物油脂的黍米饭，有点类似现在人们喜欢吃的"盖浇饭"，"糁（shēn）"则是用牛、羊、猪肉粒混合稻米煎成的饼，都是只有王室贵族才能享用的美味主食。

[①] 根据闵宗殿《中国古代农业通史·附录卷》，清代一寸（营造尺）约为现在的 3.2 厘米。

第一节 先秦时期

《周礼·天官·冢宰》记载，周代有职官曰"笾（biān）人"，掌管用竹制食器"笾"盛放食物用于祭祀燕享。笾，据汉代郑玄的注释，是一种竹制的豆。笾分四种，分别盛放不同种类的食物，其中"羞笾"中盛放的食物"糗（qiǔ）饵粉餈（cí）"，就是用谷物加工而成的。根据郑玄的注释，这两种食物以稻米、黍米为原料，将稻米、粟米捣碎后，大粒者蒸成"饵"，粉末制成有黏性的饼，曰"餈"，即"糍"，类似现在的米糕。饵和餈可以直接放在竹制笾

陶鏊·河南荥阳青台仰韶文化遗址出土

|郑州市文物考古研究所·藏
王宪明·绘|

盛在陶钵中的点心和面条·新疆鄯善苏贝希遗址1号墓地出土

|新疆维吾尔自治区博物馆·藏　王宪明·绘|

第一章　主食加工

豆上用于祭祀燕享，说明是偏干燥的食物，这也与其他笾豆中放置的果干、肉干等食物相似。

与"笾人"不同，职官"醢人"掌管的是盛放于铜豆中的各类食物。其中"羞豆"中盛放的食物是"酏（yǐ）食""糁食"。根据郑玄的注释，"酏食"是"以酒酏为饼"，用酒糟加工制成的饼。但唐代贾公彦认为郑玄所释不对，认为"酏食"是加了狼胸油熬煮的稻米粥，"糁食"则是用牛、羊、猪肉和稻米煎制而成的饼，即前面的八珍之一"糁"。无论具体加工方式如何，这些食物都是用谷物加工制成的。

《周礼》记载的饵，与新疆地区发现的小米点心有点类似。新疆哈密五堡墓地约处于青铜时代，发现了多块距今约三千年、用小米制作的方形小饼。新疆鄯善苏贝希遗址1号墓地11号墓，墓主人头骨右侧的陶钵中盛满了以黍米为原料的点心，被手工揉搓成长椭圆形和圆形。据实验对比研究，这些小黍饼是烤制而成的，黍粒粉碎较好，没有颗粒状原料，反映了当时谷物粉碎技术的进步。

新疆地区因气候非常干燥，保存了不少当时人们加工制作的主食。新疆鄯善苏贝希遗址1号墓地还发现了距今约两千四百年的面条。这碗面条就放在10号墓墓主人头部左侧的木俎（zǔ）上，盛在陶钵里。面条由黍加工而成，呈黄褐色，长短粗细不一，像是手工搓制的。3号墓地还发现了一碗黍粒，放置于27号墓墓主人腰部。经研究，应该是一碗已经风干的黍米粥。且末县扎滚鲁克墓地也出土了类似的粟米小圆饼，装在兽皮口袋中。

春秋时期还出现了中国最早的馄饨（或饺子）。山东滕州薛国故城遗址1号墓出土的两件铜簠（fǔ）中，一个盛有炭化的粟米类食物，应是蒸煮的粟米；另一个密密排放着三个三角形食物，这些食物已经炭化，但形状类似馄饨，包有馅儿状碎屑物。虽然已经无法辨认具体的食材种类，但这种包馅儿面食的做法及形状，可以算作中国最早的馄饨或饺子。

《楚辞·招魂》中有"稻粢（zī）穱（jué）麦，挐（ná）黄粱些""粔（jù）籹（nǚ）蜜饵，有餦（zhāng）餭（huáng）些"之语，都是当时祭祀祖先的食物，前者主要是稻、麦、黄粱等谷物蒸煮制成的饭，后者中的"粑粆蜜饵"则是以稻粉、麦粉、粟粉等加工制作的面食糕点。其中，"粑粆"作为一种油炸点心，在后文讨论《齐民要术》面食制作技术时还将述及。

先秦时期，主食加工已采用水煮、汽蒸、烤烙等方式，既有整粒加工食用的粥、饭，也有谷物捣碎加工成新形态的面条、饵、餐、馄饨等，形成了早期中国的主食文化。

淳熬

煎醢（hǎi）加于陆稻上，沃之以膏，曰淳熬。

淳毋

煎醢加于黍食上，沃之以膏，曰淳毋。

——汉代《礼记》

第二节 汉晋时期

> 饼饵麦饭甘豆羹。
> ——汉代史游《急就篇》

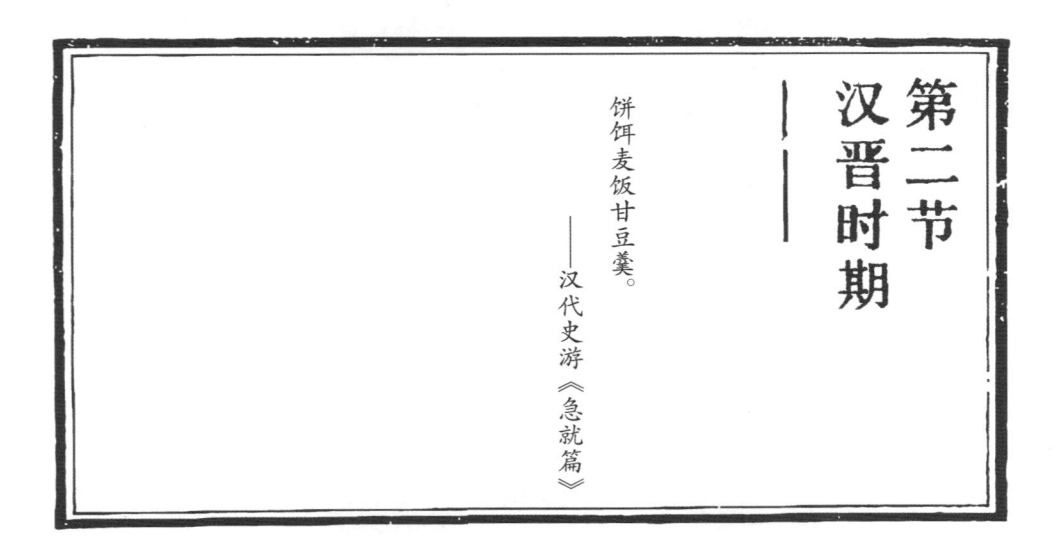

汉代童蒙识字课本《急就篇》有"饼饵麦饭甘豆羹"之语,基本概括了汉晋时期主食的主要种类。饼,是以面粉为原料的各种面食的统称;饵,是以稻米粉为原料加工成的糕类;麦饭,是将谷物直接蒸熟食用的饭;甘豆羹,则是以谷物煮制而成的粥。

粥

粥是谷物水煮而成。汉代先民认为以谷物煮粥招待客人,与蒸饭相比,过于寒酸,不甚体面。《世说新语·夙惠第十二》记载东汉名士陈寔在家中与宾客讨论学问,命令两个儿子元方、季方做饭招待客人。二人好学,边做饭边偷听大人讨论,"炊忘著箄(bì),饭落釜中",蒸饭时忘了放箄(蒸架),米粒落入锅中煮成了粥。陈寔质问二人为何不做蒸饭。两个儿子解释了原因,还准确复述了刚刚听到的讨论。陈寔听后非常高兴,认为两个儿子如此好学,用粥招待客人也没什么不可,不一定非要用蒸饭。

煮粥应该是最早的谷物加工方式，因为糜烂便于消化吸收，从古至今都被中国人视作适合养生的食物。而蒸饭费时费力，且与煮粥相比，需要更多的原料，所以在历史早期，有财力和有社会地位的人才能经常食用蒸饭。

粥在时人的生活中是常做常食之物，几乎所有的谷物都可以被加工成粥，所以《齐民要术》中关于粥的做法的记载很少。不过书中"醴（lǐ）酪法第八十五"记载了一种做法复杂精致的"杏酪粥"，是在麦仁粥中加入杏仁汁熬煮成的浓粥，"粥色白如凝脂，米粒有类青玉"，色味俱全，是豪富人家才能制作享用的美食。

饭

饭是谷物蒸制而成。《论衡·量知篇》载，"谷之始熟曰粟。舂之于臼，簸其秕（bǐ）糠；蒸之于甑，爨（cuàn）之以火，成熟为饭，乃甘可食"，说的就是最常见的将谷物脱粒去壳、蒸煮成饭的加工习惯。

《齐民要术》"飧（sūn）饭第八十六"中记载了粟、稻、菰（gū）米等蒸制成饭的加工方法。时人食用蒸粟米饭时，会将米饭放入事先调好的甜醋汁中食用。书中还记载了一种"面饭法"，是将面粉蒸熟晾凉后，放入蒸熟的米饭中，加水搅拌，然后切成栗子大小的块，蒸熟后食用。

书中还转引了《风土记》《食经》《食次》中记载的"粽子"做法。粽子也被称作"角黍"。《风土记》所载是用菰叶包裹黍米，用纯浓灰汁煮熟，在端午和夏至食用。《食经》所载是将浸泡后的稻米和粟米，一层一层地码放在竹箬（ruò）叶中，捆扎好，放入釜中煮熟食用。《食次》所载则是一种糯米粉粽，也算是粉糕，用水和蜂蜜将糯米粉和成面团，再揉压成长条形，放上一层枣、栗，用涂了油的竹箬叶包裹捆扎后蒸熟食用。

时人在出远门和行军打仗时会携带方便食品"糒（bèi）"，是一种谷物干粉。《说文解字》将"糒"解释为"干食也"。《四民月令》说，"五月多作糒，以供出入之粮"，可知糒作为干制米粉类食物，是出门在外的干粮，便于携带

第一章　主食加工

汉代彩绘陶甗

|中国农业博物馆·藏　王宪明·绘|

陶甗上方为甑。甑最开始是一体的，甑底有孔，使底部蒸汽能够上升到甑体内蒸熟食物。后来甑底分离出来，称为箅。

汉代陶碓

|中国农业博物馆·藏|

碓是舂捣谷物的重要工具。

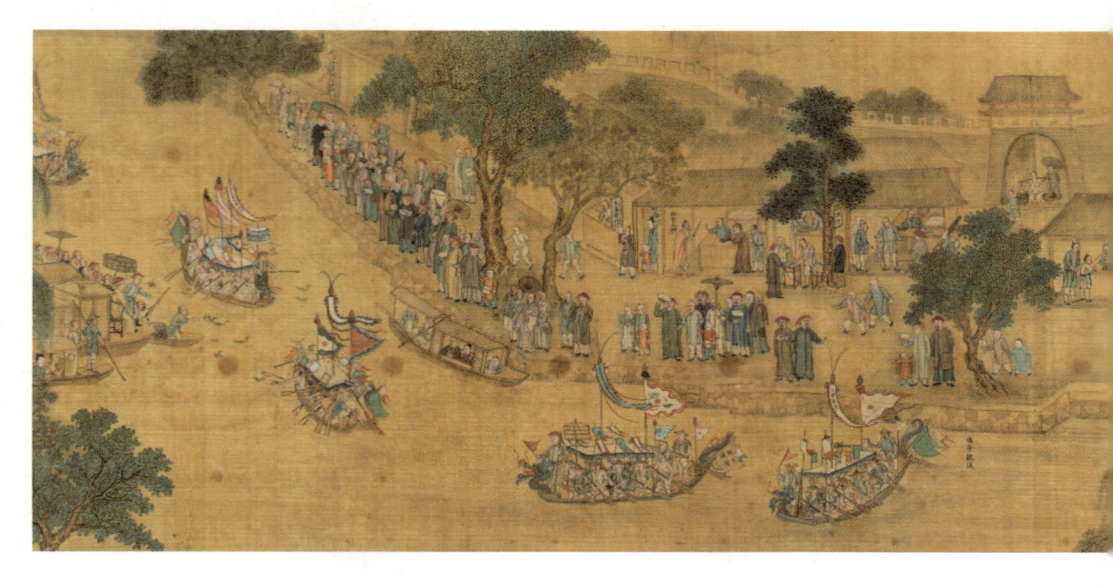

久储。汉晋文献中多见军队出征携带糒作为食物的记载,食用时只需加水调和即可。《齐民要术》"飧饭第八十六"有"粳米糗糒""粳米枣糒"法,都是将大米蒸熟后捣磨成粉末,后者因添加了枣泥,故名"枣糒"。马王堆汉墓随葬品中有"稻蜜糒",应是用蜜调和的稻米干粉。这种先蒸熟再干燥脱水的谷物方便食品,就是最早的方便米粉。

饼

饼,自汉代起,成为面粉类加工食物的统称。刘熙《释名·释饮食》对饼的解释特别形象:"饼,并也,溲面使合并也。胡饼作之,大漫沍(hù)也,亦言以胡麻著上也。蒸饼、汤饼、蝎饼、髓饼、金饼、索饼之属,皆随形而名之也。"饼,就是在谷物加工成的面粉中加水,使粉末合并在一起制成的食物。

端午卖角黍·清代《杭州四季风俗图》
上海苏宁艺术馆·藏

东汉市井画像砖拓片

| 中国农业博物馆·藏 |

　　画面上排左边有题铭"北市门"、右边有题铭"南市门",描绘的是汉代四川地区的市井生活。图中的人们正在进行繁忙的交易,将热闹而烟火气十足的市井生活表现得淋漓尽致,难怪习惯了热闹乡土、深居宫廷的刘太公会郁郁寡欢了。

东汉绿釉推磨陶俑

| 中国农业博物馆·藏 |

胡饼、蒸饼、汤饼、蝎饼、髓饼、金饼、索饼等，都是根据各自加工方式及形状而得其名的主食。

饼是汉晋时期人们饮食生活中的常见食物。《西京杂记·第二》记载刘邦定都长安后，接父亲刘太公到长安居住。住在深宫的刘太公总是"悽怆不乐"，高祖私下向左右侍从打听原因。侍从答曰："以平生所好，皆屠贩少年，沽酒卖饼，斗鸡蹴（cù）鞠（jū），以此为欢。今皆无此，故以不乐。"可见，刘邦家乡沛县丰邑有着丰富的市井生活，沽酒、卖饼、斗鸡、蹴鞠，热闹自在，卖酒、卖饼等商业活动非常活跃。为此，刘邦专门在长安重建了一个完全一样的"丰邑"，名曰"新丰"，将原来的故人邻里迁来居住，以博太公之乐。《汉书·宣帝纪》记载汉宣帝幼时生活在民间，"每买饼，所从买家则大雠（售）"，只要宣帝光顾的饼店，总是会销量大增。这也反映出，饼是汉代日常饮食生活中的主要食物之一。

汉晋名臣名士多有曾以卖饼为生计的，如《汉书·王莽传》中的王盛、《后汉书》所载赵岐。时人喜食饼者也颇多，如《续汉书》载汉灵帝"好胡饼，京师皆食胡饼"；《东观汉记》记载萧彪的父亲"嗜饼"，萧彪经常买饼孝敬父亲。

可以说，汉晋时期，面食饼的制作、售卖及食用非常普遍，既见于宫廷饮食，亦见于百姓生活，既见于长安等都市，也见于北海等地方小城。这种流行，当与战国秦汉时期"石磨"这种粮食加工工具的发展普及有重大关系。石磨能够将各类谷物磨制成很细的粉末，可用人力、畜力、水力驱动，加工效率高，品质好，促进了汉代及以后面粉类主食加工的多样化、精细化发展。谷物磨成细粉后与水混合，面粉中的蛋白质具有亲水性，会形成粘弹柔韧的面团，可处理成各种形状，遇热后在淀粉糊化和蛋白质热变性作用下，形成不同的美味面食，大大拓展了谷物的加工方式和营养的吸收转化。

根据加工方式，汉代的饼可以被分为蒸饼、汤饼、烧饼、煎炸饼等种类。

蒸饼，蒸制而成。汉代的蒸饼也是一个类的概念，指所有利用汽蒸法加工的面食，包括死面饼、发面饼、实心饼、包馅儿饼等。《四民月令》记载汉代寒食节会制作蒸饼，"面为蒸饼样，团枣附之，名曰枣糕"，是上面点缀了枣的

第一章　主食加工

蒸饼。这种蒸饼一般是不发酵的，就是现在常说的死面饼。

汉代已经出现了发面饼。《四民月令》提到一种"酒溲饼"，"入水则烂"，易于消化吸收。这种以酒和面制作的蒸饼，入水即烂，被普遍认为是最早的发面饼。《晋书·何曾传》记载西晋开国元勋何曾生活奢侈，"蒸饼上不坼（chè）作十字不食"，这种蒸饼就是发面饼，类似现在的"开花馒头"。能使面团发酵至表面裂开十字纹路，说明当时的面粉发酵技术已经比较成熟了。《太平御览》卷八六〇引萧子显《齐书》载，"永明九年（491）正月，诏太庙四时祭荐宣皇帝面起饼"，南齐时孝武帝下诏，让太庙在四时祭祀时给齐宣帝供奉发面饼（面起饼），可见发面食物非常受欢迎，还被用于太庙供奉祭祀。

魏晋时期制作发面饼有用酒作为发酵剂的，《齐民要术》"饼法第八十二"记载的"作白饼法"，是将白酒（带渣滓的醪糟，即酒酿）加入白米粥中煮沸，绞去渣滓后用来和面，等面发起来就能做饼了。还有用酸浆水（一种用稀释的淀粉经乳酸发酵制成的酸味饮料）为发酵剂的，同书引《食经》记载了利用酸浆水和粳米制作"饼酵"的方法，是将酸浆水煎煮浓缩后，与粳米一同小火煮

东汉庖厨画像石·山东临沂白庄出土
|临沂博物馆·藏|

图中人们正在厨房中忙碌，最左侧厨房灶前两人正在蒸煮食物，后侧房檐下悬挂着肉、鱼、鸡等食材。右侧有两人抬着一个几案，上面摆满了圆形食物，似乎是蒸饼，上方大瓮中应该是腌制的酱、醋等。再右侧是汲水图和宰牲图。

第二节 汉晋时期

枣锢（hú）·北宋张择端《清明上河图》

|故宫博物院·藏　王宪明·绘|

图中圆形伞盖下有一货摊，摆放着多个圆饼，饼上有密集的黑点，应该是宋代寒食节的节庆食物"枣锢"。据北宋《东京梦华录》卷七的记载，冬至后一百零五日为大寒食，寒食第三天即为清明节，大寒食的前一日为"炊熟"，人们会在这天用面制作枣锢以备寒食至清明节食用，枣锢应该就是《四民月令》记载的枣糕，是一种加了枣的蒸饼。

成粥状即成。用这种饼酵发面，夏天六月间，一石①面粉需要用二升②饼酵，冬天天气冷，则需要加倍，用四升饼酵，说明当时人们已经准确掌握了酸浆发酵法的原料配比。

除了实心的死面蒸饼和发面蒸饼，还有包馅儿的发面蒸饼。《太平御览》卷八六〇引《赵录》载，十六国时后赵皇帝石虎"好食蒸饼，常以干枣、胡桃

---

① 根据闵宗殿《中国古代农业通史·附录卷》，北魏一石约为现在的40升。
② 根据闵宗殿《中国古代农业通史·附录卷》，北魏一升约为现在的400毫升。

017

第一章　主食加工

庖厨图·河南新密打虎亭1号汉墓

|新密打虎亭汉墓博物馆·藏 王宪明·绘|

　　图中描绘了多位厨娘在厨房忙于准备膳食的场景，下方联排灶上摆放有甑、釜和多层蒸笼，蒸笼可以用来制作蒸饼类食物。

备膳图·河南新密打虎亭1号汉墓

|新密打虎亭汉墓博物馆·藏 王宪明·绘|

瓤为心，蒸之使坼裂，方食"，是以干枣、核桃为馅儿的发面蒸饼，吃法十分讲究，做法与现在的"包子"有点类似。

西晋束晳的《饼赋》记载了"牢丸"这种面食，是用羊肉、猪肉，加上姜、葱、辛桂、椒兰、盐、豉等配料搅拌成馅，用面包裹，放入蒸笼中蒸制而成。"气勃郁以扬布，香飞散而远遍"，香味浓郁，使"行人失涎于下风，童仆空嚼而斜眄（miàn），擎器者呧（dǐ）唇，立侍者干咽"，形象描绘了人们闻到香味后垂涎欲滴的情景。吃的时候"濯（zhuó）以玄醢，钞以象箸"，浇上肉酱用筷子（箸）夹食，非常美味。这种面食被称为"丸"，应是圆形的包馅儿蒸饼。

汤饼，水煮而成。汉晋时期，也被称为"煮饼""水溲饼""水引饼""索饼"等。《四民月令》记载，"距立秋，毋食煮饼及水溲饼"，认为这两种饼遇水不好消化，夏末不适宜多吃，否则容易积食伤寒。煮饼及水溲饼都是一种水煮面食。《后汉书·李固传》记载，梁冀为杀死汉质帝，将鸩（一种毒药）放入煮饼中给质帝食用。质帝临死前说"食煮饼，今腹中闷，得水尚可活"，还认为是自己吃的煮饼不易消化，导致腹部不适。

南方的民间习俗似乎与北方有所不同。南朝《荆楚岁时记》载，"六月伏日，并作汤饼，名曰辟恶"，是在六月伏天中食用汤饼，取其汤热，食用后往往大汗淋漓，能够起到辟恶防病的作用。大概因为北方在立秋节气后，昼夜温差变大，不似南方温度平稳，故在饮食习俗上有所不同。《世说新语·容止第十四》记载何晏"美姿仪，面至白"，貌美肤白，魏帝怀疑他擦了粉，"正夏月，与热汤饼"，让他大夏天吃热汤饼。何晏吃后大汗淋漓，用红衣袖擦脸，衬得脸色更加白皙。

束晳在《饼赋》中这样描写汤饼，"玄冬猛寒，清晨之会。涕冻鼻中，霜成口外，充虚解战，汤饼为最"，在寒冬腊月的清晨，吃一碗汤饼，最能充饥取暖，对抗寒冷。

《齐民要术》记载的煮制饼食有水引、馎（bó）饦（tuō）、粉饼、豚皮饼等。水引饼和馎饦都类似今天的面条，是将和好的面处理成一定的形状，浸泡在水中，用时直接压拽成型，入水煮熟后浇上肉臛汁（肉羹）食用，食用方法

第一章　主食加工

类似现在的浇汁面。其中水引饼要处理成一尺左右、筷子粗细的长条，煮时压成韭叶状薄片；馎饦要处理成长两寸①左右、手指粗细的短条，入水前用手拽成极薄的片。

粉饼和豚皮饼是用英粉（一种极细的稻米粉）加工而成的食物。其中，粉饼类似今天南方常见的米粉，需要用牛角制成的特殊工具来加工。根据需要，在牛角上钻上不同大小的孔，有的仅粗麻线粗细，有的如韭叶状，这样可以加工成粗细、形状不同的粉饼，牛角上端用绸布系坠，制好后可以用二十年而不坏。作粉饼时，用肉臛汁调和稻米粉，放入牛角中，将粉从牛角下方的孔中挤出，落入汤中煮熟即可，浇上肉臛汁或放入酪、胡麻饮中食用，加工方法类似北方的饸饹面。

豚皮饼的加工方法则类似米皮或肠粉，是在英粉中加入热水，调和成薄粥状米糊，每次在铜钵中放入适量米糊，铜钵浮于开水上快速旋转，使米糊平铺于钵底，加热定型后放入开水中煮熟。捞出后放入凉水中冷却，浇上肉臛（huò）汁、酪或胡麻饮即可食用，口感滑美。今天，北方地区的凉皮、米皮，南方地区的河粉、肠粉等都用类似方法加工而成。

烧饼，烤烙而成。汉晋之际出现的胡饼，可能就是一种烧饼。前引《释名》中对胡饼的记载，清代学者毕沅认为"漫冱"是形容胡饼的外形，"外甲两面，周围蒙合之状"，上下两个硬甲，四周蒙合在一起，类似我们今天所说的烧饼。而《释名》也指出或是因为饼上有胡麻，故名"胡饼"。前引《续汉书》记载汉灵帝喜欢吃胡饼，京师刮起了一阵"胡饼热"。东汉著名经学家赵岐落魄时曾在北海（今山东寿光）市集上卖胡饼。《太平御览》卷八六〇引《英雄记》载，吕布兵至乘氏（今山东巨野）城下，守将以万枚胡饼犒劳他的军队；引王隐《晋书》载东晋大书法家王羲之祖胸露腹倚在东床上吃胡饼，被太尉郗鉴相中做了他的女婿，这也是"东床快婿"成语的来由。《齐民要术》中的"髓饼"也是放入胡饼炉中烤制而成的。可见当时胡饼确实是烤烙制成的饼。

---

① 根据闵宗殿《中国古代农业通史·附录卷》，北魏一寸约为现在的 2.8 厘米。

三国时期庖厨俑·重庆忠县涂井乡

|四川省文物考古研究院·藏　王宪明·绘|

庖厨俑前方的俎案上放置了各种待处理的食物，陶俑手按鱼头，正在处理一条鱼。前排中间的位置，有一只半月形花边饺子，与现在的饺子样式一致。

东汉带盖青铜鏊·焦作市西郊嘉禾屯林场出土

|焦作市博物馆·藏|

魏晋烙煎饼壁画·甘肃省嘉峪关新城7号墓

|甘肃省嘉峪关市新城区魏晋墓区文物管理所·藏|
图片出处：徐光冀主编《中国出土壁画全集·甘肃宁夏新疆卷》

图中厨娘手持又大又薄的面饼，刚刚加工成型，正欲放在面前的鏊上烤烙。同墓还出土了一幅饼鏊图，架子上悬挂着三件圆形平面饼鏊，可见当地特别喜欢加工食用煎饼，饼鏊也是厨房的常备炊具。自新石器时代起，中国先民就开始用这种烙饼工具加工煎饼、烙饼、烤饼等面食，延续至今已有数千年历史。

第一章 主食加工

三国时期面食加工壁画·甘肃嘉峪关新城 1 号墓
|嘉峪关长城博物馆·藏|
图片出处：徐光冀主编《中国出土壁画全集·甘肃宁夏新疆卷》

图中左侧一女仆正在三角鏊前加工烤烙的煎饼。画面上方右侧的案上摆放着圆形的面食，类似现在的馒头，应该是一种蒸制面食。

《齐民要术》所载"烧饼"不同于我们现在所说的烧饼，而是一种加羊肉馅儿的烤饼。先将羊肉加入葱白、盐、豉汁熬煮，煮熟后裹以发酵好的面，烤熟即可。髓饼也是一种烤烙饼，是用骨髓油（髓脂）和蜂蜜来和面，制成厚约一厘米、直径约二十厘米的大饼，放入胡饼炉中烤制而成，味道甜美，可以久放。

据《荆楚岁时记》记载，正月初七为人日，"北人此日食煎饼，于庭中作之，云薰火，未知所出"，北方人有在正月初七吃煎饼的习俗。而宋代陈元靓《岁时广记》中引东晋王嘉《拾遗记》载，江东地区的习俗，以正月二十为"天穿日"，"以红丝缕系煎饼置屋顶，谓之补天漏"，相传女娲在这一日补天，故有此俗。南北风俗虽有不同，但都反映出煎饼这种面食已经融入百姓的日常生活和风俗文化中。

唐代中期敦煌面食壁画·敦煌莫高窟 159 号洞窟

| 敦煌研究院·藏 |

图片出处：敦煌研究院编《敦煌石窟全集 25·民俗画卷》

案桌上摆放着四种面食，据研究，左上为胡饼，左下为敦煌特色食物饩（xì）饼（具体加工方法不详），右上为炸制的馓子，右下为炸制的饆饳（bùtǒu）。两位侍仆手持燃灯，似要以这些面食来斋僧。其中，馓子就是寒具，也即细环饼，是一种油炸食品。饆饳则是一种油炸发面饼。这些食物在唐代依然流行。

《齐民要术》"飧饭第八十六"中记载了一种"胡瓜饭"，跟我们今天吃的肉菜卷饼一样，也可以算作一种饼。具体做法是将腌制的酸瓜菹、炙烤过的肥肉和生杂菜，放入饼中快速卷好，切成段即可食用。吃的时候，还要配上加了胡芹、蓼（liǎo）的醋蘸（zhàn）食，甚是讲究。这里虽然没有提及所用的饼是何种饼，但根据生活经验，用烤烙的大块薄饼最为合适。

煎炸饼，用油煎炸而成。汉晋时期的煎炸饼主要用动物油脂进行加工。《齐民要术》"饼法第八十二"记载了饆饳（bùtǒu）、膏环、粲（càn）、细环饼（寒具）、截饼（蝎子）和鸡鸭子饼等煎炸饼做法。饆饳是一种油炸发面饼，将发好的面团放入油中炸制而成。

膏环又称"粔籹"，是用水、蜂蜜调和糯米粉，揉成面团，再加工成长约

第一章　主食加工

二十厘米的长条，两头相接呈环状，入油炸制，有点类似现在的糯米炸糕。马王堆1号汉墓中出土有"巨女笥"木牌，学者们认为就是粗粔。与之用料类似的是"䊦"，也是用水、蜂蜜和糯米粉调和成糊状，放入带孔的竹勺中，使粉沥入油脂中炸制而成。

细环饼（寒具）、截饼（蝎子）基本相似，是用蜜和面，揉搓成长条，炸制而成的面点，成品有点类似今天的"馓子"。如果没有蜂蜜，煮枣取汁、牛羊脂、牛羊乳等也可以。用牛羊乳和面制成的截饼非常酥脆，"入口即碎，脆如凌雪"。据唐代李绰《尚书故实》记载，东晋权臣桓玄喜欢收藏书画名品，请客人观赏，还会给客人准备寒具作为点心。一次，有位客人吃了寒具后没有洗手就把玩书画，污染了书画，桓玄内心非常不悦，自此往后，再也不准备寒具作为点心了。

鸡鸭子饼虽然记于此，但不算是面食，而是我们现在早餐常吃的煎鸡蛋，做法也完全一样，因为呈饼状，故名。

同书"炙法第八十"中还记载了一种包馅儿油煎饼的做法，曰"作饼炙法"，是将鱼肉、肥猪肉加入醋、葱、瓜菹（腌瓜）、姜、橘皮、鱼酱汁、盐等配料调和成适口的味道，用面包裹做成饼，熟油微火煎之，颜色发红就熟了。

方便面食。北魏时期还出现了两种方便面食，曰"切面（棋子面）""䅗（lò）䴹（suò）"。因为是用谷物面粉加工而成，故被归入作饼法中。切面，是将和好的面揉成小拇指粗细的长条，再放入面粉中揉成粗筷子状，截成方棋子大小的丁块，簸净面粉后，放入甑中蒸熟，于阴凉处摊放晾干，勿使其粘连，可收入袋中备用。因为形似棋子，故名"棋子面"，冬季可存放十天。后世一直延续这种棋子面的做法。

䅗䴹是将未蒸熟的粟米饭放入面粉中，用手使劲揉搓，揉成胡豆大小的颗粒。蒸熟的粟米因过于软烂，无法揉搓成粒。挑出大小均匀的颗粒，上甑蒸熟晒干后收储备用，可存放一月之久。食用时，将切面和䅗䴹用开水煮熟，浇上肉臊汁即可。

文献记载之外，汉晋时期新疆地区的墓葬中也经常能看到当时人们加工制作的各种面食。洛浦县山普拉墓地出土有用黍面做成的小饼，装在长长的兽皮口袋中。新疆尉犁县营盘墓地出土了汉晋时期的面饼，颜色浅黄，有的是将面搓成长条后盘成圆饼，有的则是直接拍捏成不规则的圆形。且末县的扎滚鲁克墓地还出土了菊花饼、麻花、桃皮形小油饼等小麦粉制成的面食。

可以说，得益于"石磨"的推广普及，汉晋时期成为以谷物面粉为原料加工的面食开始精细化、多样化发展的时期。以不同谷物面粉为原料，充分利用蒸、煮、烤、煎等多种加工方式，形成了种类多样、风味不同的特色面食。

作白饼法

面一石。白米七八升，作粥，以白酒六七升酵中，著火上。酒鱼眼沸，绞去滓，以和面。面起可作。

水引、馎饦法

细绢筛面，以成调肉臛汁，待冷溲之。

水引：挼如箸大，一尺一断，盘中盛水浸，宜以手临铛上，挼令薄如韭叶，逐沸煮。

馎饦：挼如大指许，二寸一断，著水盆中浸，宜以手向盆旁，挼使极薄，皆急火逐沸熟煮。非直光白可爱，亦自滑美殊常。

——北魏贾思勰《齐民要术》

第三节 唐宋时期

> 香粳有炊玉，煮饼不摇牙。
> ——宋代陈造《再游福溪岩赠主僧》

据《唐六典》记载，光禄寺掌管唐代宫廷祭祀、朝会燕飨的膳食供应。在朝会燕飨之时，会给九品以上官员提供膳食，特殊节庆会根据习俗增加特定的食物：

冬月则加造汤饼及黍臛，夏月加冷淘、粉粥，寒食加饧（xíng）粥，正月七日、三月三日加煎饼，正月十五、晦日加糕糜，五月五日加粽䉛（yè），七月七日加斫（zhuó）饼，九月九日加糕，十月一日加黍臛。

这里提到了多种用谷物加工而成的主食，既有黍臛、粉粥、饧粥等粥羹类煮制食物，也有汤饼、冷淘等面条类水煮食物，还有煎饼、斫饼（切饼）等饼类烤制食物，更有粽子、糕、糕糜等稻米类蒸制食物，内容十分丰富。

唐宋时期，文化发展繁荣而瑰丽，饮食文化也丰富多样。谷物粉类加工的食物也不再像汉晋时期那样以饼统称之，主食的种类及称谓逐渐细化。

汤饼

唐人有生子当天及生日吃汤饼的习俗，宋代朱翌《猗觉寮杂记》卷上载"唐人生日，多具汤饼"。刘禹锡《送张盥赴举诗》曰："尔生始悬弧，我作座上宾。引箸举汤饼，祝词天麒麟。"古代生男孩要在房门左侧悬挂一张弓，所以男子生日也被称为"悬弧之庆"。刘禹锡在诗中记述了参加张盥出生之日的宴席，吃汤饼、祝贺词的情景。《新唐书·后妃传》记载王皇后的父亲曾在唐玄宗生日时亲自为他制作汤饼食用，可见生日食用汤饼是盛行于唐朝的普遍习俗。

生日食用汤饼，取汤饼绵长之形，寓意长寿，延续至今，正是中华民族传统生日习俗中的"长寿面"。而自宋代起，人们就将生日汤饼称为"长命面"了，马长卿《嬾（lǎn）真子·卷三》记载，"必食汤饼者，则世所谓长命面者也"。宋代诗词中多有述及生日食汤饼习俗者，称生子宴席为"汤饼局"，参加宴席的客人为"汤饼客"。明代《初刻拍案惊奇·卷二十》中称新生儿满月举办的宴席为"汤饼会"。生日吃长寿面的习俗一直延续至今，寓意着对生命长久的美好祝愿。

《新五代史·李茂贞传》载，唐末动乱，昭宗被劫持至凤翔，被朱温的军队围在城中。遇冬春雨雪严寒，满城饥荒，昭宗在宫中备小石磨，磨豆麦粉以自供。李茂贞想与围城叛军谈和，请示昭宗的意见。昭宗说，"朕与六宫皆一日食粥，一日食不托（饦），安能不与梁（朱温的军队）和乎？"可见，当时只能以粥和汤饼度日，对皇帝来说真的是过于拮据而无法忍受，只能谈和了。

"不托"就是汤饼。据宋代程大昌《演繁录·卷十五》记载，汤饼也称为"馎饦""不托"，《齐民要术》记载的"馎饦"是以手托面，加工成型后放入水中煮，后来，随着擀制工具的出现，开始将面放在案几上擀制成型，用刀切成条状，故曰"不托"。这一点可以从新疆吐鲁番阿斯塔纳墓葬出土的面食加工陶俑中可以看出。这组面食加工陶俑完整展示了谷物从舂捣去壳、簸扬除杂、石磨磨粉到擀制加工的过程，擀制陶俑手拿细长的擀面杖，正在专注地将面团

第一章　主食加工

加工面食的陶俑·新疆吐鲁番阿斯塔纳墓地 201 号唐代墓葬出土
| 新疆维吾尔自治区博物馆·藏　王宪明·绘 |

擀制成圆形薄片，用来加工成面条或煎饼类面食。

阿斯塔纳墓地 50 号唐代墓葬出土的"高昌重光三年（622）条列虎牙氾（fán）某等传供食帐"，记载了为招待世子及夫人，高昌负责宾客接待的部门"传白罗面贰兜（斗①），市肉三节，胡瓜子三升②，作汤饼供世子夫人食"，用白罗面（上等的白麦面粉）、肉及胡瓜制作汤饼来招待，说明在高昌地区，加肉蔬调味的汤饼是官方招待用餐。

据唐代杨晔《膳夫经手录》记载，"不饦，有薄展而细粟者，有带而长者，有方而叶者，有厚而切者，有侧粥者，有切面筋、夹粥、纯粥、劈粥之徒，其名甚多，皆不饦之流也"，描写了不饦的不同形状与做法，此外，还记述了一种用生羊肉铺底，上面盖上不饦，浇上五味汁，加椒、酥调味的食物，曰"鹘（hú）突不饦"，"鹘突"意为模糊、混沌，很好地形容了这种面食拌匀后浓稠混沌的特色，类似现在的干拌面。

---

① 根据李吟屏《新疆历代度量衡初探》和闵宗殿《中国古代农业通史·附录卷》，唐代高昌地区与中原地区的度量衡制度一样，故高昌一斗与唐代一斗（大斗）一样，约为现在的 6000 毫升。
② 根据闵宗殿《中国古代农业通史·附录卷》，唐代一升约为现在的 600 毫升。

第三节 唐宋时期

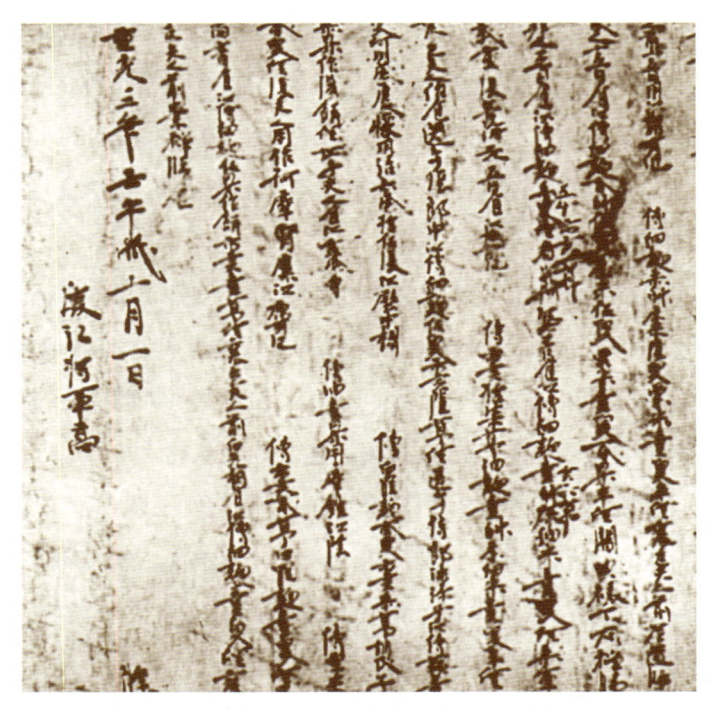

记载用汤饼招待宾客的吐鲁番文书·新疆吐鲁番阿斯塔纳50号唐代墓葬《高昌重光三年（622）条列虎牙氾某等传供食帐》

| 新疆维吾尔自治区博物馆·藏 |

图片出处：中国文物研究所等编《吐鲁番出土文书〔壹〕》

029

第一章　主食加工

宋代著名诗人苏轼、陆游、杨万里等都是汤饼的爱好者。苏轼作有"待我西湖借君去，一杯汤饼泼油葱""汤饼一杯银线乱，蒌蒿如箸玉簪横"等诗句描写汤饼，陆游也有"汤饼煮成新兔美，脍虀（jī）捣罢绿橙香""北风吹雪定不晚，喜入三山汤饼碗""汤饼满盂肥柠（zhù）香，更留余地著黄粱""长路归当饥，呼童具汤饼"等诗句传世，杨万里甚至在诗中说自己是"汤饼肠"。诗人们还会在诗句中借汤饼来表达期盼作物丰收的心情，"灌溉须春前，明年足汤饼""人言麦信春来好，汤饼今年虑已宽""我虽无田助尔喜，来岁不忧汤饼窄"。只有丰收了，才能有足够的汤饼吃，收成不好，粮食不够，汤饼都只能做得细些，不能太宽。陆游在《剑南诗稿·卷三十八》"岁首书事"中记载当时岁首之日必用汤饼的习俗，曰"冬至馄饨年馎饦"，可见时人有大年初一吃汤饼之俗。

唐宋时期的汤饼还会被加工成各式花色，唐代韦巨源《烧尾宴食单》中有一道"生进鸭花汤饼"，被认为是压制成鸭子形状的汤面片。宋代林洪《山家清供》中有"梅花汤饼"，是用白梅、檀香末浸泡的水来和面，做成馄饨皮状，用白梅花样的铁质模子压制，煮熟后放入鸡汤中食用，一份汤饼有二百多只"梅花"，颇具诗意。

冷淘是唐代出现的一种冷面，作为夏季专供的膳食，是将汤饼过凉水或冰水冰镇后食用，因食之凉爽而备受欢迎。杜甫有诗盛赞"槐叶冷淘"，后代亦有延续和发展，有甘菊冷淘、银丝冷淘等多种变化，后文的《天然冰在冷饮冰食中的应用》章节已有相关论述，此处从略。

宋代食店中也贩售各类面条，明确称之为"面"。《东京梦华录》记载开封街头大的食店称为"分茶"，售卖有软羊面、桐皮面、冷淘、棋子面、寄炉面饭等面条，也有类似寺院斋食的菜面；还有"川饭店"，售卖有插肉面、大燠面等；南食店则有桐皮熟脍面。

南宋都城杭州街头售卖面条的种类更加丰富多样。据《梦粱录》记载，面食店则有猪羊庵（ān）生面、丝鸡面、三鲜面、鱼桐皮面、盐煎面、笋泼肉面、炒鸡面、大熬面、子料浇虾臊面、三鲜棋子、虾臊棋子、虾鱼棋子、丝鸡

售卖各色鲜鱼面的面店·明代仇英《清明上河图》

|辽宁省博物馆·藏|

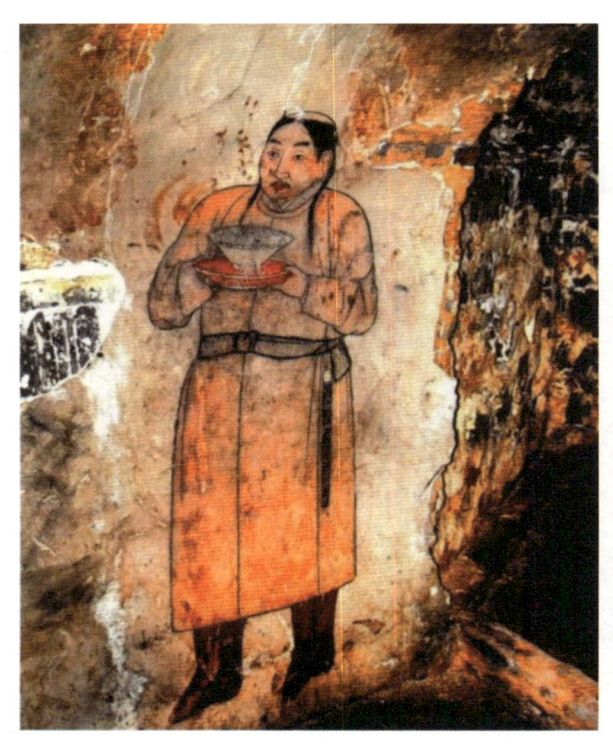

辽代奉食面条壁画·内蒙古巴林右旗索布日嘎苏木辽庆陵陪葬耶律弘世墓

图片出处：徐光冀主编《中国出土壁画全集·内蒙古卷》

男侍手端一红色漆盘，上放一只碗，碗中细条样食物应是面条。或许墓主人喜欢食用面条，故将其表现在墓葬壁画之中。

第一章　主食加工

三鲜大面店·清代徐扬《姑苏繁华图》
| 辽宁省博物馆·藏 |

北宋烙饼壁画·河南省登封市高村宋墓

图片出处：徐光冀主编《中国出土壁画全集·河南卷》

棋子、七宝棋子、银丝冷淘、笋燥齑淘、丝鸡淘、耍鱼面等出售，其中的各式棋子，就是《齐民要术》记载的棋子面。菜面、熟齑笋肉淘面似乎是过于普通的面，适合老百姓日常食用，"非君子待客之处也"。还有专门出售素面的店铺，售卖大片铺羊面、三鲜面、炒鳝面、卷鱼面、笋泼面、笋辣面、笋齑面、乳齑淘、笋菜淘、笋菜淘面、七宝棋子、百花棋子面等，虽可见肉类食材的名称，但却是以菜蔬为原料的面条。家常面则有素骨头面、笋齑面、血脏面、蝴蝶面、齑肉菜面等，不一而足，任君挑选。

煎饼

正月初七食用煎饼的习俗沿袭自魏晋时期，唐代宫廷与民间仍保持着这一传统。煎饼还是驿站提供的食物之一，唐代段成式《酉阳杂俎·卷十五》中记载的一则志怪故事中，客人入住驿站，让驿吏准备煎饼作为食物。同书还记载陵州隆兴寺僧人惠恪好客，"常夜会寺僧十余，设煎饼"招待大家。五代《唐摭言·卷十》记载唐人段维特别喜欢吃煎饼，在文人聚会时，"一饼熟成一韵诗"，做一个煎饼的工夫便能赋诗一首。五代《北梦琐言·卷十》记载唐代崇贤人窦公，为整治东市的一块低洼淤水空地来开店做生意，命家中乳母在空地边设置煎饼盘，引诱儿童往洼地扔砖瓦，如能打中水中的纸标，便可得一枚煎饼。儿童为了得到煎饼争先恐后地往洼地中扔砖瓦，没过多久就填了十之六七。可见，煎饼是其时成人、儿童普遍喜欢食用的面食。

宋代煎饼依然流行，考古专家在河南登封高村宋代墓葬发现了一幅《厨娘烙饼图》，画面上有三位厨娘，一位在案前擀面饼，一位用鏊烙饼，一位端起烙好的饼正要离开，三人配合，先擀后烙，进奉给主人或家人食用。

宋代也流行在正月初七"人日"食用煎饼。宋代陈元靓《岁时广记·人日》中引吕原明《岁时杂记》的记载，时人会在人日前一天把垃圾污秽之物扫成一堆，在人们都还没出门前，往垃圾上覆盖7张煎饼，一起丢弃到路口，以示"送穷"祈福，给人日食用煎饼的习俗增加了新的形式与内涵。《辽史·礼

第一章　主食加工

隋代骑驼吃胡饼胡人俑·山西太原市沙沟村斛律彻墓出土

|山西省博物院·藏|

记载炉饼的吐鲁番文书·新疆吐鲁番阿斯塔纳 154 号唐代墓葬《高昌传供酒食帐》

|新疆维吾尔自治区博物馆·藏|

图片出处：中国文物研究所等编《吐鲁番文书〔壹〕》

古城子（今新疆奇台）卖饼的维吾尔族小贩（1910）·《西方的中国影像 1793—1949：莫理循卷三》

|莫理循·摄|

志六·嘉仪下》记载辽国也有在人日食用煎饼的习俗。《岁时广记·七夕》还引《岁时杂记》记载七夕时，"京师人家亦有造煎饼，供牛女及食之者"，用煎饼来祭祀牛郎织女。

胡饼

唐代是胡汉文化大碰撞、大交流、兼收并蓄的时代，对少数民族食物的喜爱更是超越前代。《旧唐书·舆服志》记载，尤其是开元（唐玄宗李隆基的年号）以来，"太常乐尚胡曲，贵人御馔尽供胡食，士女皆竞衣胡服"，奏胡乐、吃胡食、穿胡衣，足见对胡人风俗之热爱。胡饼作为典型的胡食，在当时非常受欢迎。日本僧人圆仁在《入唐求法巡礼行记》中记载，唐代在立春之日，会赐食胡饼、寺粥，认为"时行胡饼，俗家皆然"，无论是僧人还是俗家，都爱吃胡饼。

据宋代王谠《唐语林·补遗二》记载，唐代长安富豪家曾流行一种叫"古楼子"的巨型胡饼，"起羊肉一斤[①]，层布于巨胡饼，隔中以椒、豉，润以酥，入炉迫之，候肉半熟，食之"。这种巨型胡饼中可以容纳一斤羊肉，再加以椒、豉、酥油调味，贴在胡饼炉中烤至羊肉半熟即可食用，大快朵颐，相当豪迈。

唐代大诗人白居易曾在忠州（今重庆忠县）担任刺史，发现当地有家胡饼跟长安城做得一模一样，味道极好，特意买了寄给在万州（今重庆万州区）为官的杨归厚，还赋诗一首，曰《寄胡饼与杨万州》，"胡麻饼样学京都，面脆油香新出炉。寄与饥馋杨大使，尝看得似辅兴无"，请饥馋的杨大使尝尝，是否与长安辅兴坊的胡饼味道一样。可见，唐代长安辅兴坊的胡饼味道非常正宗。

据《资治通鉴》记载，安史之乱爆发，叛军攻陷长安，唐玄宗在逃亡过程中，临近中午还没有吃饭，杨国忠便在市场上买了胡饼给玄宗食用，说明胡饼

[①] 根据闵宗殿《中国古代农业通史·附录卷》，唐代有大斤、小斤之分，一大斤约为现在的670克，一小斤约为现在的224克。

第一章　主食加工

是当时街市上常见的贩售食物。

吐鲁番阿斯塔纳 154 号唐代墓出土的《高昌传供酒食帐》记载提供给吴尚书的食物有"白罗面三斛[①]，粟细米一斛，炉饼一斛，洿（wū）林枣一斛"，炉饼就是类似于胡饼的一种烤制饼，应该是现在新疆地区"馕"的前身。

蒸饼

唐代蒸饼也被称为"笼饼"。《太平广记·卷二五八》转引《御史台记》记载，武则天时期，侍御史侯思正嫌市场上所卖笼饼葱多肉少，就嘱咐自家厨师做笼饼时"缩葱加肉"，少放葱多放肉，被时人嘲讽为"缩葱侍御史"。这也说明，当时的蒸饼类似现在的包子，是包馅儿面食。

唐代街市之上，常有卖蒸饼的店铺或小贩，方便随时购买。据唐代张鷟（zhuó）《朝野佥载·卷四》记载，武则天时期，官员张衡为令史出身，官至四品，再加一阶便入三品，吏部铨选的汇总录奏已经上报。一日退朝，张衡骑马路过街市，恰遇蒸饼刚出锅，便买了一枚边骑马边吃。唐代前期禁止官员路边就食，认为有损威仪，此事遭御史弹劾，武则天下诏"不得入三品"。张衡因一枚蒸饼与三品大员失之交臂。这一饮食禁忌规定，到了安史之乱后的唐肃宗、唐代宗时期才逐渐解除，也才有了韦绚《刘宾客嘉话录》中宰相刘晏早朝路上在饼店买饼捧着吃的轶事。

唐代韦巨源《烧尾宴食单》中有"单笼金乳酥""素蒸音声部"，也都是蒸饼，前者是加入乳酥配料、用独立分隔的单笼蒸制的蒸饼；后者则是用蔬果素馅做成的面蒸蓬莱奏乐仙人群像，重在塑形之复杂。

新疆吐鲁番市阿斯塔那墓地出土了很多唐代的点心，基本都属于饼类，有圆形、蝴蝶形、四角形、四瓣花形、梅花形、菊花形、宝相花形、树叶形、

[①] 根据李吟屏《新疆历代度量衡初探》和闵宗殿《中国古代农业通史·附录卷》，唐代高昌地区与中原地区的度量衡制度一样，故高昌一斛与唐代一斛一样，以大斗算，约为现在的 60 升。

第三节　唐宋时期

唐代各式点心·新疆吐鲁番阿斯塔纳墓地出土
|新疆维吾尔自治区博物馆·藏　王宪明·绘|

辽代蒸制面食加工壁画·北京市东城区赵德钧墓
图片出处：徐光冀主编《中国出土壁画全集·北京江苏卷》

　　墓室东侧墙壁上绘有一位厨娘正在案上揉制面团，似欲加工成面食；西侧墙壁上绘有一位厨娘正端着一个馒头、一个包子，正欲奉给主人食用。

037

第一章　主食加工

六瓣花形、环形等，造型复杂多变，反映了当时吐鲁番地区人们做饼技艺的进步。

宋代，为避仁宗皇帝的名讳，蒸饼改叫"炊饼"。所以，《水浒传》中武大郎所卖的炊饼，就是蒸饼。宋代的发面技术有了进步。据程大昌《演繁露》续集卷六的记载，制作面起饼，是在面粉中放入酵面，"令松松然也"，可知宋代已经开始用老酵面发面了。

宋代经营面和饼的店已经基本分开。北宋开封街头的饼店分为油饼店和胡饼店。油饼店一般售卖蒸饼、糖饼等。胡饼店售卖的饼种类更多，有门油、菊花、宽焦、侧厚、油砣、髓饼、新样、满麻等。饼店一般凌晨五更就开始工作了，每案用三至五人擀剂、加工、烤制。规模最大的饼店当属武成王庙前海州张家饼店和皇建院前郑家饼店，每家光饼炉就有五十余炉。

馒头

"馒（曼）头"之名出现较早，晋代束皙《饼赋》中有"三春之初，阴阳交际。寒气既消，温不至热。于时享宴，则曼头宜设"，认为春初享宴，适合准备馒头以备食用。《太平预览·卷八六〇》引卢湛《祭法》载，四时祭祀时用馒头。据宋代高原《事物纪原》卷九记载，馒头是诸葛亮为改变蛮地习俗而发明的，将当地以人头祭祀出兵的习俗改为以猪羊肉为馅儿、外裹以面的"曼头"祭祀。所以，馒头从诞生之初，就是一种有馅儿的面食，与今日我们所说"包子"的不同之处，可能就在于包子表面有捏褶儿，而馒头是圆滑的半球形。

陶谷《清异录》记载有美食"玉尖面"，就是以熊肉、鹿肉为馅儿的出尖馒头。宋代售卖、食用馒头非常普遍。据《梦粱录》记载，当时街市上的"蒸作面行"就是卖各种馒头、包子及各色点心的店铺，有炙焦馒头、四色馒头、杂色煎花馒头、生馅馒头、糖肉馒头、羊肉馒头、太学馒头、笋肉馒头、鱼肉馒头、蟹肉馒头等。专卖素点心的从食店则有假肉馒头、笋丝馒头、裹蒸馒头、菠菜果子馒头、辣馅糖馅馒头等，品种丰富。

第三节 唐宋时期

北宋太学公厨制作的馒头尤为出名。据《苕溪渔隐丛话》后集卷二十八引《上庠录》记载，

> 两学公厨，例于三八课试日设别馔，春秋炊饼，夏冷淘，冬馒头。而馒头尤有名，士人得之，往往转送亲识。询前辈，云："元丰初，神庙留神学校，尝恐饮食菲薄，未足以养士。一日，有旨诣学取学生食以进。其日食馒头，神庙尝之，曰：'朕以此养士，可无愧矣。'自是饮食稍丰洁，而馒头遂知名。"

北宋太学在课试（考试）之日，厨房会准备特别的食物，春秋是炊饼，也就是蒸饼，夏天则是冷淘面，冬天是馒头。太学馒头味道极好，以

唐代奉食馒头壁画·陕西咸阳底张湾万泉县薛氏墓
| 陕西历史博物馆·藏 |
图片出处：徐光冀主编《中国出土壁画全集·陕西卷下》
男侍双手端一平底食盘，里面盛放着圆形的馒头，似欲进奉给主人食用。此时的馒头是包馅儿面食。

039

第一章　主食加工

至于学子们得了，舍不得吃，往往转送给亲朋友人。连皇帝尝了，都觉得好吃，认为用这么美味的馒头来供养士人足矣。南宋岳珂有诗曰《馒头》，说的也是以肉为馅儿的美味太学馒头。

包子、兜子、夹儿

这三种都是包馅儿面食，出现于宋代。陶谷《清异录》记载长安有食肆（食店）曰"张手美家"，每个节日供应特定的美食，其中，伏日供"绿荷包子"，应该是目前最早记载的包子了。《东京梦华录》记载北宋东京汴梁专卖包子的店铺有梅家包子、鹿家包子，鹅、鸭、鸡、兔、肚、肺、鳝鱼等均可作为馅料，还有软羊诸色包子等。《梦粱录》记载南宋都城杭州街头有包子酒店，

辽代奉食面点壁画（摹本）·内蒙古巴林左旗查干哈达苏木阿鲁召嘎查滴水壶辽墓

| 巴林右旗博物馆·藏 |

图片出处：徐光冀主编《中国出土壁画全集·内蒙古卷》

画面上两位男侍抬着大型黑红漆食盘，上面摆放着各式面点共9盘，其中可以辨识的有馒头、包子等。

第三节　唐宋时期

北宋中医药壁画·陕西韩城盘乐村 218 号宋墓
|陕西省考古研究院·藏|

　　画面中墓主人端坐屏风前，有多名侍女、侍仆在旁边忙碌、侍奉，右侧高桌后有两位男侍，一人左手拿大黄，右手拿白术，一人手持《太平圣惠方》书卷，两人似乎正在研究某一治病药方或食疗方。《太平圣惠方》中就记载了三种饆饠食疗方。

041

第一章　主食加工

馄饨摊贩·《清末各样人物图册》水粉外销图，1770—1790 年

卖薄皮春茧包子、肉包子，荤素从食店则有细馅儿大包子、水晶包儿、虾鱼包儿、笋肉包儿、江鱼包儿、蟹肉包儿、鹅鸭包儿等。

兜子是用绿豆粉皮包馅儿的一种蒸制面食，顶部不完全封口，捏成攒花状，露出馅料，类似现在的烧卖。在宋代，可以吃到决明兜子、鱼兜子、石首鲤鱼兜子、江鱼兜子等。

夹儿，也叫"夹子"，是一种小型夹馅儿面食，形状扁平，煎炸加工者较多，如《东京梦华录》有煎夹子，《梦粱录》则有鹅眉夹儿、细馅夹儿、笋肉夹儿、油炸夹儿、金铤夹儿、江鱼夹儿，素点心从食店另有素馅儿的诸色油炸素夹儿。《吴氏中馈录》记载有"油夹儿方"，就是用面包裹肉馅儿，入油煎熟即成。

饆（bì）饠（luó）

饆饠也叫"毕罗"，是一种中间夹馅儿的饼。据《酉阳杂俎·卷七》"酒食"记载，当时的知名食物之一是"韩约能作樱桃饆饠，其色不变"，以樱桃为馅儿却能使樱桃不变色，所以人们趋之若鹜。南宋高似孙《蟹略》曾引唐代

第三节 唐宋时期

唐代馄饨、饺子·新疆吐鲁番阿斯塔纳墓地出土
|新疆维吾尔自治区博物馆·藏|
图片出处：中国历史博物馆，新疆维吾尔自治区文物局编《天山·古道·东西风——新疆丝绸之路文物特辑》

  刘恂《岭表录异》记载有"蟹饆饠"，是将蟹黄淋上五味酱料，包裹上一层细面皮制成，是一种蟹黄馅饼。北宋孙光宪《北梦琐言·卷三》记载，唐代仆射刘崇龟标榜清贫节俭，颇受同僚物议，有一次为表示自己饮食清俭，请同僚吃苦荬（mǎi，苦菜）饆饠，有知情的人跟他的仆人一打听，才知道他早就提前吃过大餐了。可见，饆饠中的馅料种类多样，咸甜各宜。

  宋代，饆饠依然流行。庞元英《文昌杂录·卷三》，记载宋宫廷设"御茶酒"，食物就有"太平毕罗"，也见于《东京梦华录》记载的宋徽宗集英殿寿宴之上，用于下酒。《太平圣惠方·卷九十六》记载的食疗方中，有猪肝饆饠、羊肾饆饠、羊肝饆饠，是用猪肝、羊肾、羊肝等动物内脏为主要食材，配以相关食疗药材，包裹上面皮，制成馅饼食用，用来治疗不同的病症。

馄饨

  唐代馄饨花样甚多。韦巨源《烧尾宴食单》中有"生进二十四气馄饨"，是形状、馅料各不相同的二十四种馄饨，应是与传统的二十四节气相对应，取其

第一章　主食加工

相应时物与养生宜忌制成，煞费心思。《酉阳杂俎》记载权贵缙绅之家喜欢的知名小吃中有"萧家馄饨"，汤汁极清，甚至可以用来煮茶，可知当时人们食用馄饨追求汤汁清澈。

《食疗本草》中记载了两种食疗馄饨。一曰"姜末馄饨"，是加入烙过的花椒末和等量的干姜末，用醋和面，制成小馄饨服用，可以治疗冷痢。一曰"艾叶馄饨"，用面包裹艾叶制作成弹丸大小的馄饨，可以治疗冷气。

宋代林洪《山家清供》中有"椿根馄饨"和"笋蕨馄饨"。椿根馄饨据载是刘禹锡的做法，用香椿嫩枝捣筛成汁来和面，制成馄饨；笋蕨馄饨则是以时令鲜嫩的笋、蕨为馅料，焯水后加入酱、香料、油和匀即可，制成的馄饨是一种素馅儿馄饨。

据《武林旧事》记载，杭州人过冬至时喜欢吃馄饨，所谓"冬馄饨年馎饦"，富贵人家为求新奇，一碗馄饨有十余种颜色，谓之"百味馄饨"。《梦粱录》记载，杭州天一亮，早市就开始活动了，其中六部前的"丁香馄饨""此味精细尤佳"，是当时非常受欢迎的早餐小吃。

饺子是馄饨的一种包法，呈偃月形。吐鲁番地区的阿斯塔纳墓地就出土了唐代高昌人食用的饺子。宋代时，饺子被称为"角儿"，主要是一种煎炸面食。

糕

稻米粉加工而成的食物，在魏晋南北朝以前，多称为"饵""饵糕"。唐代以后，"糕"成为稻米粉加工食物的主要称谓。韦巨源《烧尾宴食单》中有水晶龙凤糕、花折鹅糕、紫龙糕等，其中水晶龙凤糕用枣和米蒸制而成，要蒸到表面裂开才行，应是一种发面米糕。据庞元英《文昌杂录》记载，唐代九月九日重阳节会食用菊花糕。菊花糕也叫重阳糕，一般以重阳节的菊花、茱萸等时令食材为配料。

陶谷《清异录》记载有"花糕员外"，是一家糕作坊的主人，用糕作坊挣的钱换了员外郎的官号，看来糕店生意极好。店中所卖糕点有满天星（米糕杂以金米）、糁拌（米糕杂枣、豆）、金糕糜员外糁（糕上有花）、花截肚（糕内有花）、大小虹桥、木蜜金毛面（有枣的狮子形米糕）等种类。

宋代食店卖的糕也非常丰富，《武林旧事》记载的就有糖糕、蜜糕、栗糕、粟糕、麦糕、豆糕、花糕、糍糕、雪糕、小甑糕、蒸糖糕、生糖糕、蜂糖糕、线糕、间炊糕、干糕、乳糕、社糕、重阳糕等种类。林洪《山家清供》中记载有蓬糕、广寒糕的做法。蓬糕是嫩白蓬捣碎，和以米粉，加糖蒸熟制成。广寒糕是将桂花、甘草水与米一起舂捣成粉，蒸成糕，有点类似现在的桂花米糕。

糕还是宋代常见的节庆食物，清明、端午节、社日和重阳节都有食用糕的习俗。陈元靓《岁时广记·卷二一》记载当时京城端午日"以糯米煮稠粥，杂枣为糕"，要吃枣和米蒸制的枣糕；又引吕原明《岁时杂记》载，春社、秋社和重阳节流行吃糕，重阳节尤为盛行，一般以枣、栗等为配料，也有配肉的，有黄米糕、面糕、花糕等不同种类。《东京梦华录》卷八记载重阳节时，开封当地人会提前一到两日，用粉面蒸成糕互相馈赠，会在糕上面插剪彩小旗，杂以石榴籽、栗子、银杏、松子等果实，还会用粉蒸成狮子蛮王形状，装饰在糕上，称为"狮蛮"，可见花样多变。

元子、团子

宋代，元子、团子等糯米粉类圆形食物十分盛行，类似我们现在吃的汤圆。《梦粱录》记载杭州街头有粉食店，专卖山药元子、真珠元子、金桔水团、澄粉水团、豆团、麻团、糍团等，还有小贩沿街叫卖元子、汤团、水团。《武林旧事·卷六》载有炒团、澄沙团子。

通过《吴氏中馈录》，我们可以看到当时团子的具体加工方法。其中记载的"煮沙团方"，是将红豆或绿豆加入砂糖煮成馅料，外面用生糯米粉裹起来，蒸熟或煮熟即可，跟现在的豆沙汤圆基本一样。陈达叟《本心斋疏食谱》记载有"水团"，是用糯米粉包裹糖，煮制而成。

炒团是先将米炒后磨成粉，再团成团子，用胭脂画上花草制成。庄绰《鸡

卖糕饼小贩·《清末各样人物图册》，水粉外销画，约 1770—1790 年

清末点心铺元宵幌子·清代周培春绘《京城店铺幌子图》

|丹麦皇家图书馆·藏|

肋编》卷上记载,"天长县炒米为粉,和以为团,有大数升[①]者,以胭脂染成花草之状,谓之炒团"。

唐宋时期是主食称谓及加工方法承前启后、调整对接的时期,前代所用的主食称谓仍在延续,并被进一步细化,汤饼开始被称为面,馒头、饆饠、包子、角儿、兜子、团子等被用来指代不同的主食,逐渐与我们沿用至今的称谓基本对接。

猪肝饆饠

治脾胃久冷气痢,劣瘦甚者,宜食猪肝饆饠方:豮(fén)猪肝一具,去筋膜;干姜,半两,炮裂,捣末;芜荑,半两;诃黎勒,三分,煨用皮;陈橘皮,三分,浸去白瓤;缩砂,三分,炒。右捣诸药为末,肝细切,入药末一两,拌令匀,依常法作饆饠,熟煿(bó)。空心食一两枚,用粥饮下亦得。

——北宋王怀隐、王祐等《太平圣惠方》

笋蕨馄饨

采笋、蕨嫩者,各用汤焯。以酱、香料、油和匀,作馄饨供。

——南宋林洪《山家清供》

[①] 根据闵宗殿《中国古代农业通史·附录卷》,宋代一升约为现在的670毫升。

第四节 元明清时期

> 美如甘酥色莹雪,
> 一由入口心神融。
> ——明代程敏政《傅家面食行》

明代程敏政在《傅家面食行》中盛赞傅家面食行加工的面食"美如甘酥色莹雪,一由入口心神融",饼、饵虽然不是他经常用来果腹的主食,但到了这家面食行,却不需用别人劝让,大快朵颐,可知傅家面食行加工的面食非常美味。这也反映出元明清时期主食加工技术的精进。

元代主食的种类上主要延续了前代,蒸饭煮粥自不必说,是几千年来中国人主食加工中从未中断的饮食传统。元代对面食的分类有所创新,将面食分为湿面食品、干面食品、从食品和素食。据《居家必用事类全集》记载,湿面食品指的是各种水煮面食,包括水滑面、索面、经带面、饦掌面、红丝面、翠缕面、米心棋子、山药拨鱼、山药面、山芋馎饦、玲珑拨鱼、玲珑馎饦、勾面、馄饨面等,做法、形状和原料添加各有特色,其中红丝面和翠缕面分别用虾肉和槐叶汁为着色剂,拨鱼是将稀软的面团用汤匙拨入水中即成,今天北方地区仍在加工食用,而馄饨面就是煮馄饨。

干面食品主要是包馅儿蒸制面食,包括平坐大馒头、薄馒头、水晶角儿、鱼包子、鹅兜子、杂馅兜子、蟹黄兜子、荷莲兜子、水晶饽饽等。此时的馒

第四节 元明清时期

头仍是包馅儿面食，根据形状和馅料的不同，又可分为平坐大馒头、平坐小馒头、薄馒头、撚（niǎn）尖馒头、卧馒头、龟莲馒头、荷花馒头、葵花馒头等。包子、兜子、饆饠则与前代相似。

从食品主要是烤烙、煎炸类面食，包括白熟饼子、山药胡饼、烧饼、肉油饼、酥蜜饼、七宝卷煎饼、金银卷煎饼、驼峰角儿、烙面角儿、盏酪燋（zhuó）油、圆燋油等。七宝卷煎饼、金银卷煎饼是将烙饼卷馅儿食用。《王祯农书·谷谱二》载，荞麦"治去皮壳，磨而为面，摊作煎饼，配蒜而食"，则是煎饼配蒜直接食用，至今仍是北方地区的饮食习惯。角儿就是饺子，当时主要是煎炸食用。燋油也是一种包馅儿油炸面食。

元代奉食包子壁画·山西朔州西关小康村元代墓葬
图片出处：徐光冀主编《中国出土壁画全集·山西卷》

壁画描绘了繁忙的备餐景象。左侧两位男仆手托笼盖正在上餐，一位端的是碗，后面紧跟的红衣男仆端的是刚出炉的大包子。

第一章 主食加工

卖粥·《清末各样人物图册》，水粉外销画，1770—1790 年

素食是用菜蔬等素菜做成的各种面食，包括包子、馒头、角儿、馅饼等，种类非常多。

饮膳太医忽思慧从皇室食疗角度撰写的《饮膳正要》，也记载了多种主食，包括春盘面、皂羹面、山药面、挂面、羊皮面、秃秃麻食（手撇面）、水龙棋子、马乞（手搓面）等面条，还有多种馒头、角儿、包子、兜子等，多用羊肉、鸡蛋、牛乳、酥油等昂贵食材，配料多样讲究，只适合宫廷及豪富人家加工制作，故被归入"聚珍异馔"之中。《饮膳正要》还格外重视粥的养生功效，在"食疗诸病"中记载了山药粥、酸枣粥、生地黄粥、荜拨粥、良姜粥、吴茱萸粥、莲子粥、鸡头粥等多种以药食同源食材为原料的粥，以求达到"食疗诸病"的目的。

明清时期食谱大量涌现，对当时的主食加工多有记述，一种主食的相关做法往往多至十几、数十种，花样复杂多变，口味丰富，但万变不离其宗，基本的主食种类仍然继承了前代，并无太多变化。值得一提的是，明代《宋氏养生部》中记载了扯（搋）面，即抻面的做法，强调和面时要加盐，和好的面片要涂油静置醒面，抻时，用双手大拇指夹住面片，向两侧抻长，缠于其他手指上，随抻随煮，跟现在制作抻面的方法基本一样。清代满族则将各种面食点心称为饽饽，花样种类极多。清代开始将无馅儿实心的蒸饼称为"馒头"，遂逐渐形成了北方将无馅儿、有馅儿的蒸饼分别称为馒头、包子，南方仍称有馅儿者为馒头的不同情况。

自原始农业产生之初，人们就逐渐开始探索利用水煮、汽蒸、烤烙等方式加工谷物食材。自汉代起，高效谷物粉碎工具石磨推广普及，谷物粉碎后加工成的各种饼成为重要的主食种类，包括蒸饼、汤饼、烤饼、煎炸饼等，促进了主食加工的多样化。

唐宋时期，对面食的称谓开始逐渐细化，面、馒头、包子、胡饼、饆饠、兜子、团子等成为不同食物的固定称谓，各类面食不再仅以"饼"统称之，而是各有其名并延续至后世。

元明清时期基本延续了唐宋时期各种主食形成的称谓并逐渐固定，虽然主

第一章　主食加工

食种类并没有太多创新，但人们对各类主食进行了地方化、个性化的创新，配料、口味、加工方式等变化繁多，形成了独具特色、丰富灿烂的主食文化，给人们带来更为丰富的饮食享受和碳水营养。

荷莲兜子

羊肉三脚子，切；羊尾子二个，切；鸡头仁八两[1]；松黄八两；八旦仁四两；蘑菇八两；杏泥一斤[2]；胡桃仁八两；必思答仁四两；胭脂一两；栀子四钱；小油二斤；生姜八两；豆粉四斤；山药三斤；鸡子三十个；羊肚、肺各二副；苦肠一副；葱四两；醋半瓶；芫（yán）荽（suī）叶。

上件，用盐、酱五味调和匀。豆粉作皮，入盏内蒸，用松黄汁浇食。

——元代忽思慧《饮膳正要》

平坐大馒头

每十分，用白面二斤半。现以酵一盏许，于面内跑（刨）一小窠（kē），倾入酵汁，就和一块软面，干面覆之，放温暖处。伺泛起，将四边干面加温汤和就，不须多揉。再放片时，揉成剂则已。若揉搋，则不肥泛。其剂放软，擀作皮，包馅子，排在无风处，以袱盖。伺面性来，然后入笼床上，蒸熟为度。

——元代《居家必用事类全集》

---

[1] 根据闵宗殿《中国古代农业通史·附录卷》，元朝一两约为现在的 38.75 克。
[2] 根据闵宗殿《中国古代农业通史·附录卷》，元朝一斤约为现在的 620 克。

第二章 豆制品加工

煮豆持作羹，漉菽以为汁。

——三国时期曹植《七步诗》

大豆原产于中国，是国际农业考古学界的共识，在先秦时期被称为『菽』。《诗经·小雅》中有『中原有菽，庶民采之』『采菽采菽，筐之筥（jǔ）之』的诗句，反映的是古代中原地区人们收获大豆，用筐、筥来装盛的劳动场景，可见人们对大豆的种植利用极早。

因为大豆易于种植且营养丰富，成为先秦时期重要的粮食作物，是『五谷』之一。战国时期的史籍多次提到『菽粟多则民足乎食，菽粟不足则民将暴乱』，菽粟并称，代指粮食，且菽放在首位，说明当时大豆生产对国计民生具有非常重要的影响。

大豆直接煮食，其中的蛋白质营养吸收利用效率低，过多食用还容易引起胀气、消化不良等身体不适。中国古代先民以大豆为原料，创造发明了豆腐、豆豉、豆酱等豆制品，不仅克服了上述问题，还使大豆中的营养物质更易于被人体吸收利用，形成了独具民族特色的大豆加工智慧与文化。

第一节 豆腐制品

> 色比土酥净,香逾石髓坚。
> ——元代郑允端《豆腐》

南宋著名理学家朱熹有诗《次刘秀野蔬食十三诗韵·豆腐》曰:"种豆豆苗稀,力竭心已腐。早知淮王术,安坐获泉布。"所谓"淮王术",又称"淮南术",指的是利用大豆加工豆腐的技术,因世传为淮南王刘安发明,故名。豆腐可以说是中国特色食品的名片,中国饮食文化的典型代表之一,是古代先民食物加工利用智慧的重要见证。

先秦时期,大豆多是被直接煮成豆饭食用,但非常难煮,往往要煮上七八个小时才能煮烂,食用起来不太方便,也较难消化吸收。石磨发明推广之后,才能将大豆磨成豆粉或豆浆,既便于食用,也易于吸收,还为进一步的加工创造了条件。古代人们对大豆的加工利用可谓丰富多样,有发酵制品豆豉、豆酱、酱油等,有点卤制品豆腐,还有压榨制品大豆油。仅是豆腐一种,就被创造衍生出一系列各具特色、口味多变的再加工食物,充分显示出先民在饮食享受上的聪明才智与不懈探索。

还有一种大豆加工制品,曰"大豆黄卷",因无法归入下文中的某一类,故单独记于此处。大豆黄卷是浸泡后发小嫩芽的豆芽干制品,是一味中药。成

第二章　豆制品加工

书于汉代的《神农本草经》就记载了"造黄卷法"。宋代林洪的《山家清供》记载有"鹅黄豆生","温陵人前中元数日,以水浸黑豆,曝之。及芽,以糠秕置盆中,铺沙植豆,用板压。及长,则覆以桶,晓则晒之,欲其齐而不为风日侵也。中元则陈于祖宗之前。越三日出之,洗、焯以油、盐、苦酒、香料,可为茹,卷以麻饼尤佳。色浅黄,名鹅黄豆生。"这里的"鹅黄豆生"芽更长,就是今天所谓的"黄豆芽",可用佐料烹饪成菜肴,用来卷饼味道特别好。

大豆·明代文俶《金石昆虫草木状》,明万历年间(1573—1620)彩绘本

汉代"大豆万石"灰陶仓

|中国农业博物馆·藏|

豆腐

关于豆腐的发明时间，在没有考古资料支撑之前，一直聚讼不断。史籍中对豆腐的记载，最早见于五代末至北宋初成书的陶谷《清异录》。书中"官制门"记载，青阳（位于今安徽）县丞时戢，"洁己勤民，肉味不给，日市豆腐数个，邑人呼豆腐为'小宰羊'"。时戢为官清廉，洁身自好，体恤百姓，饮食少肉，每天都会到市场上买豆腐佐餐，当地人还把豆腐称为"小宰羊"。这既说明当时豆腐已经是每日集市上都能采购到的常见食物，也说明豆腐非常受人欢迎，口感和营养都很好，甚至可以与羊肉相提而论。

宋代开始，文献中关于豆腐的记载就突然多起来。宋代寇宗奭《本草衍义》记载生大豆，"又可硙（wèi）为腐，食之"，硙就是石磨，生大豆可以用石磨加工成豆腐来食用。《物类相感志》记载"豆油煎豆腐，有味"，苏轼还在《又一首答二犹子与王郎见和》诗中赞美豆腐，"脯青苔，炙青蒲，烂蒸鹅鸭乃瓠（hù）壶。煮豆作乳脂为酥，高烧油烛斟蜜酒，贫家百物初何有"。"煮豆作乳脂为酥"说的就是豆腐。林洪《山家清供》中记载有"东坡豆腐"这道菜，"豆腐，葱油煎，用研榧（fěi）子一二十枚，和酱料同煮"，是将豆腐用葱油煎后，加入研磨后的香榧子和酱料，一同煮制而成，或者只用酒煮，味道也很好。时至今日，虽然做法配料有所变化，但"东坡豆腐"仍是世人闻名的豆腐菜肴。

宋代蜀地称豆腐为"黎祁"，陆游《邻曲》诗中有"拭盘堆连展，洗釂（pú）煮黎祁"，自注曰："蜀人名豆腐为'黎祁'。"北宋《渑水燕谈录·卷九杂录》载，"熙宁八年（1075），淮西大饥，人相食。朝廷……以厚朴烧豆腐，开饥民胃口"，豆腐还成为淮西地区赈济灾民的食物。

也正是从宋代开始，人们认为西汉淮南王刘安是豆腐的发明者。前引朱熹的豆腐诗是目前所见最早的相关记载，此后李时珍《本草纲目》等书均认为豆腐的发明者是西汉淮南王刘安。清代陈元龙《格致镜原》中引南朝宋人谢绰的《宋拾遗》曰，"豆腐之术，三代前后未闻此物，至汉淮南王安始传其术于世"。

第二章　豆制品加工

豆腐加工画像线图·河南新密打虎亭1号汉墓
|新密打虎亭汉墓博物馆·藏　王宪明·绘|

《宋拾遗》一书早已不传于世，只能在后世文献中搜集到只言片语，而南朝至北宋期间未见到关于淮南王刘安发明豆腐的相关记载，故这一记载不足以取信。

正因为和豆腐相关的文献记载出现较晚，而西汉淮南王刘安发明豆腐的说法又是从宋代才开始出现并盛行，所以这一观点备受学者们的质疑。直到河南新密打虎亭汉墓的一幅汉代画像石图像被学者们释读为加工豆腐图，才重新佐证了"豆腐至迟出现于汉代"这一观点，使其成为目前学术界的基本共识。

这幅豆腐加工图从左至右，形象刻画了豆腐制作的整个流程，结合明清时期关于豆腐加工制作技术的记载，我们可以大致了解到古代的豆腐加工技术及主要工序。

第一步，泡豆。图中最左边的两位长衫厨娘立于大瓮前，向瓮内查看，瓮中应该是浸泡的大豆颗粒，其中一人手持长柄勺，应是用来捞取豆粒，以便查看浸泡程度的。清代朱尊彝《食宪鸿秘》中记载的豆腐制作方法，会先将干豆磨制去皮后再浸泡，工序更为复杂些，能最大限度地减少大豆磨浆后的渣滓。清代汪日祯《湖雅》中记载"磨黄豆为粉"，用黄豆粉入锅煮并点卤制豆腐的方法并不是常见的方法。明代《宋氏养生部》记载的豆腐制作方法，"有磨炒豆，筛细三升[①]面，和渍生豆二升浆，煮熟置器压实，甚宜熏晒"，说的是用炒

---

① 根据闵宗殿《中国古代农业通史·附录卷》，明代一升约为现在的963.5毫升。

058

制后的大豆磨粉，再和以大豆浸泡后磨制而成的豆浆，制作豆腐干，特别适合熏、晒二次加工，是将干豆粉和豆浆混合作为加工豆腐的原料。

制作豆腐的原料主要是大豆，也有用其他豆类的。明代李时珍《本草纲目》中说"凡黑豆、黄豆及白豆、泥豆、豌豆、绿豆之类，皆可为之。"《宋氏养生部》做豆腐是用"黄豆二斗[①]，绿豆二升"。明代《墨娥小录》载"凡做豆腐，每黄豆一升，入绿豆一合（注：一升为十合），用卤水点就，煮时甚是筋韧，秘之秘之"，认为加了绿豆做成的豆腐韧性更好。

第二步，磨浆。图中大瓮右侧是一盘石磨，磨旁一位厨娘正在磨豆。她左手转动石磨，右手似是拿水瓢不停地向石磨中加水、加豆。在磨豆的过程中，需要不停加水，一方面可以使大豆中的蛋白质溶解形成豆浆，另一方面也有利于减少石磨转动过程中的摩擦阻力，降低摩擦产生的热量，防止豆浆提前遇热变性。

图中石磨下方有一用于承接豆浆的圆形容器。河北满城汉墓就出土了类似的带有铜质漏斗的石磨。铜质漏斗内壁中间位置有四个对称支架，用于固定石磨。支架对应的腹部外壁有方块形凸起，应是用于将铜质漏斗固定在外部木架之上的。木架估计早已腐烂。铜质漏斗底部有大孔，石磨磨出的浆可以在铜质漏斗的引流下，通过底部的大孔流入下方的容器内，以备下一步加工。

明代李日华《篷栊（lóng）夜话》记载，歙县地区加工豆腐所用的石磨，是用制作砚台的"紫石细棱"加工而成，一盘石磨价值高达二三金。用这种石磨加工制作的豆腐"腻滑无滓"，煮食即使不加盐、豉也有自然的甘甜，并认为石磨对豆腐加工品质有重要影响，所以歙县当地加工的豆腐品质好。

第三步，过滤。图中石磨的右侧有一大瓮，瓮中浮着一只瓢，可知瓮中装的是液体豆浆。瓮的口沿上架有箅，中间较为紧密，应该是过滤豆浆渣滓用的。瓮后的两位厨娘正在合作过滤豆浆，瓮左侧的厨娘似乎正在指点操作。图中过滤方法的具体细节不甚清晰，有可能是直接用箅过滤。《食宪鸿秘》中记

[①] 根据闵宗殿《中国古代农业通史·附录卷》，明代一斗约为现在的 9635 毫升。

第二章　豆制品加工

载的豆腐制法，过滤时，是"用绵绸沥出"，用绵绸这种细致的布料过滤，得到的豆浆比较细腻，而"用布袋绞捻（qìn）"，得到的豆浆比较粗。

第四步，煮沸。过滤后的豆浆，要经过煮沸，才能进行点卤。图中未见这一步骤对应的画像，或因为煮沸需要灶，在画面中不便表达，豆浆磨好后直接送到灶房中加热即可，所以画像创作者将此步略去了。

第五步，点卤。这一步是制作豆腐的关键，是通过加入凝固剂，使豆浆凝结成豆腐花。操作时，需要一边加凝固剂，一边不停地向同一方向搅动豆浆，使其凝结。图中略小的瓮中盛放的应是煮沸后的豆浆，旁边的厨娘手持长竿，正在搅动，是在进行点卤操作。

古代点豆浆用的凝固剂种类很多，见于记载的有盐卤水、石膏、山矾叶、酸浆、醋等。这些物质都能促进豆浆中的蛋白质凝结而与水分离。其中，盐卤水和石膏是最常见的凝固剂，时至今日，依然是人们常用的点豆腐原料。北方人更喜欢用盐卤水点豆腐，称为"卤水豆腐"，这样做成的豆腐质地偏硬、有韧性、不易破碎。南方人喜欢用石膏点豆腐，做成的豆腐水分含量高、细嫩爽滑，也被称为"水豆腐"。《食宪鸿秘》中指出，盐卤点出并压干的豆腐是最好的，而石膏点成的豆腐，"食之去火"，但因为过于细嫩，不太适于进行二次烹饪加工。

第六步，压制成型。豆浆凝结形成的豆腐花，含水量较大，需要用布包裹后放入箱中，再用重物镇压，以便挤压出多余的水分，形成豆腐。画像石最右侧的画面展示的就是压制豆腐的过程。中间带脚的方箱中放置的就是豆腐花，加压利用了杠杆原理，杠杆一头固定在箱上，另一头悬挂有圆鼓型重物，有点类似古代的砝码"权"。方箱的下面放有圆形容器，用于承接挤压流出的水。整体结构设计科学合理。

密县打虎亭汉墓画像石所描绘的豆腐加工方法，充分说明东汉时期河南新密地区的豆腐加工技术已经非常成熟了，而豆腐加工技术真正出现的时间应当比东汉更早。汉代不仅发现了可用于加工豆浆的带漏斗石磨，制作豆腐所需要的盐卤水、石膏等凝固剂也早已被人们发现并利用，可以说豆腐制作所需要的

第一节 豆腐制品

满城汉墓石磨（复原）
|王宪明·绘|

汉代黄釉绿彩鹤纹灶
|中国农业博物馆·藏|

豆腐加工工序图
| 王宪明参考沈镇昭、隋斌主编《中华农耕文化》·绘 |

技术手段均已具备。虽然淮南王刘安发明豆腐的说法还不能被证实，但"豆腐发明于汉代"是可信的。

上述豆腐加工流程在元末明初孙作的《菽乳》中有更文学化的描述：

……

戎菽来南山，清溮浣浮埃。（按：浸泡大豆）

转身一旋磨，流膏入盆罍（léi）。（按：磨豆成浆）

大釜气浮浮，小眼汤洄洄。

顷待晴浪翻，坐见雪花皑。（按：豆浆煮沸）

青盐化液卤，绛蜡窜烟煤。（按：盐卤点豆腐）

霍霍磨昆吾，白玉大片裁。（按：切豆腐）

烹煎适吾口，不畏老齿摧。（按：烹饪豆腐）

……

孙作《沧螺集》记载这首诗的同时，还说"豆腐本汉淮南王安所作。惜其名不雅，余为改今名"，认为"豆腐"的名称不雅致，将其改为"菽乳"。

正因为豆腐质地软嫩，所以被人们视为适宜老年人食用的佳品。元代谢应芳在《龟巢稿》中载"老而无齿……求其甘软若豆腐者，真可谓养老之善物也"，还用诗句"软比牛酥便老齿，甜于蜂蜜润枯肠"盛赞豆腐的美味。

自宋代以来，市场上贩售豆腐的记载也多见于史籍。《梦粱录》记载南宋临安的酒肆售有豆腐羹、煎豆腐等菜肴。明代陆游的《老学庵笔记》记载嘉兴老儒闻人滋，"喜留客食，然不过蔬豆而已……又多蓄书，喜借人"，便自我调侃，称自己是开"书籍行"和"豆腐羹店"的，说明当时市场上已有以豆腐为主要销售食品的店铺。清代王韬在《弢园笔乘·记燕贼事》记载燕王秦日纲，少时"以制菽乳为业"，陆以湉（tián）《冷庐杂识·卷八》记载嘉兴郁心哉"以沽菽乳为生业，自称粗粝腐儒"，都是当时从事加工、贩售豆腐生意的记载。

第二章　豆制品加工

其他豆腐制品

人们还以豆腐为原料，创造发明出多种特色豆腐制品。清代《食宪鸿秘》就记载了不少，包括建豆腐（腐乳）、熏豆腐（熏豆腐干）、凤凰脑子（酒糟豆腐）、糟腐乳（用酒酿、甜糟加工腐乳）、冻豆腐、腐干（用多种食材和多道工序加工的豆腐干）、酱油腐干、豆腐脯（臭豆腐）等，还有豆腐汤、煎豆腐等豆腐菜肴。

建腐乳应是福建建宁腐乳的简称，多用豆腐干为原料。豆腐干是将豆腐中的水分压至极干制成的。豆腐干用盐腌制后上锅蒸熟。春季二三月份或秋季九十月份，放于通风处使其发霉长毛。用纸拭去豆腐表面的毛后，加入盐、酱油、红曲、茴香、花椒、甘草、酒等入罐密封腌制，一个月左右就能制成腐乳了。这是利用霉菌发酵的方法腌制腐乳。《醒园录》和《古今秘苑》中记载的腐乳制作方法有所不同，对豆腐的预处理不用发霉，而是直接用盐腌制，蒸熟或煮熟后，直接加入酱、曲等调料入罐密封腌制，所加配料各有不同，口味亦有区别。

豆腐脯就是我们今天常说的臭豆腐，是让豆腐发霉后形成独特风味，再油炸食用。明代李日华《蓬栊夜话》中就已经有记载："黟（yī）县人喜于夏秋间醢（hǎi）腐，令变色生毛随拭去之，俟稍干投沸油中灼过，如制馓法，漉出……直腐臭耳。"黟县在徽州，当地称臭豆腐为"毛豆腐"，是徽州特色名菜，其制作技艺传袭至今，已被列入安徽省级非物质文化遗产代表性项目名录。

清代汪日桢《湖雅》记载的豆腐制品种类更多，虽然对做法的记载简略，但也能一窥究竟：

> 豆浆……或点以石膏，或点以盐卤为腐。未点者曰豆腐浆。点后布包成整块曰干豆腐……稍微嫩者不能成块，曰豆腐脑。或铺细布泼以腐浆，上又铺细布夹之，旋泼旋夹，压干成片，曰千张，亦曰百叶。其浆面结衣揭起成片曰豆衣，《本草纲目》作豆腐皮，今以整块干腐上下四旁边皮批片曰豆腐皮，非浆面之衣也。干豆腐切小方块油

第一节 豆腐制品

古代豆腐乳加工示意图

| 王宪明参考中国农业博物馆农史研究室《中国古代农业科技史图说》·绘 |

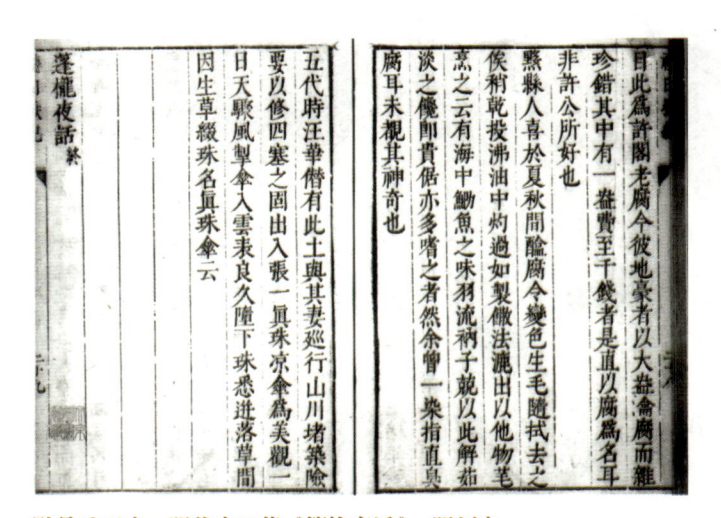

黟县毛豆腐·明代李日华《蓬栊夜话》，明刻本

| 国家图书馆·藏 |

065

第二章　豆制品加工

炖，外起衣而中空者曰油豆腐，切三角块者曰三角豆腐，切细条者曰人参豆腐，有批片略炖，外不起衣、中不空者曰半炖油腐。干腐切方块布包压干，清酱煮黑曰豆腐干，有五香豆腐干、元宝豆腐干等名，其软而黄黑者曰蒸干，有淡煮白色者曰白豆腐干。木屑烟熏白腐干成黄色曰熏豆腐干。腌芥卤浸白腐干使咸而臭曰臭豆腐干。

卖豆腐花·《清末各样人物图册》，水粉外销画，1773—1776年

　　豆腐花，又叫"豆腐脑"，是豆浆点卤后形成的凝固物含水量很高，韧性差，易碎，所以商贩担瓮售卖。豆腐花口感细嫩爽滑，特别适合加各种佐料调味后食用，咸甜酸辣各宜，至今仍是人们喜欢的豆腐食物。

第一节 豆腐制品

　　这段文字不仅记载了未点卤的豆腐浆，煮浆过程中表面凝结的豆衣（即今天的腐竹，《本草纲目》中已有记载），点卤后含水量从多到少的豆腐脑、豆腐、豆腐干，细布层叠压成的千张（也叫百叶，是一种薄豆腐皮），还有各种形状的油豆腐，各种口味的豆腐干，可谓丰富多样。汪日桢还记载了四川两湖地区的豆腐店叫"甘旨（脂）店"，加工豆腐的废弃物也都各有用处，豆渣可以用来养猪，也可以用油炒成菜肴，叫"雪花菜"，制作豆腐过程中沥出的腐水，用来洗衣服去污渍效果最好，反映的正是中国"物尽其用""资源循环"的环境友好型传统生活理念。

　　清代徐珂《清稗类钞·饮食类》也记载了很多豆腐制品菜肴和习俗。当时的杭州人会在"饭店"用"鱼头豆腐"等菜肴宴请宾客。扬州当地喜欢以干丝佐茶，是用干豆腐丝和虾米，加酱油、香油调味煮制而成。书中还记载了卷䕩（mó）汤、豆腐皮汤、罗定州豆腐羹、鱼卷、连鱼豆腐、煨蟶（chē）螯、煎豆腐、京冬菜炒豆腐、芙蓉豆腐、虾仁豆腐、虾油豆腐、虾米煨豆腐、鸡汤鲩鱼煨豆腐、八宝豆腐、蒋戟门手制豆腐、朱文正劝客食豆腐、梁茝（chǎi）林食豆腐、煨冻豆腐、菜豆花、煨豆腐皮、素烧鹅、豆豉炒豆腐等特色豆腐菜肴及制法，并指出豆腐、豆干等"豆制各物"是家常肴馔烹饪中的重要食材，可与其他食材"参互变换"，创造出更丰富多样的菜肴。

　　基于以种植业为主、畜牧业为辅的传统农业生产结构，中国传统饮食结构也一直是以谷物菜果等植物性食材为主，蛋白质营养的来源相对较少。大豆含丰富的植物蛋白，对中国的饮食结构而言，是一种极为有益的蛋白质补充。但直接食用大豆，不仅蛋白质利用效率低，还容易发生消化不良等身体不适，而制成豆腐后，就能避免这些弊端。所以，豆腐及相关食物一直备受中国人的喜爱。

　　豆腐的加工过程看似简单，其实很复杂，需要经过多步转换和必不可少的工具原料。首先，需要用石磨将大豆磨碎，使其中的蛋白质溶解于水中，形成蛋白质溶胶体——豆浆；其次，需要煮沸以破坏豆浆中的皂素、胰蛋白酶抑制物等有害物质，并使蛋白质发生热变性，方便下一步点卤；再次，需要利用盐卤、石膏等凝固剂使豆浆中的蛋白质凝聚沉淀，形成豆腐花；最后，还需要加

第二章　豆制品加工

压排出豆腐花中多余的水分,才能做出豆腐。虽然豆腐的发明可能是历史的偶然事件,但这一过程蕴含着丰富的科学原理和生产智慧。

人们也并未仅仅满足于对豆腐美味的享受,还持续探索,通过调节豆腐花中的含水量,以及利用发酵、腌制、熏制等多种技术,创造出了风味不同、各具特色的多种豆腐制品,并用豆腐和豆腐制品烹饪出千变万化的豆腐美食,在给人体提供植物蛋白营养的同时,也带来丰富多变的饮食享受。

红腐乳

细豆腐少压,切块,煮过,摊置无风处覆之,生黄绿毛,长寸[①]许。以竹挺签入,透心为度。乃拭去毛,以飞盐及茴香、莳萝、川椒、陈皮层层淹之,瓮口余三分,以红曲上酒浓底,浸百日用(暄曰:煠腐为之可以不毛。又法:压干盐淹,晒一二日,浸半年开用,可以不毛)。

——明代方以智《物理小识》

蒋侍郎豆腐

豆腐两面去皮,每块切成十六片,晾干。用猪油热灼,清烟起才下豆腐,略洒盐花一撮,翻身后,用好甜酒一茶杯、大虾米一百二十个;如无大虾米,用小虾米三百个,先将虾米滚泡一个时辰,秋油一小杯,再滚一回,加糖一撮,再滚一回,用细葱半寸许长一百二十段,缓缓起锅。

——清代袁枚《随园食单》

---

① 根据闵宗殿《中国古代农业通史·附录卷》,明代一寸(营造尺)约为现在的 3.18 厘米。

第二节 豆豉

> 金醴可酣畅，玉豉堪咀嚼。
> ——唐代皮日休《太湖诗·晓次神景宫》

东汉刘熙《释名·释饮食》曰，"豉，嗜也，五味调和，须之而成，乃可甘嗜也"，认为豆豉是时人非常喜欢且十分重要的调味食物，调和五味都需要用豉，方能成就各种美食。豉，是用大豆发酵制成的调味品，从古至今，尤其是在魏晋南北朝及之前的饮食生活中具有重要的地位。西汉史游《急就篇》中记载有"芜（wú）荑（yí）盐豉醯（xī）酢（cù）酱"，"盐豉"并称，是日常饮食最常用的调味品。

汉代豆豉的普遍食用

东汉许慎《说文解字》卷七有"尗"字，"配盐幽尗（shū）也"。"尗"就是"豉"，"尗"就是大豆（菽），认为豉是大豆加盐在幽暗环境下加工制成的。虽然先秦时期的文献中并未见到关于豉的明确记载，但学者们还是倾向于认为，豆豉加工技术出现于先秦时期，不晚于战国。

第二章　豆制品加工

盛放豆豉的双耳印纹硬陶罐·湖南马王堆 1 号汉墓出土

|湖南省博物馆·藏　王宪明·绘|

　　图中陶罐形制与壶相似，器身肩部拍印席纹，腹部拍印斜方格纹，肩下有两个兽形耳。器表加施黄褐色釉。出土时，罐口用草和泥填塞，罐内残存有豆豉类食物。填塞的方法是先用草把塞住罐口，再将草把的上部散开捆扎，然后用泥糊封。用草密封器皿促进大豆发酵，是加工豆豉时常用的方法。

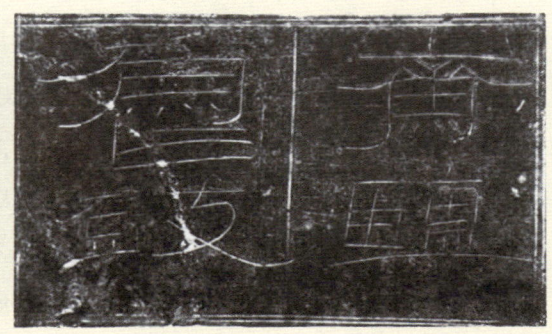

第二节　豆豉

汉代盐豉调味壶
|陕西历史博物馆·藏　王宪明·绘|

《北堂书钞·卷一四六》记载："美豉出鲁，古艳歌云'白盐河东来，美豉出鲁门'。"同书记载，东汉"羊续为南阳太守，盐豉共一角"。《太平御览·卷八五五》记载，"羊续为南阳太守，盐豉共壶"，以表示羊续生活节俭。陕西历史博物馆所藏的这件汉代盐豉调味壶，应该就是当时用来盛放盐和豉的，说明盐豉在当时已经是最基本、最常见的调味品了。而鲁地出产的"鲁豉"则是优质豆豉的代名词。

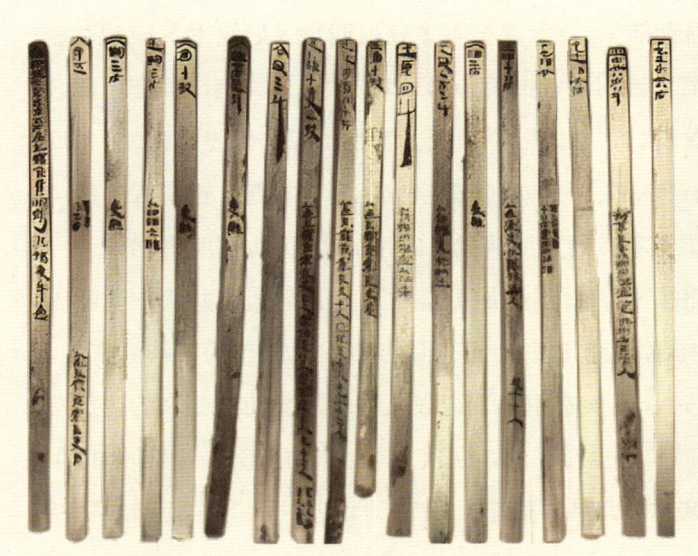

西汉元康五年《过长罗侯费用簿》简册·甘肃敦煌悬泉置遗址出土
|甘肃简牍博物馆·藏|

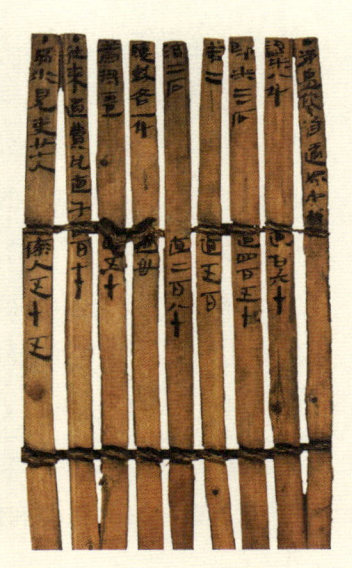

新莽地皇三年《劳边使者过界中费》简册·甘肃居延肩水金关遗址出土
|甘肃简牍博物馆·藏|

第二章　豆制品加工

《史记·货殖列传》中记载，汉代"通邑大都，酤（gū）一岁千酿，醯（xī）浆千瓨……蘖（niè）曲盐豉千荅"，说明西汉的大都市中，加工售卖"盐豉"的数量是相当庞大的，反映出时人"盐豉"消费能力很强。《汉书·货殖传》记载长安"豉樊少翁、公孙大卿，皆天下高赀（zī）"，指出长安经营豆豉生意的樊少翁、公孙大卿是有名的富豪，财力雄厚。这表明，豆豉在汉代不仅已经进入市场作为商品被售卖，且有庞大的加工销售量，能使经营者成为举国闻名的富豪，也从一个侧面说明，当时的豆豉加工技术已经相当成熟，加工能力非常强。因此，豆豉加工技术的出现，肯定比西汉更早，先秦时期应该就已经出现了。《楚辞·招魂》有"大苦咸酸"之语，东汉王逸注曰"大苦，豉也"，也可例证之。

长沙马王堆1号汉墓出土的竹简中有"豉一坏"的记载，指的就是豆豉随葬品，而同墓出土的301号双耳印纹硬陶罐中正好发现了豆豉，与之相应。除此之外，同墓126号大口印纹硬陶罐中还发现了豆豉姜，应该是加了姜的豆豉。

汉代史籍多见"盐豉"并称的记载。除前述《急就篇》《史记·货殖列传》外，《北堂书钞》中的《酒食部》《政术部》等多处引谢承《后汉书》谈到"盐豉""韩崇为汝南太守，遣妻子粗饭，惟菜茹盐豉耳""羊续为南阳太守，盐豉共一角""河南陶硕啖芜菁羹，无盐豉""（羊茂）常食干饭，出界买盐豉"，反映出盐豉是当时最基本的调味品，即使贫苦人家也能消费得起。也正因为盐与豆豉之常见、常用，以盐豉佐餐的行为反倒成了当时士大夫廉洁的一种表现。

"盐豉"分别代表盐和豆豉，而不是加了盐的豆豉，且盐豉共用，说明汉代食用的主要是不加盐的淡豆豉。这一点可以从考古发现的汉简中得到印证。敦煌悬泉置遗址出土的《过长罗侯费用簿》记载了当时外交使节往来的接待费用，其中就有"豉"。"入豉一石[①]五斗[②]受县"（编号：66）"今豉三斗"（编号：67）"出豉一石二斗以和酱食施刑士"（编号：72），说明"豉"作为基本生活

[①] 根据闵宗殿《中国古代农业通史·附录卷》，汉代一石约为现在的20升。
[②] 根据闵宗殿《中国古代农业通史·附录卷》，汉代一斗约为现在的2000毫升。

消费品，也用于接待外交使节。最后一条记载的豉"以和酱"的食用方式，说明当时食用的是淡豆豉，可以搭配酱一起食用。

居延汉简中发现的新莽地皇三年（公元22年）《劳边使者过界中费》简册中有"盐豉各一斗，直卅"（简号：743E.J.T21：6）的记载，说明一斗盐和一斗豉的价格是30枚铜钱。居延汉简中还可见"出钱廿五 豉一斗"（简号：214.4）的记载，如果不考虑简文所处不同时间的物价浮动和货币价值的变化，大致可以推测，一斗豉的价格约是25钱，一斗盐的价格约是5钱，可见豆豉的价格要比盐贵数倍。

魏晋南北朝时期的豆豉加工技术

魏晋南北朝时期，加工和食用豆豉非常普遍，所以陶弘景在《本草经集注》卷七"豉"条下曰："豉，食中之常用。"

关于淡豆豉加工技术最详细的记载当属贾思勰的《齐民要术》。"作豉法第七十二"记载了多种豆豉加工的方法，其中最主要的就是淡豆豉的加工方法。

当时的豆豉生产有专门的场所——"暖荫屋"。暖荫屋内要挖二三尺[①]深的地坎，也就是窖。屋顶覆草，不适宜用瓦。窗户要用细密的泥土封塞，以免风、虫、鼠等进入。门要小，仅容一人进出，并用厚实的秸秆制作成门扇。"三间屋，得作百石豆"，所以，一间暖荫屋可以加工三十余石大豆。书中指出，如果连续加工豆豉，屋内就会"恒有热气"，一年四季不需要覆盖秸秆等保温；如果频率不高，冬季需要覆盖秸秆等进行保温。制作豆豉一般以二十石豆为一堆（书中曰"聚"），集中加工发酵，能够充分利用发酵产生的热量自暖，最少也要十石豆为一堆。如果只作三五石，则无法自暖，很难得到好品质的豆豉。这说明，书中记载的豆豉加工方法，主要是作坊式的加工方法，加工

[①] 根据闵宗殿《中国古代农业通史·附录卷》，北魏一尺约为现在的28厘米。

第二章　豆制品加工

量很大，应该是以供应市场销售为主的。

时人对豆豉的加工时间已有很精准的认识和把握，将其详细划分为上时、中时、下时。四五月份为上时，以"四孟月十日后作者，易成而好"，大概因为这段时间温度适中，被认为最接近人的腋下温度。七月二十后至八月为中时，而其余月份则为下时，虽然也能加工豆豉，但四时交会之际、冬夏大寒大暑之时，冷热变化，极难调适。如果确实需要在这些时段加工豆豉，则宁可选择温度低的时候，也不要选择炎热的时候，因为温度低的时候可以用作物秸秆等覆盖以保温，而温度太高豆豉就容易发臭腐败了。根据现代科学原理，豆豉加工主要利用的是曲霉菌发酵技术，而曲霉菌最适宜的生长温度为26～30℃。《齐民要术》主要记载的是黄河中下游地区的农业生产与食物加工的技术经验，四月与现在的阴历大致相当，对应现在太阳历的五六月份，这一地区五六月的平均气温基本在20～30℃，与曲霉菌最适宜的生长温度比较符合，可见当时人们对豆豉加工适宜温度及时间的把握是非常科学的。

加工豆豉的具体方法大致分为以下四步：

第一步，先对大豆进行去除杂质和加热处理。《齐民要术》认为用陈年的黑豆更好，因为当年产的黑豆还带有潮气，加工过程中"生熟难均"。簸净大豆中的杂质，用大釜煮，煮至膨胀变软就可以了。如果过熟，则豆豉发酵过程中容易烂。捞出后堆成尖堆，放入暖荫屋中。

第二步，利用多次翻法，将大豆堆晾至内外温度一致并发酵生成曲霉菌。一般要翻五次，每翻一次，都要用杷、杴（xiān）等工具将外层的凉豆堆放在中间，原来内层的热豆堆放在外层，同时不断降低豆堆的高度，逐渐堆成车轮状。大豆会逐渐生出"白衣"，豉就初步做成了，随着继续堆放，又会生出"黄衣"。这时，可将大豆堆至三寸厚，闭户三日，继续促进"黄衣"的生长繁殖。白衣、黄衣就是附着在大豆上的曲霉菌。三日后，将大豆顺东西向堆成垄，再用杷杷平，促进曲霉菌生长。等大豆上长满"黄衣"，色足均匀时，将其移至屋外。

第三步，洗去大豆上附着的曲霉菌。通过扬簸去除大豆表面的曲霉菌，然

作豉法·北魏贾思勰《齐民要术》，民国龙溪精舍丛书本

第二章 豆制品加工

豆豉·明代刘文泰等撰、王世昌等绘《本草品汇精要》，明弘治十八年（1505）彩绘写本

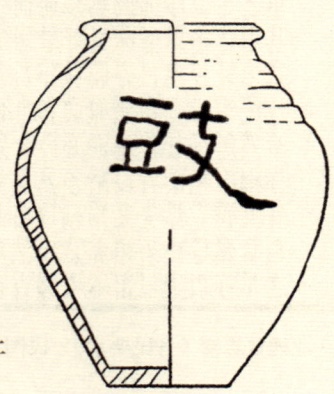

豉罐（线描图）·洛阳烧沟新莽时期墓葬出土

|王宪明·绘|

后放入半瓮清水中淘洗。捞出后放入筐中，两人合作，一人执筐，另一人取瓮中水冲洗筐中的大豆，执筐之人急速抖动筐中的大豆，直到沥出的水干净为止。如果淘洗得不干净，加工成的豆豉容易发苦。淘洗后将大豆摊放于席上。

第四步，入暖荫屋的窖中静置，再次发酵。先在窖底铺二三尺厚的谷壳，再用席覆盖。将大豆放入窖中，用脚踩踏大豆使其坚实，上面再用一层席覆盖，席上还需覆盖二三尺厚的谷壳，后用脚踏实。这样就可以静置发酵了，一般夏天十日便能加工成熟，春秋天需要十一二日，冬天则需要十五日左右。时间太长则豆豉发苦，时间太短则豆豉发白，味道不足，烹饪时需要加大用量才能有味道。只有时宜恰当，才能制作出自然香美的豆豉。书中还说，制作豆豉"难好易坏""难于调酒"，需要细心有经验的匠人，一天查看两次，才能制成。如果豆豉短时间内消费不掉，需要长时间保存，可将豆豉曝晒至干燥，能存放长达一年。

这种加工方法，利用的是大豆自然产生曲霉菌，且不加盐调味，属于"淡豆豉"。

书中还引用了《食经》记载的豆豉加工方法，基本工序大同小异。不同之处在于，《食经》记载的加工方法中，除了大豆自然生产曲霉菌外，还会加入秫米（高粱米）制成的女曲（麹）作为发酵剂，加入盐调味。这样做成的豆豉为"咸豆豉"。

书中还记载了"作家理食豉法"，是一家一户自行加工少量豆豉的方法。除了用大豆，还有用小麦做豉的方法，被称为"麦豉法"，是将小麦磨为粉末，加水拌匀后蒸制，再静置发酵生曲，然后加入盐水，再次蒸制，放入瓮中保温发酵二十七日制成。

《古今图书集成·卷三八〇》引西晋《博物志》记载，"外国有豉法，以苦酒浸豆。暴令极燥，以麻油蒸。蒸讫复暴，三过乃止。然后细捣椒屑，随多少合之中"，则与《齐民要术》不同，是用醋腌制后，经过反复曝晒、加油蒸制而成，还会加入椒末进行调味，算是一种调味豆豉。

第二章　豆制品加工

《夏侯阳算经》记载的数学计算方法中有以豉为例的记载，指出"每斗①（豆）造豉一斗五升②"，可以让我们从一个侧面大致了解豆豉加工的产出量，一斗大豆能生产出一斗半的豆豉。

豉汁的加工与利用

《齐民要术》不仅记载了豆豉的加工技术，还记载了大量利用豆豉和豉汁烹饪、加工食材的食谱。豆豉和豉汁不仅是烹饪各种畜禽、水产、蔬菜的常用调味品，也是腌渍食物、干制食物时常用的腌制调味品，还是治疗牲畜疾病的主要配料。

《齐民要术》记载了多种加工烹饪食物的方法，其中有几类烹饪方法，几乎每道菜肴都要用到豉或豉汁。比如羹臐法，羹臐是当时常见的带汤类菜肴，"臐"是没有加入蔬菜的肉制汤类，"羹"则是加了蔬菜的汤类菜肴，既可以是加了肉的荤汤，也可以是不加肉的素汤，豉和豉汁通常是制作这类菜肴必用的调味品，会被直接加入汤中调味。蒸缹法是隔水加热食物的方法，通常都会使用豉和豉汁调和食材的味道后，再行蒸制。脀（zhēng）腤（ān）煎消法，脀腤是用水烩煮，煎消是用油氽或炒，也基本都需要用到豉、豉汁来调味。炙法，是将肉放在火上烤的加工方法，常用豉汁作为肉类预先腌制入味的调味品。脯腊是干制肉类，书中记载的"作五味脯法"，是将牛、羊、鹿科动物、野猪、家猪的肉进行干制加工，就需要用到"香美豉"，用骨汤煮制成汁，过滤渣滓后加入盐、葱白、椒、姜、橘皮等，用来浸泡肉，并用手揉搓，将肉预先腌制入味，跟今天人们的腌制方法基本一样。

据有关学者的统计，《齐民要术》中用豆豉、豉汁调味的记载共有八十多条，其中豆豉三十多条，豉汁五十多条。可以说，豉和豉汁是时人日常饮食中

---

① 根据邱隆《中国历代度量衡单位量值表及说明》，晋代一斗约为现在的2300毫升。
② 根据邱隆《中国历代度量衡单位量值表及说明》，晋代一升约为现在的230毫升。

进奉炙烤肉串画像砖·甘肃嘉峪关新城1号三国墓
|甘肃嘉峪关长城博物馆·藏|
图片出处：徐光冀主编《中国出土壁画全集·甘肃宁夏新疆卷》

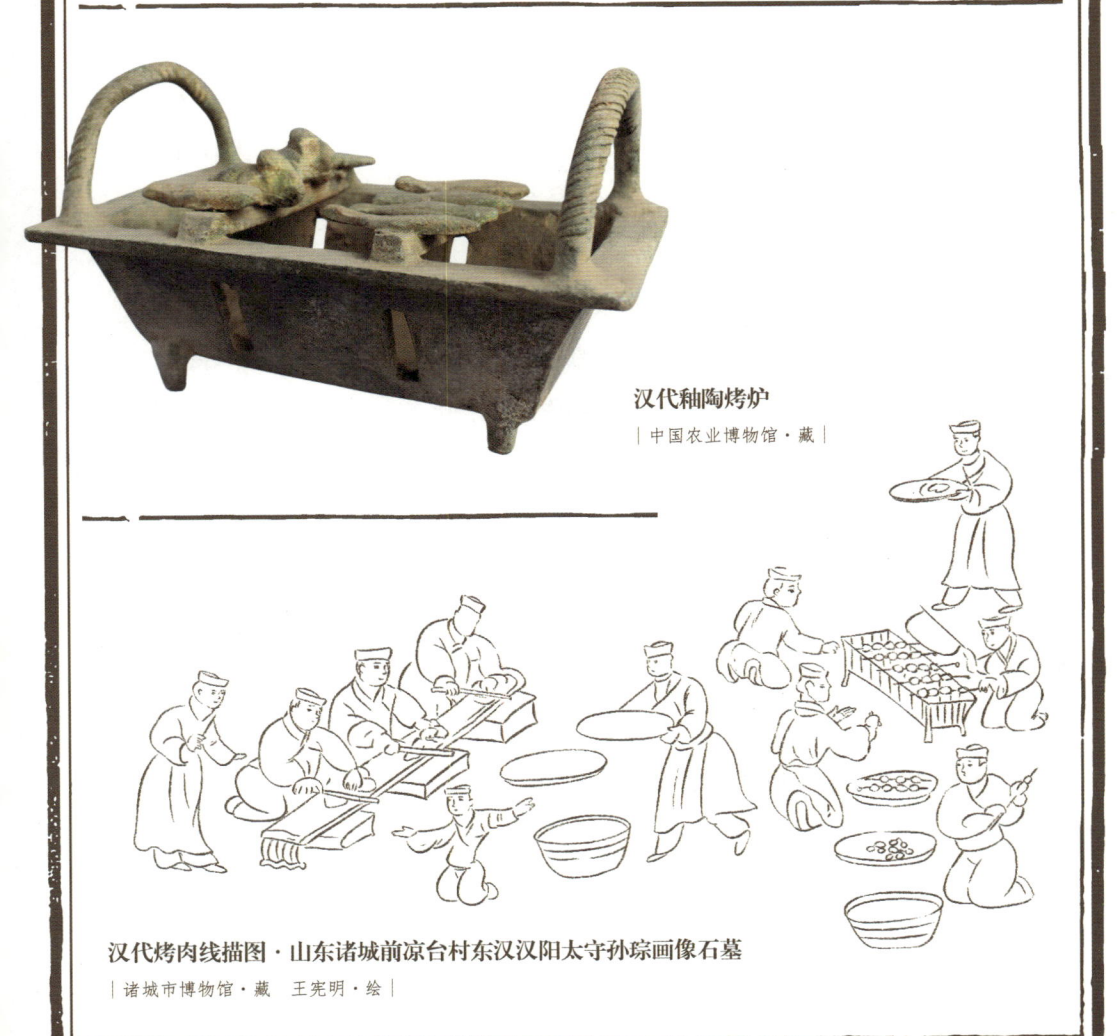

汉代釉陶烤炉
|中国农业博物馆·藏|

汉代烤肉线描图·山东诸城前凉台村东汉汉阳太守孙琮画像石墓
|诸城市博物馆·藏　王宪明·绘|

第二章　豆制品加工

仅次于盐的重要调味品。而豉汁的应用比豆豉还要多，说明当时黄河中下游地区的人们在烹饪过程中更喜欢用液体状的豉汁来调味。

《齐民要术》并未单独记载豉汁的加工，只是在烹饪其他菜肴时提及，是在骨汤中加入豆豉煮成汁。书中还提到"豉清"，应该是将豉汁过滤后得到的清汁。三国时期曹植的《七步诗》中"煮豆持作羹，漉菽以为汁"，应该就是将豆豉煮制过滤来加工豉汁的方法。

唐代《食疗本草》中记载有"陕府豉汁"，认为其比普通豆豉味道好，加工方法基本还是制作豆豉的方法，用大豆发酵，加盐、椒、姜制成，推测应与前代类似，依然是先造好豆豉，加入水或骨汤类的液体煮制成汁。《太平广记·卷三十九》记载唐代大历年间（766—779），崔希真家中仅有大麦面可以招待客人，客人曰："能沃以豉汁，则弥佳。"可见当时会将豉汁直接浇在饭食上以增进味道。

元代《居家必用事类全集》中记载了"造成都府豉汁法"，这时的豉汁已经不同于前代了，加工程序更复杂。成都府豉汁是直接使用已经制作好的上等豆豉来加工，一般在九月至来年二月间制作。先将清麻油（芝麻油）三升①上火熬熟，取其中一升熟油拌豆豉，上锅蒸熟，摊开晾凉后再晒干，然后再用余下的两升熟油如此操作两遍。最后，加入白盐搅拌均匀后捣碎，加入热汤后取其汁，再加入川椒末、胡椒末、干姜末、橘皮和葱白，一同煎煮，蒸发三分之一水分后，放入不渗水的瓷器中贮藏，味道"香美绝胜"。这种加入芝麻油和各种配料制成的豉汁，无论是工艺还是味道，都比前代有很大的提升。

后世豆豉加工与食用的多样化

《新唐书·百官志》中记载，光禄寺下设掌醢署，设有"酱匠二十三人，酢匠十二人，豉匠十二人，菹醢匠八人"，其中有专门制作豉的匠人十二人，

---

① 根据闵宗殿《中国古代农业通史·附录卷》，元代一升约为现在的957毫升。

第二节 豆豉

用来供应宫廷及祭祀宴请所需的豆豉。《四时纂要》所载制作豆豉的方法，基本与《齐民要术》一样，不同的是不再用煮，而是用蒸的方法来预先处理大豆，并在最后的发酵过程中，一层黄豆一层姜椒码放于瓮中，加盐水密封发酵制成。

《新唐书·渤海传》记载当时渤海国（其范围相当于今中国东北地区、朝鲜半岛东北及俄罗斯远东地区的一部分）的特产之一为"栅城之豉"。中国东北地区从先秦时期就开始种植大豆，而"栅城之豉"作为当地特产，反映的正是东北地区利用加工大豆的历史相当悠久。

宋代豆豉加工成的菜肴小食，无论是在宫廷宴席上，还是民间的食店酒肆中，都是非常受欢迎的食物。《东京梦华录》记载，北宋时期，立冬时节人们喜食的时物中就有"姜豉"，冬月里夜市上还会售卖姜豉、盐豉汤，盐豉还是一种下酒小食。正如唐代皮日休的诗句"金醴可酣畅，玉豉堪咀嚼"，以豆豉作为下酒菜的习惯应是沿袭自唐代。

据《梦粱录》《武林旧事》的记载，南宋宫廷御宴中就有"下酒咸豉"，宋高宗临幸清河郡王府的招待宴席上有"金山咸豉""二色姜豉"两道菜肴，随行官员的宴席上有"下饭咸豉"，而宫廷除夕之夜的消夜果子合（盒）中就有"蜜姜豉"作为小食。民间清明节上冢祭祀，多用枣餬、姜豉为祭祀物品；平时街市上卖有窝丝姜豉、蜜姜豉、干姜豉等食物；食店中卖的下酒菜中有冻姜豉蹄子、姜豉鸡、冻波斯姜豉等用豆豉加工的菜肴，还会有小贩托盘担架到酒肆中吆喝售卖诸色姜豉、波丝姜豉等。茶肆一般会在不同季节推出特色"奇茶异汤"，有点类似现在的"季节限定"款。因为在冬季，人们喜欢食用豆豉加工的美食，所以，茶肆冬月里一般会添卖七宝擂茶、馓子、葱茶和盐豉汤等。

其中宋高宗御宴上所食用的"金山咸豉"，应该是镇江金山寺僧人酿制的咸豆豉，梅尧臣在《裴直讲得润州通判周仲章咸豉遗一小瓶》有"金山寺僧作咸豉，南徐别乘马不肥……我今老病寡肉食，广文先生分遗微"的诗句为证。具体做法在宋代文献中并未见到，但元代《居家必用事类全集》中有记载，曰"金山寺豆豉法"。加工方法比较复杂，是先将黄豆浸泡、蒸熟，拌入面、麸，用稻草

第二章　豆制品加工

秸秆或青蒿苍耳叶覆盖，待其生曲后，淘洗干净；用鲜菜瓜、鲜茄子、橘皮、莲肉、生姜、川椒、茴香、甘草、紫苏叶、蒜瓣等加工拌匀成物料，一层黄豆、一层物料、一层盐，层层码放入瓮后密封日晒发酵，中间还要开封倒装拌匀后继续密封日晒发酵。前后共需要七十天左右的时间方能制成，发酵时间很长，想必制成的豆豉醇香浓厚、美味无比，所以才能成为御宴上的下酒菜，也使梅尧臣非常羡慕别人所得的金山咸豉，作诗赞之。

宋代留下了相当多记载"豉"的诗作，"点酒下盐豉，缕橙芼（mào）姜葱"，说盐豉是下酒好物；"梅青巧配吴盐白，笋美偏宜蜀豉香"，只有蜀地生产的豆豉才能配得上鲜美的竹笋；"菜把青青间药苗，豉香盐白自烹调"，盐豉烹饪青菜，简单的加工方式更能凸显食材的新鲜；"白鹅炙美加椒后，锦雉羹香下豉初"，加了花椒的烤鹅肉和加了豆豉的鸡汤都非常美味。

宋诗中记载豆豉加工美食最多的当属"豉香莼（莼，chún）菜"了，有"味得莼尤滑，香因豉更便""斑鲈斫脍红缕鲜，紫豉煮莼香味全""豉香下箸尝莼菜，盐白开奁（lián）得鮓（zhǐ）鱼"，等等，足见宋人对其的喜爱。"莼"就是"莼"，又称湖菜，是一种水生植物，嫩叶可以食用，口感鲜美滑润。用豆豉加工莼菜，最早见于《世说新语·言语》。西晋陆机拜见王武子，被问及江东地区有什么美味可与羊酪相媲美，陆机曰："有千里莼羹，但未下盐豉耳"，认为莼羹不加盐豉就很美味，说明盐豉莼羹是江东地区很受欢迎的美食。《齐民要术·羹臛法第七十六》也记载了"食脍鱼莼羹"，是将鱼放入水中煮熟，加入莼菜、盐，和事先煮好滤清的豉汁烹饪而成。

宋代《吴氏中馈录》中记载有酒豆豉方、水豆豉方。元代《居家必用事类全集》中记载了多种豆豉的加工方法，除前述金山寺豆豉法、造成都府豉汁法外，还有咸豆豉法、淡豆豉法、造麸豉法、造瓜豉法等。明代高濂《遵生八笺·饮馔服食笺》记载了十香咸豉方、水豆豉方、酒豆豉方、配盐瓜菽等豆豉食谱，其中，水豆豉方和酒豆豉方与《吴氏中馈录》的记载一样。《本草纲目》《养余月令》《食宪鸿秘》《醒园录》《中馈录》《养小录》中也都记载有豆豉加工方法。从这些豆豉加工食谱可以看出，虽然大豆的曲霉菌发酵过程基本与前

第二节 豆豉

金山寺豆豉法·元代《居家必用事类全集》，明刻本
|国家图书馆·藏|

蕈·法国画家皮埃尔·约瑟夫·布霍兹（Pierre Joseph Buchoz）等绘《中国自然历史绘画·本草集》（*Plantes de la Chine*），19世纪

十香咸豉方·明代高濂《遵生八笺·饮馔服食笺》，明万历年间（1573—1620）雅尚斋刊本

083

第二章　豆制品加工

代一致，但此后的豆豉密封二次发酵过程中添加的食材种类逐渐多样化，加工方式上也出现了干豆豉和湿豆豉的区别，形成了多种不同风味的豆豉加工品。

虽然没有明确的史籍确认豆豉加工出现于先秦时期，但通过汉代豆豉市场销售的繁荣景象和时人将豆豉视为日常生活的重要调味品可以推断，至少在战国时期就已经形成了比较成熟的豆豉加工技术。魏晋南北朝时期，豆豉和豉汁的利用更为常见，尤其是豉汁的利用更为频繁。从宋代开始，人们加工豆豉的方法日益多样化，会使用不同的食材和配料调节、增益豆豉的口感与风味，形成了很多特色豆豉食谱，而豉汁的加工使用则日益减少，大概与同样是大豆加工调味品——酱油的出现不无关系。时至今日，豆豉依然凭借着醇香的风味和丰富的营养，活跃在人们的餐桌上。

一、_____

金山寺豆豉法

黄豆不拘多少，水浸一宿，蒸烂。候冷，以少面掺豆上拌匀，用麸再拌。扫净室，铺席，匀摊，约厚二寸[①]许。将穰草、麦秸或青蒿、苍耳叶盖覆其上。待五七日，候黄衣上，搓按令净，筛去麸皮。走水淘洗，曝干。每用豆黄一斗[②]，物料一斗，预刷洗净瓮候下。

鲜菜瓜（切作二寸大块）

鲜茄子（作刀划作四块）

橘皮（刮净）

莲肉（水浸软，切作两半）

生姜（切作厚大片）

[①] 根据邱隆《中国历代度量衡单位量值表及说明》，元朝一寸约为现在的3.5厘米。
[②] 根据闵宗殿《中国古代农业通史·附录卷》，元朝一斗约为现在的9570毫升。

川椒（去目）

茴香（微炒）

甘草（剉）

紫苏叶

蒜瓣（带皮）

右件将料物拌匀。先铺下豆黄一层，下物料一屡，掺盐一层，再下豆黄、物料、盐各一层。如此层层相间，以满为度。纳实，箬密口，泥封固。烈日曝之。候半月，取出，倒一遍，拌匀，再入瓮，密口泥封。晒七七日为度。却不可入水，茄瓜中自然盐水出也。用盐相度斟量多少用之。

——元代《居家必备事类全集》

十香咸豉方

生瓜并茄子相半，每十斤为率，用盐十二两[1]，先将内四两腌一宿，沥干，生姜丝半斤，活紫苏连梗切断半斤，甘草末半两，花椒拣去梗核碾碎二两，茴香一两，莳萝一两，砂仁二两，藿叶半两，如无亦罢。先五日将大黄豆一升煮烂，用炒麸皮一升拌罨（yǎn）做黄子，待热，过筛，去麸皮，止用豆豉。用酒一瓶，醋糟大半碗，与前物共和打拌，泡干净瓮，入之捺实，用箬四五重盖之，竹片廿字扦定，再将纸箬扎瓮口，泥封晒日中，至四十日取出，略眼干，入瓮收之。如晒可二十日，转过瓮，使日色周遍。

——明代高濂《遵生八笺》

---

[1] 根据闵宗殿《中国古代农业通史·附录卷》，明代一两约为现在的 36.88 克。

第三节 酱及酱油

> 烹庖入盘俎，点酱真味足。
> ——宋代张九成《食苦笋》

五代末北宋初陶谷的《清异录》中说："酱，八珍主人也。"南宋吴自牧在《梦粱录》中说南宋临安寻常百姓人家"每日不可阙者，柴、米、油、盐、酱、醋、茶"。八珍，在周代，是宫廷才能享用的八种美食烹饪方法，后来泛指珍馐美味。这说明，酱不仅是制作珍馐美味必备的调味品，也是寻常百姓生活中不可或缺的必需品。

先秦时期的酱主要指肉酱，自大豆制酱技术发明后，豆酱逐渐成为最主要的酱，为更完整地展示酱的发展历程，故而将肉酱的加工放于此处一并讨论。酿制豆酱的过程，还产生了酱清和酱油这两种食物，后者成为中国饮食烹饪中的重要调味品。

先秦时期的肉酱

《北堂书钞》卷一四六《饮食部·醢》引《周书》曰："伊尹受命于汤，赐悿（tiǎn）鲗（zéi）之酱。"根据《说文解字》《方言》等书的记载，悿鲗应该

第三节 酱及酱油

是乌贼、墨鱼，如此则商代就可能出现了鱼酱，并且是商王才能享用的食物，所以商王汤将鱼酱赏赐给自己最信任的股肱之臣伊尹。明末清初张岱的《夜航船》曰，"神农始教民食谷，燧人氏作肉脯，黄帝作炙肉，成汤作醢"，也认为是商王汤发明了醢（hǎi，肉酱）。

周代，酱已经是宫廷的大宗加工食物之一。当时的酱主要是肉酱。《周礼·天官·冢宰》中有醢人的职官设置，主要掌管朝廷祭祀和宴饮所需肉酱的制作和供应，包括"七醢""三臡（ní）"。其中，七醢是醓（tǎn）醢（带汁的肉酱）、蠃（luǒ）醢（田螺肉酱）、蠯（pí）醢（蛤蜊肉酱）、蚳（chí）醢（蚁卵酱）、鱼醢（鱼肉酱）、兔醢（兔肉酱）、雁醢（雁肉酱），三臡是麋臡（麋肉酱）、鹿臡（鹿肉酱）、麇（jūn）臡（獐肉酱），臡是带骨的肉酱。根据汉代郑玄的注释，醢、臡都是肉酱，当时制作肉酱的主要方法是将肉晒干，铡碎，放入发酵剂梁曲和盐，渍以美酒，放入瓶中，百日可成，可知当时的肉酱是加了发酵剂的发酵腌制食物。

《周礼·天官·冢宰》中还有多位职官的职责与酱有关，专门掌管王室各类饮食的食官之长"膳夫"，"酱用百有二十瓮"；掌管宫廷膳食的内饔（yōng）要"选百羞、酱物、珍物，以俟馈"；食医"掌和王之六食、六饮、六膳、百羞、百酱、八珍之齐"。这里的"酱"都是广义的酱，包括了醢、臡等，主要是用各种动物肉制作的酱，从"百酱"可以看出当时酱的种类要比上述七醢、三臡更为丰富多样。

酱在先秦王室及贵族饮食礼仪中具有非常重要的地位，是饮食必备的调味品。根据《礼记·内则》的记载，上大夫用膳的食礼规格是：第一行摆放牛肉羹、羊肉羹、猪肉羹、肉酱、烤牛肉，第二行摆放肉酱、切牛肉、肉酱、生牛肉丝，第三行摆放烤羊肉、切羊肉、肉酱、烤猪肉，第四行摆放肉酱、切猪肉、芥酱、生鱼肉丝，第五行摆放野鸡、野兔、鹌鹑和鷃（yǎn）鸟。前四行食物中都配有肉酱。吃不同种类的肉要搭配不同的酱，蚌蛤类做成的"蜗醢"要搭配苽（gū）食（菰米饭）和鸡肉羹（雉羹）食用，干肉条（腶脩，duàn xiū）搭配蚁卵酱（蚳醢），肉脯羹搭配兔醢，熟麋肉搭配鱼醢，生鱼肉丝（鱼

第二章　豆制品加工

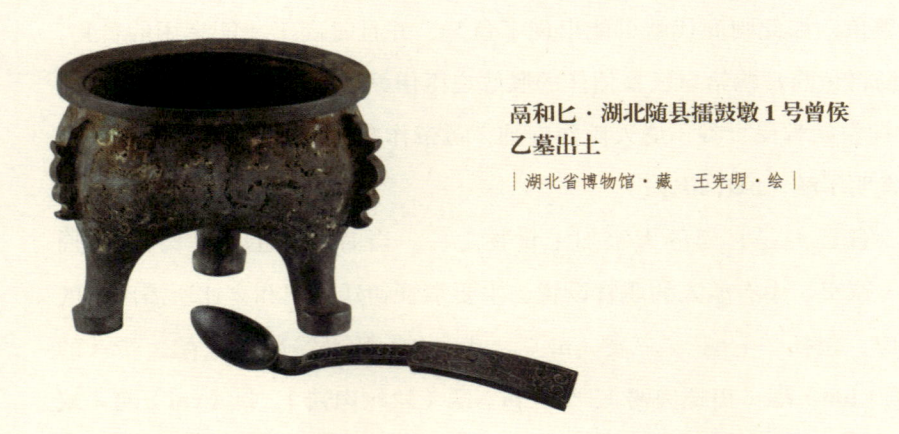

鬲和匕·湖北随县擂鼓墩1号曾侯乙墓出土
|湖北省博物馆·藏　王宪明·绘|

春秋晚期楚国"王子臣"青铜俎
|中国国家博物馆·藏　王宪明·绘|

烹煮是古代先民加工肉食的主要方法之一。先秦时期，一般会用鼎、鬲等容器煮肉，用匕盛出，放在切肉板"俎"上，用刀切成小块，蘸肉酱等调料食用。

西汉青铜染器·河南三门峡市陕州区后川出土
|中国国家博物馆·藏　王宪明·绘|

自先秦至汉代，中国先民主要利用烹煮和炮烤来加工肉食，一般不添加调味料，类似现在的白煮肉，还会直接切丝或切片生食（曰"脍"），所以在食用时，需要蘸调料增进口味。豉、酱、盐等调料在古代被称为"染"，一般是放在耳杯中。《吕氏春秋·当务》记载一则故事，说两个勇士相遇，一同喝酒却无肉，就切自己身上的肉食用，食用时会先用"染"增味。高诱注曰："染，豉酱也，"认为染就是豆豉和酱。图中的青铜染器就是带加热功能的调料杯，豉酱等放入上面的耳杯中，下层炉火可以加热保温，底层托盘用来隔热，方便侍仆进奉。

脍）搭配芥酱，生麋鹿肉（麋腥）搭配肉酱（醢酱）。煮鸡要用肉酱，煮鱼要用鱼子酱（卵酱）。《论语·乡党》记载孔子有"八不食"，其中一条就是"不得其酱，不食"，强调严格遵守仪礼要求，没有固定搭配的酱，就不吃相应的食物，可见酱的重要地位。当时烹饪各种肉类时大多不添加调味佐料，需要配各种肉酱来增味进食。

《礼记·玉藻》中记载了国君赐食时大臣需要遵循的礼仪："君既彻，执饭与酱，乃出，授从者。"国君饮食完毕，食具撤下后，大臣要亲自拿起盛饭和酱的器皿，出去授予自己的随从吃，表示对国君赏赐食物的珍视。这说明酱是当时国君赐食大臣必备的调味品，以配饭食用。《礼记·内则》记载周代加工食物的八种方法，曰"八珍"，其中"淳熬"是将肉酱煎煮后浇在稻米饭上，"淳毋"是将肉酱煎煮后浇在黍米饭上，类似今天的盖浇饭，都是用酱佐饭的食用方法。

《吕氏春秋·本味篇》曰："和之美者，阳朴之姜，招摇之桂，越骆之菌，鳣（zhān）鲔（wěi）之醢，大夏之盐，宰揭之露，其色如玉，长泽之卵"，说的都是当时最美味的调味原料，其中包括"鳣鲔"做成的鱼肉酱。

前述记载的酱中有一种"芥酱"，大概是以芥子为原料加工的酱，是目前先秦文献中仅见的以植物为原料加工的酱，专门搭配生鱼肉丝食用。

秦汉时期的酱与清酱

西汉史游所著儿童蒙学教材《急就篇》有"芜荑盐豉醯酢酱"之语，颜师古注曰："酱，以豆和面而为之也。以肉曰醢，以骨曰臡。酱之为言将也，食之有酱，如军之须将，取其率领进导之也。"颜师古认为《急就篇》中的"酱"指的是豆酱，还将酱对饮食的作用类比为将领对军队作战的引领作用，有了将领，才能带领军队进攻作战，有了酱，才能促进饮食。汉代人们加工、食用酱的种类依然非常丰富，肉酱、豆酱、鱼酱等都是比较常见的类别。这在汉代的文献和考古发现中都能找到证据。

第二章　豆制品加工

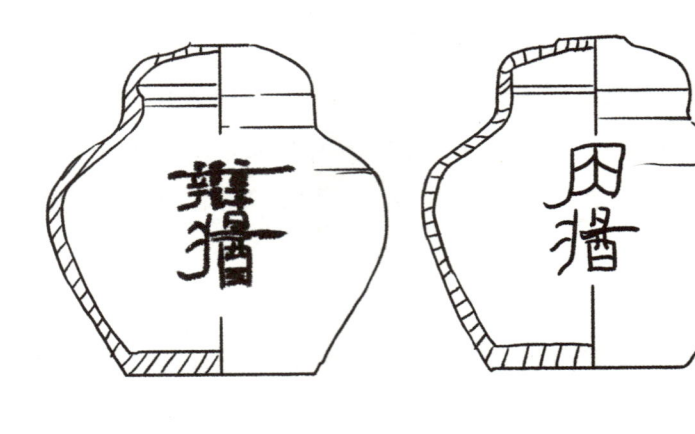

辩酱罐和肉酱罐（线描图）·洛阳烧沟新莽时期墓葬出土
|洛阳博物馆·藏
王宪明·绘|

汉代关于"豆酱"的记载很多。东汉王充的《论衡》是古代著名的朴素唯物主义典籍，其中的《四讳篇》说："世讳作豆酱恶闻雷。"《北堂书钞》卷一四六引《风俗通义》也提到了"雷不作酱"这一风俗，原因则是"俗说令人腹内雷鸣"。可见，当时做豆酱不能听见雷声的迷信习俗是普遍存在的，从侧面反映出已有用大豆做成的豆酱了。

马王堆 3 号汉墓出土帛书《五十二病方》中有"菽酱之宰"，菽酱就是豆酱，是最早用豆酱渣滓治疗疾病的记载。江陵凤凰山 167 号汉墓出土的竹简中记录有"肉酱一器"（简号：975）和"辦（bàn）酱一器"（简号：978），江陵凤凰山 169 号汉墓竹简有"□[①]般二枚盛肉酱豆酱"（简号：45），也都提到了肉酱和豆酱。洛阳五女冢 267 号新莽墓还出土了两个酱罐，一个书写有"辩（瓣）酱"，另一个书写有"肉酱"。这说明，当时的豆酱不同于肉酱，是与之同时存在的一种酱，也是日常生活中常见常备的主要食用酱。

东汉崔寔《四民月令》载，正月"可作诸酱：上旬炒豆，中旬煮之，以碎豆作末都，至六七月之交，分以藏瓜。可以作鱼酱、肉酱、清酱"。正月所做的酱中，有以碎豆作的"末都"，"末都"就是豆酱，制作时要将大豆先炒后煮，用碎豆加工成豆酱。到了六七月份，还可以用豆酱腌渍瓜，制成酱瓜。用酱腌渍蔬菜肉类，既可以有效延长食物的保存期限，也可加工成独特风味的腌渍

---

① 此处有一字但无法辨识。

菜肴，相关章节有专论。从上述材料可以看出，在汉代，大豆制成的酱被称为"豆酱""辧酱""辩酱""末都"等。

除了豆酱，《四民月令》中还有鱼酱、肉酱、清酱。肉酱、鱼酱以动物肉为加工原料，其中，以鱼类为原料加工的酱被称为"鱼酱"，其他的都被称为"肉酱"，二者都是"荤酱"，而豆酱就算是"素酱"了。至于"清酱"，多数学者认为是一种原始的酱油，不同于酱是浓稠浑浊的半流体食物，清酱应该是稀薄清澈的液体食物。与鱼酱、肉酱同时被列举，说明也是一种酱，应与《周礼》所载"醯醢"（带汁的肉酱）有关，可能特指肉酱上层的清汁，故名"清酱"。

《四民月令》里还记载，二月"榆荚成，及青收，干以为旨蓄。色变白，将落，可收为酱酴（tú）"。青榆荚可以被加工成能长期贮存的干菜，而色白将落的榆荚可以被加工成榆酱（酱酴）。这种榆酱应与《齐民要术·作酱等法第七十》引《食经》记载的"榆子酱"类似，是将榆荚捣成末，筛过后加入清酒、酱，腌一个月制成，应该算是一种酱腌食物。四月"取鮦（tóng）子作酱"，也有版本为"取鮦鱼作酱"，是一种鱼酱或者鱼子酱，是月还"可作醯酱"，说明四月的气候适宜加工醋和酱。五月，"可作㡇（lǒng）酱及醯酱"。这些都是当时百姓日常生活中会定期加工制作的各种酱。

马王堆1号汉墓出土的竹简中可以见到"肉酱一资""爵（雀）酱一资""马酱一坬""酱一资""右方醯酱四资"的记载，都是酱类食物，也是当时贵族阶层经常食用的酱。其中还有一只竹简载"䣛画小具杯廿枚，其二盛酱、盐，其二郭首，其二郭足"，指的是墓中随葬的漆画小耳杯，其中两枚中分别盛放酱和盐。

除了马王堆汉墓代表的诸侯贵族和《四民月令》代表的寻常百姓会食用酱外，酱还是秦代政府官员和汉代河西边塞军人的重要配给物资。湖北地区出土的云梦睡虎地秦简《传食律》规定："御史卒人使者，食粺（bài）米半斗[1]，酱

---

[1] 根据闵宗殿《中国古代农业通史·附录卷》，秦朝一斗约为现在的2000毫升。

第二章 豆制品加工

驷（四）分升①一，采（菜）羹，给之韭葱。""不更以下到谋人，粺米一斗，酱半升，采（菜）羹，刍稿各半石②。宜奄如不更。"可见秦代不同级别的官员配给不同数量的酱。敦煌汉简中边塞军人日常配给的饮食物资中也有酱。这说明秦汉时期，酱是社会各层级普遍食用的调味食物。所以《汉书·货殖列传》中有"通邑大都，酤一岁千酿，醯酱千瓨"的记载，还说"张氏以卖酱而隃侈"，反映了汉代人们对酱的消费能力很强，甚至能够使从事酱类销售的商人成为富豪，并过上奢靡"隃侈"的生活。

汉代蜀地生产一种独特的"枸酱"，是利用蜀地的枸木树叶做成的，甚至影响到中央王朝对西南地区的征服政策。据《史记·西南夷列传》的记载，汉武帝时期，南越国的势力强大，不利于汉王朝统一西南地区。大将唐蒙出使南越国时吃到了只有蜀地才能生产的"枸酱"，经询问，知是从南越国西北边的牂（zāng）牁（kē）江贩运而来。唐蒙回到长安，询问蜀地商人，得知蜀地出产的枸酱被偷偷贩售给夜郎国，而夜郎国临近牂牁江，江宽一百多步③，可以行船，是夜郎与南越国进行物资交流的重要水上通道，枸酱从这一水路运至南越国。基于这一重要交通信息，汉王朝利用怀柔政策，使夜郎地区归附，并设置犍为郡，成为牵制南越国的重要力量。

汉代史籍并未发现酿制酱的具体方法，但可以从相关记载中得到一些信息。《北堂书钞》卷一四六引《风俗通义》曰："酱成于盐而咸于盐，夫物之变，有时而重"，说明当时制酱需要加入盐，且用盐量应该不小，所以酱吃起来比盐更咸一些。《汉书·扬雄传》记载西汉学者扬雄家贫却喜好喝酒，就有人带着酒肉向他学习《太玄》《法言》。刘歆看到后认为扬雄白费力气，说："现在的学者拿着国家给的俸禄，还不能通晓《易》，更何况你所做的《太玄》？恐怕后人都用来覆盖酱瓿（bù）了！"西汉时期的书写材料主要是简、帛、纸，这里的《太玄》应该是写在帛或纸上的，可以用来覆盖制酱的器皿酱瓿，说明当

---

① 根据闵宗殿《中国古代农业通史·附录卷》，秦朝一升约为现在的 200 毫升。
② 根据闵宗殿《中国古代农业通史·附录卷》，秦朝一石约为现在的 20 升。
③ 根据闵宗殿《中国古代农业通史·附录卷》，西汉一步约为现在的 116 厘米。

时制作酱时需要覆盖瓶口，参考《齐民要术》做酱的方法，一般发酵时需要覆盖密封，晒酱时则需要在雨天遮盖瓶口，以防雨水落入。

魏晋南北朝时期的酱与酱清

北魏贾思勰《齐民要术》"作酱等法第七十"篇详细记载了包括《食经》记载在内的多种做酱法，最主要的当然是以黑豆为原料制作的豆酱。除此之外，还有肉酱、鱼酱、鱼肚酱、虾酱等荤酱的做法，麦酱等素酱的做法，还有直接用酱和豆酱清腌制的榆子酱法、燥脡法、生脡法。

当时制作豆酱的技术已经相当成熟，对加工时间的把握也非常精细，认为十二月、正月是最佳时间（上时），与《四民月令》记载的"末都"加工时间一致，二月为中时，三月为下时。豆子要选春种黑豆，颗粒小而均匀。贮藏器皿要选不渗漏的瓮，否则酱容易坏。

具体的加工方法可以分为三步：第一步是对黑豆进行预先处理，利用的主要方法是蒸。要先将黑豆放入甑中干蒸，半天后倒出，将上层的豆调整至下层，继续蒸，以便黑豆受热均匀。最后用灰压住火，不使火熄灭，文火焖蒸一夜。第二天，咬开黑豆，里面发黑熟透即可取出，日晒曝干。在舂捣去皮前，还要再上甑蒸制，曝晒一天，这样加工过的豆在舂捣时不容易碎。簸拣干净杂质后，将黑豆倒入臼中舂捣。舂后再次簸拣干净碎豆，放入热水中浸泡，用手揉去黑皮，滤掉水分后上甑继续蒸一顿饭的工夫，取出放在干净的席上，摊晾至极冷即可。

第二步是和曲发酵。提前将白盐、黄蒸（米、麦制成的发酵剂）、草蒿和麦曲（小麦制成的发酵剂）在太阳下曝晒至极为干燥。按照去皮黑豆（豆黄）三斗[①]、曲末一斗、黄蒸末一斗、白盐五升、草蒿子三指一撮（用拇指、食指、中指能够捏取的量）的比例，放入盆中，用手使劲揉搓，搅拌均匀，再放入瓮

---

① 根据闵宗殿《中国古代农业通史·附录卷》，北魏一斗约为现在的4000毫升。

豆酱加工流程示意图

|王宪明·绘|

蒸制　入瓮发酵　摊晾　日晒发酵　加水稀释

北魏龟形铜灶·宁夏固原市西郊乡雷祖庙村北魏墓出土

|固原博物馆·藏|

　　灶身龟形，龟颈和龟首为烟囱，龟身为灶膛，尾部为造口。灶眼上方的炊器就是可以用来蒸制食物的釜甗。从上方俯视，可以看到甗底有纵横的通气孔，形象展示了《齐民要术》写作时期西北地区的炉灶和釜甗的形态。

汉代绿釉陶井
|中国农业博物馆·藏|

井，不仅为古代人们提供生活用水，还会为农业生产提供灌溉、加工用水。《齐民要术》加工豆酱需要用日出前的"井花水"来稀释酱黄和盐，大概是因为夜间温度低，且日出前无人汲水扰动，所以打的井水细菌少，不容易使酱腐坏。

酿制肉酱画像砖·甘肃省嘉峪关市新城魏晋1号墓
|甘肃嘉峪关长城博物馆·藏|

图片出处：徐光冀主编《中国出土壁画全集·甘肃宁夏新疆卷》

画像左上方悬挂有三条肉，右下方有一男子，正在案前切肉，切成的小块肉放于案前的长盘中，男子身后还有两盘已经切好的肉块。左下方绘有一女子，正在一个圆腹大瓮前劳作，手持工具似乎在搅拌瓮中的食物。这幅画像描绘的可能是酿制肉酱的过程，一人负责处理原料，一人负责腌制，二人协作，将切好的肉放入大瓮中酿成肉酱。

第二章　豆制品加工

中,用手压实,以堆满为限,盖上盆,用泥密封发酵。如果没装满,发酵时不容易熟透。腊月三十五天左右就能发酵成熟,打开酱瓮,里面的酱纵横裂开,与瓮壁剥离,长满了菌丝。这一步骤制成的是"酱醅(pēi)",也叫"酱黄",并不能直接食用,还需要继续加工才能制成可食用的酱。

第三步是稀释、日晒、发酵。将瓮中的酱黄取出打碎,两瓮酱黄可分成三份,放入三个瓮中。日出前取干净的井花水一石,融化三斗干燥白盐,沉淀后取清汁备用。在黄蒸中加入少量盐水,揉取黄汁,滤去渣滓,与刚刚准备好的盐水清汁一同倒入瓮中,敞开口曝晒发酵。前十天,每天要彻底搅动数次。之后的三十天,每天搅动一次即可。如果遇到雨天,要盖住瓮口,防止雨水进入。每次下雨后,都要彻底搅动一遍。加水调和后再晒制二十天,酱就能食用了,但味道还不够好,要等一百天左右才能彻底发酵成熟。

《齐民要术》记载的豆酱制作方法,是通过加入发酵剂,促进大豆生曲,这一加工方式在后代有所改进。但先制酱黄再日晒制酱的二步发酵法,一直是从古至今制酱的基本工序。

书中还记载了加工肉酱、鱼酱的方法,虽略有差异,但与豆酱加工方法类似,是以牛、羊、麞(zhāng)、鹿、鱼等动物的生肉为原料,加入适当比例的盐和曲、黄蒸等发酵剂,以及姜、橘皮等配料,拌匀密封发酵,再用鸡汤、美酒等稀释制成。干鲚鱼通过浸泡,也可以制作鱼酱。书中"作胏(zǐ)、奥(yù)、糟、苞第八十一"章中还记载了"作脾肉法",是一种带骨的肉酱,就是《周礼》所说的"臡"。做法与肉酱相似,是将带骨肉加入盐、曲、麦䴷(hún,一种发酵剂)等放入瓮中,密封日晒发酵而成。

书中所引《食经》的做麦酱法,是将小麦浸泡一夜,蒸熟后放于室内发酵,促进曲霉菌(黄衣)生长;将盐和水制成卤,放入瓮中,再加入发酵后的小麦,搅拌均匀,盖上盖子,放在太阳下晒制十天就可以食用了。这种麦酱,类似于我们今天吃的"面酱",利用的是曲霉菌自然发酵上黄的方法,唐代以后的豆酱也是采取这种方式加工的。

虾酱是用虾、盐,配以米饭制成的酸味发酵剂"糁",加水混合晒制而成。

鱼肚酱又被称为"䱹（zhú）鮧（yí）"，是用石首鱼、鲛鱼、鲻鱼的肠、肚、鳔等内脏，加盐密封晒制而成。

除了发酵制酱，《齐民要术》还记载了用豆酱清腌制猪肉和羊肉、用酱腌制榆子的方法，后者前文已有论及。前者在书中分为两种，一曰"作燥䏑（tǐng）法"，是将羊肉和猪肉煮熟、切细后上锅蒸制，趁热加入生姜、橘皮、鸡蛋、生羊肉和豆酱清腌制而成；一曰"生䏑法"，是用生羊肉、生猪肉，加入豆酱清腌渍后，切成细条，拌以生姜、鸡蛋或苏、蓼等食用。生䏑法可能就是东汉桓谭《新论·谴非》中所载的"䏑酱"，出现于一则因自私而导致损人不利己的小故事中：

> 鄙人有得䏑酱而美之，及饭，恶与人共食，即小唾其中，共者怒，因涕其酱，遂弃而俱不得食焉。

《太平御览》注"䏑""生肉酱也"。与《齐民要术》的记载一样，都是生肉加工的肉酱。这则故事形象反映了䏑酱的美味。

腌制肉酱所用的豆酱清，指的应该是豆酱上层的清汁，也被称为"酱清"。《齐民要术》还在"作羊盘肠雌解法""缹（fǒu）豚法""缹鹅法""木耳菹"等菜肴中使用了豆酱清、酱清，有时还跟豉汁配合使用，算是最早的"酱油"了。

唐代出现了"十日酱法"，与《齐民要术》记载的豆酱制作方法不同。据韩鄂《四时纂要》的记载，将大豆浸泡、蒸熟后，加入面粉拌匀，再蒸，然后放在谷叶上生曲，待长满黄色曲霉菌后，就晒干贮藏起来。如果需要做酱，就取一斗[1]酱黄，加入一斗水混合五升盐制成的温盐水，一起入瓮，密封腌制，七日后搅动一遍，用绢袋装入汉椒三两[2]，放入瓮中，再加入熟冷油一斤，酒十斤，十日就酿制好了。这种将豆与面混合，自然发酵生曲制成酱黄的方法，自

---

[1] 根据闵宗殿《中国古代农业通史·附录卷》，唐代一斗（大斗）约为现在的6000毫升。
[2] 根据闵宗殿《中国古代农业通史·附录卷》，以大斤折算，唐代一两约为现在的41.88克；以小斤折算，唐代一两约为现在的14克。

第二章　豆制品加工

唐代以后,成为制作豆酱的主要方法。

魏晋隋唐时期,豆酱一直是酱的主要品种,纯以麦做酱者甚少,豆酱和豆酱清还被作为药物记载于《本草经集注》《千金宝要》《食疗本草》等医药典籍中。

宋代的酱和酱油

宋代人非常重视酱,所以陶谷说酱是各种美食的主人,吴自牧认为酱是南宋临安寻常百姓人家每日不可阙的"七件事"之一。《山家清供》中的"拨霞供""莲房鱼包""笋蕨馄饨""酥黄独""满山香""河祇(qí)粥""东坡豆腐""胜肉䏑""自爱淘""牛旁脯"等菜肴,都用"酱"作为调味料。《吴氏中馈录》中用"酱"加工的菜肴也很多,且明显多于用"酱油"加工的菜肴,还记载了多种用酱腌渍各种食材的做法,说明宋代用酱调味或腌渍菜肴非常普遍。

虽然魏晋南北朝时期已经出现了"豆酱清",但"酱油"的名称第一次见于史籍记载,是在宋代。北宋《物类相感志》中有"作羹用酱油煮之妙"。南宋林洪的《山家清供》中记载多条用酱油作调味品的菜谱,如"柳叶韭","韭菜嫩者,用姜丝、酱油、滴醋拌食,能利小水治淋闭",是用酱油制作凉拌韭菜;"山海羹(kuí)","春采笋蕨之嫩者,以汤瀹(yuè)过,取鱼虾之鲜者,同切作块子,用汤泡裹蒸熟,入酱油、麻油、盐,研胡椒,同绿豆粉皮拌匀,加滴醋",是以山珍笋蕨和水产鱼虾为食材烹制的美食,最后加入酱油等调味,拌以绿豆粉皮食用;"山家三脆","嫩笋、小蕈、枸杞头入盐汤焯熟,同香熟油、胡椒、盐各少许,酱油、滴醋拌食",是用嫩笋、菌菇和枸杞芽作的凉拌菜;"忘忧齑(jī)","萱草忘忧……春采苗,汤焯过,以酱油、滴醋作为齑,或燥以肉",是用萱草加酱油、醋制成的调味料,可以用来制作肉臊。

《吴氏中馈录》中记载的"肉生法",是把酱油作为预先腌制肉片的调味料，再加入其他食材、配料炒制；"醉蟹"法，认为蟹放入酱油和香油的混合液中可以长久保存；"撒拌合菜"，是将酱油、醋、糖等放入熬好的花椒油中，制成混合调料，日常拌白菜、豆芽、水芹等各种菜蔬时放上一些，味道极好。

以上书中只见"酱油"的名称，不见"豉汁"，可见至少到宋代，酱油已经取代豉汁，成为主要的以大豆为原料酿制的液体调味品，而且口感味道很好，多直接用于凉拌菜肴，入口食用。宋代文献中未见单独介绍"酱油"加工制作方法的记载，或许说明，当时的酱油依然是制酱过程中的附属品，是豆酱产生的清汁。

元代及以后的酱和酱油

元代《居家必用事类全集·己集·诸酱类》记载了多种酱的制作方法，包括熟黄酱方、生黄酱方、小豆酱方、造面酱方、豌豆酱方、榆仁酱方、大麦酱方、造肉酱法、造鹿醢法、造酱法等。其中，熟黄酱方、生黄酱方、小豆酱方、造面酱方、豌豆酱方、大麦酱方基本都是用豆、面为原料，发酵生曲制成酱黄，再在酱黄中加入盐、水等晒制而成。熟黄酱是将大豆磨粉与面粉混合制成，生黄酱则是用大豆颗粒与面粉混合制成。造面酱方，是将小麦面粉和成面团，切成片蒸熟，再发酵生曲上黄，后加入盐水发酵制成。榆仁酱类似《四民月令》《齐民要术》所载的"榆酱"，加工方法类似造面酱法。造肉酱法和造鹿醢法是用生肉加入酱曲、小豆曲（酱黄），以及各种配料和糯酒密封腌制而成。这种肉酱加工方法用曲已不同于前代，前代用的是麦曲，这里用的是酱黄，就是大豆初步生曲上黄后的酱醅。

元代《农桑衣食撮要》《易牙遗意》中也记载有"盦（ān）小豆酱""盦酱""豆酱"等的加工方法。明代李时珍《本草纲目》中有大豆酱、小豆酱、豌豆酱、麸酱、甜面酱、小麦面酱、大麦酱等的简要做法，其中以小麦为主要原料的称为"面酱"，以豆类为主要原料称为"豆酱"。清代记载做酱法的文献

第二章　豆制品加工

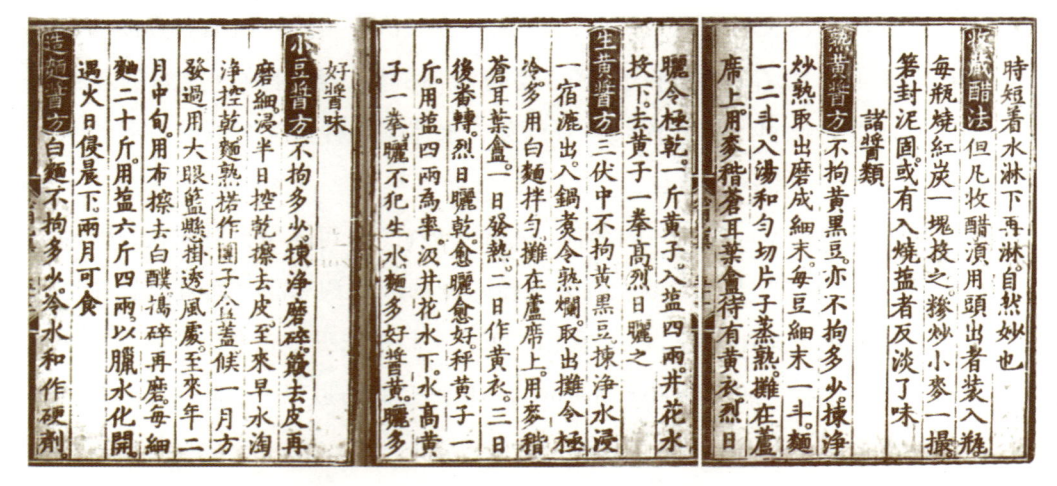

熟黄酱方、生黄酱方及小豆酱方·元代《居家必用事类全集》，明刻本
|国家图书馆·藏|

也很多。但无论是豆酱类还是面酱类，其主要加工工序，自唐代韩鄂《四时纂要》的"十日酱法"以来基本没有变化，都是将浸泡蒸熟后的豆类与面粉混合（或者只用面粉），然后自然生曲上黄，制成酱黄，再在酱黄中加入一定比例的盐和水，晒制而成。

清代李化楠《醒园录》记载的一种"甜酱"做法较为独特，是用大米粉或碎米与大豆混合，发酵生曲后，加入盐、醋拌匀，制成酱黄；一斤酱黄，搭配六斤西瓜，西瓜瓤揉烂带汁，白色瓜皮部分切碎，一起搅匀，晒制而成，有些情况下还会加入姜丝或杏仁等，算是一种"西瓜豆酱"了。书中还记载了制作"米酱"的三种方法，是用大米、糯米等为原料，蒸熟生曲上黄后，加入盐、水等晒制而成。以稻米为原料的酱，在历代史籍中还是第一次看到。

元代出现了"酱油"制作方法的明确记载。据倪瓒《云林堂饮食制度集》记载，当时是用一斗已经生曲上黄的大豆，加入十斤盐、二十斤水，在伏天发酵生产酱油。韩奕《易牙遗意》记载的"酱油法"，与《云林堂饮食制度集》相似，并指出制成之后，豆在容器下方，酱油在上方。这说明，至迟在元代，

第三节 酱及酱油

酱油已经完全从豆酱加工中分离出来，成为独立加工的调味品。

明代李时珍《本草纲目》记载有"豆油法"，也是制作酱油的方法，"用大豆三斗，水煮糜，以面二十四斤拌罨成黄，每十斤，入盐八斤，井水四十斤，搅晒成油，收取之"。可以看出，酱油的加工方法与豆酱基本相似，区别主要在于二次晒制发酵前与盐、水混合时，酱油的加水量更大。

明代宋诩《宋氏养生部》记载了"小麦酱油"法，戴羲《养余月令》记载了"南京酱油方"。尤以后者的记载最为详细，不仅详细介绍了加工过程，还介绍了取油过程。取油时，使用工具篾筛隔开里面的豆粒，取其汁，沉淀后以备烹饪使用；剩余的浑浊液体（曰"浑脚"），可以再次加入之前用量一半的盐和水，继续晒制成油，是为"二次取油"。最后，剩下的脚豆很咸，可以和各种菜蔬萝卜碎块拌匀，晒干收储，作为小菜食用，还可以把脚豆当作豆豉食用，但会有一些泥沙。由此可知，明代酱油的晒制收取技术已经非常成熟了，不仅可以二次取油，还会对剩余的脚豆进行充分利用，实现了对大豆营养成分的最大化利用。

清代朱彝尊《食宪鸿秘》、李化楠《醒园录》、顾仲《养小录》、曾懿《中馈录》、薛宝辰《素食略说》中都记载有酱油加工方法，取油方法采用的是抽油法，是用竹篾等工具将缸底的浑酱捞起，沥出酱油，再行晒制而成。李化楠《醒园录》还特别强调在腊月极冷的时候，将水煮沸后放于天井空处冷透，再用于泡酱或酱油最好，"夏不生蛆虫，且经久不坏"，说明当时已经意识到煮沸过的水比日出前的井水（井花水、井华水）更卫生，用来制作酱和酱油更好。

袁枚的《随园食单》中将酱油称为"秋油"，指出苏州店铺中卖的"秋油"可分为上中下三等，并记载多种需要用酱油烹饪的菜肴。王士雄《随息居饮食谱》则认为，秋油是深秋第一次收取的酱油，即"母油"；浙江金华兰溪的豆酱及酱油最好，而嘉兴地区制作的酱油则因为日晒时间较短，"质薄味淡，不耐久藏"。

早在先秦时期，古代先民就已经能够利用自然发酵或者加曲发酵的技术制作各种肉酱了。肉酱是周王室重要的饮食种类之一。至迟到汉代，出现了以大

第二章　豆制品加工

伏酱、甜酱小菜店铺及酱园·清代徐扬《姑苏繁华图》
辽宁省博物馆·藏

　　豆为主要原料的豆酱，并成为日常生活中经常消费的酱种，还在豆酱的基础上产生了"酱清"，作为菜肴的调味品。魏晋南北朝时期，先制酱黄再酿晒成酱的豆酱加工方法已经基本成熟。唐代，酱的加工原料和酱黄制作方法改进后，酱的制作工艺基本定型，延续至今。

　　"酱清"在汉唐期间，一直被人们用于加工菜肴，到宋代正式被称为"酱油"，见于各种食谱典籍。至迟到元代，酱油已经不再是豆酱加工过程中的附属产品，而成为独立生产的一种调味品，多见于元明清时期的文献记载。这也反映出酱油在日常生活中取代了豆酱，成为烹饪菜肴的重要调味品。时至今日，酱油依然是中国百姓日常饮食生活中仅次于盐、必不可少的调味品。

作酱法

十二月、正月为上时，二月为中时，三月为下时。用不津瓮，置日中高处石上。

用春种乌豆，於大甑中燥蒸之。气馏半日许，复贮出更装之，迴在上者居下，气馏周遍，以灰覆之，经宿无令火绝。蘖（niè）看：豆黄色黑极熟，乃下，日曝取干。临欲舂去皮，更装入甑中蒸，令气馏则下，一日曝之。明旦起，净簸择，满臼舂之而不碎。簸拣去碎者。作热汤，于大盆中浸豆黄。良久，淘汰，挼去黑皮，漉而蒸之。一炊顷，下置净席上，摊令极冷。

预前，日曝白盐、黄蒸、草藳、麦麴，令极干燥。大率豆黄三斗，麴末一斗，黄蒸末一斗，白盐五升，藁子三指一撮。豆黄堆量不槩（gài），盐、麴轻量平槩。三种量讫，于盆中面向"太岁"和之。搅令均调，以手痛挼，皆令润彻。亦面向"太岁"内著瓮中，手挼令坚，以满为限；半则难熟。盆盖，密泥，无令漏气。

熟便开之，当纵横裂，周迴离瓮，彻底生衣。悉贮出，搦（nuò）破块，两瓮分为三瓮。日未出前汲井花水，於盆中以燥盐和之，率一石水，用盐三斗，澄取清汁。又取黄蒸於小盆内减盐汁浸之，挼取黄瀋（shěn），漉去滓。合盐汁泻著瓮中。

仰瓮口曝之。十日内，每日数度以杷彻底搅之。十日後，每日辄一搅，三十日止。雨即盖瓮，无令水入。每经雨後，辄须一搅。解后二十日堪食，然要百日始熟耳。

——北魏贾思勰《齐民要术》

第二章　豆制品加工

南京酱油方

　　每大黄豆一斗，用好面二十斤。先将豆煮，下水以豆上一掌为度，煮熟摊冷，汁存下。将豆并面，用大盆调均，干以汁浇，令豆面与汁俱尽，和成颗粒。摊在门片，上下俱用芦席，铺豆黄于中窨（yìn）之，再用夹被搭盖，发热后去被，三日后去豆上席，至一七取出，用单布被摊晒，二七晒干，灰末霉尘俱莫弃、莫洗。下时，每豆黄一斤，用筛净盐一斤，新汲冷井水六斤，搅匀，日晒夜露，直至晒熟堪用为止。以篦筛隔下，取汁，淀清听用。其末及浑脚，仍照前，加盐一半、水一半，再晒复油取之。脚豆极咸，可以各菜及萝卜切碎拌匀，晒干收之；可当豆豉，但微有砂泥耳。

——明代戴羲《养余月令》

第三章 食物发酵加工

长安冬菹酸且绿,金城土酥静如练。

——唐代杜甫《病后遇王倚饮赠歌》

发酵加工是中国先民对食物进行加工改造的重要方式之一。"豆制品加工"章节中豆豉、腐乳、豆酱等食物的加工,利用的正是霉菌发酵技术。而"主食加工"章节中提及的发酵面食,则利用的是酵母菌发酵技术。除此之外,人们还利用乳酸菌发酵技术加工酸菜、鱼鲊、乳酪,用醋酸菌发酵技术加工醋。

食物的发酵加工智慧,不仅能使有的食物久储不坏,时间越久,风味越是醇厚浓郁,仿佛加入了大自然的创造,焕发出全新的生命活力;还能使某些食物的营养物质发生变化,使原本难以被人体吸收的营养变得易于吸收消化,更益于身体健康。

这些加工方法已经不是简单的食物加工处理,充满了中国先民对自然界微生物生长规律及其对食物影响作用的科学认识,脱离了满足基本生存的初级需求,是人们对美好生活方式的创造与追求,是中华博大精深的饮食文化的重要内容。

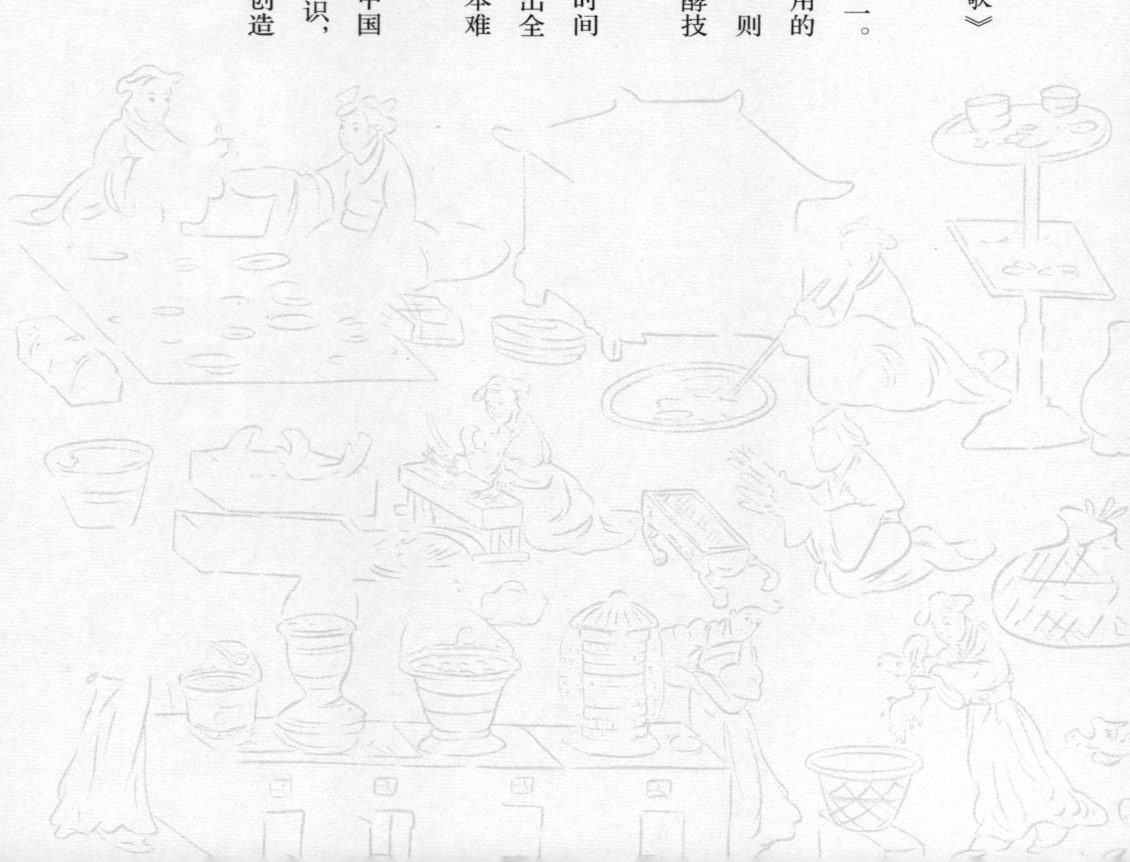

第一节 蔬菜的发酵腌制

> 霜篱存晚菊,腊瓮作寒菹。
> ——元代张翥(zhù)《立冬前二日》

《诗经·小雅·新南山》云,"中田有庐,疆场有瓜。是剥是菹(zū),献之皇祖",说的是将种植的瓜菜,剥皮切开进行腌渍,用来祭祀祖先。汉代许慎《说文解字》释"菹","酢菜也",是味道发酸的蔬菜。刘熙《释名·释饮食》曰"菹,阻也,生酿之,遂使阻于寒温之间,不得烂也",认为菹是对新鲜生菜直接进行酿制,使其不至于在寒冷或炎热的时候腐坏不堪食用,以达到长期保存的目的。可见,汉代认为"菹"主要是酸味的发酵腌制蔬菜。

菹,是古代蔬菜加工的重要方法,还可用来加工水果和肉类,至迟在先秦时期已经出现,分为发酵腌制和不发酵腌制两种。其中,用大量的盐进行腌渍属于不发酵的腌制方法,主要是利用渗透压原理将食物腌渍入味,并延长保存时间,也被称为"盐菜",将在"食物渗透压腌渍"章节详论;发酵腌制是利用乳酸菌发酵原理,使腌制后的食物产生出独特醇厚的酸味,是本节讨论的重点。

《周礼》记载周代宗庙祭祀的物品中有"四豆之实",豆是一种高圈足盘状食器,主要用来盛放菹、醢和齑等食物,就是腌菜和肉酱。当时用于祭祀的腌

楚国记载菹的竹简·湖北荆门包山战国中期2号楚墓出土

|湖北荆门市博物馆·藏|

盛放"茜菝菹"的陶罐·湖北荆门包山战国中期2号楚墓出土

|湖北荆门市博物馆·藏　王宪明·绘|

陶罐外层用草绳层层缠绕，瓶口用草饼、纱、绢逐层叠放，造成相对密封的内部环境。瓶口用篾簧束系，系处用封泥固定，封泥插一签牌，表明里面所盛食物为茜菝菹。

菜种类很多，第一遍上的"朝事之豆"中有祭祀品韭菹（腌韭菜）、菁菹（腌蔓菁）、茆（máo）菹（腌初生茅），第二遍上的"馈食之豆"中有葵菹（腌葵菜），第三遍上的"加豆"中有芹菹（腌水芹）、箔（tái）菹（腌水箔）、笋菹（腌笋，笋即笋），被称为"七菹"。根据郑玄的注解，细切而后腌制的蔬菜为"齑"，整棵和大片切腌制的蔬菜为"菹"。这些腌制蔬菜中，应该已经有利用发酵技术腌制的蔬菜了。《礼记·内则》有"麋、鹿、鱼为菹"的记载，说明当时也会腌制肉类。湖北荆门包山战国中期2号楚墓出土的255号竹简上记有葱菹、藕菹、茜（yóu）菝（gū）菹等随葬食物，当为战国中期的腌制蔬菜。

酿制图·河南新密打虎亭 1 号汉墓

|新密打虎亭汉墓博物馆·藏　王宪明·绘|

图中除下方连续画像描绘了加工豆腐的情景之外，其余画面布满了各式瓮、罐，有的置于架子上，有的直接放于地上，多位厨娘在其间忙碌，或许就是在酿制酸菜、酱等。

菹

前引《说文解字》与《释名》的相关记载说明当时"菹"主要指的是发酵腌制的酸味蔬菜。《急就篇》"蘘（ráng）荷"注曰"茎叶似姜，其根香而脆，可以为菹"，是腌制蘘荷。东汉崔寔《四民月令》记载，"九月作葵菹、干葵"，一般农家在九月会腌制葵菹，做葵菜干。

菹的加工制作到北朝时期已经相当成熟了。北魏贾思勰的《齐民要术》中有多种作菹的方法，其中"作菹、藏生菜法第八十八"记载的主要是利用蔬菜和水果作菹，"菹绿第七十九"记载的主要是利用腌制酸菜、醋、酸浆水等加工

109

第三章 食物发酵加工

肉类菜肴。

当时的"菹"主要是指酸味食物的加工方法，包括腌制和烹饪菜肴，这一点可以从"菹绿第七十九"篇看出。该篇引《食经》"白菹"法，是将鸡、鸭、鹅等禽肉白煮后，加上盐、醋和肉汁调味而成的咸酸口味荤菜；"菹肖法"有点类似现在的酸菜鱼做法，是将偏肥的猪、羊、鹿肉加入盐和豉汁熬煮，再加入切成细丝的酸菜叶和泡酸菜的汁熬煮成的菜肴；"蝉脯菹法"是将蝉干（《名医别录》载"五月采，蒸，干之"，是将蝉蒸后干制成蝉干）捶打后烤熟，细细掰开，加入醋食用；"白瀹（yuè）法"是将肥猪肉用乳和水初步加工后，再用酸浆水（古代一种用稀释的淀粉经乳酸发酵制成的酸味液体）煮，最后用面浆水煮制而成，利用酸浆水增加猪肉的酸味；"绿肉法"和"酸豚法"也都是在加工好的肉中加入醋调味。以上诸法或是利用醋，或是利用酸菜及酸菜汁，或是利用酸浆水，来给肉类菜肴增加酸味，所以被称为"菹"法，与发酵腌制并无关系。

书中记载的蔬菜"菹"法，包括盐渍蔬菜、发酵酸菜和凉拌蔬菜等，而以发酵酸菜为主，能够用菹法加工的蔬菜很多，包括葵菜、菘菜、芜菁、蜀芥、青蒿、薤（xiè）白、深蒲、越瓜、梅瓜、苦笋、紫菜、竹菜、蔊（hàn）菜、萝卜、蕨菜等。

加工方法大致可以分为三类。一类是只利用盐腌制的"咸菹法"，可用于加工葵菜、菘菜等。加工流程简单，用盐清洗、浸泡蔬菜，静置腌制即可。这种加工方法既可以加工出未发酵的盐菜，也可以加工出发酵酸菜，类似东北地区加工制作的酸菜，主要取决于食盐用量的大小。食盐用量大，会抑制各种细菌的生长，包括乳酸菌，腌制的是盐菜；食盐用量小，能抑制使蔬菜腐败的有害菌生长，促进乳酸菌生长，可以腌制出酸菜。吃的时候洗去汁水炖煮，口感与新鲜的菜差不多。

另一类是需要加入黍米粉煮成的粥清和麦𥺌（发酵剂）发酵腌制而成的菹。其中不用加盐的被称为"淡菹法"，《食经》所载的"酢菹法""葵菹法"亦与此法类似；用热水焯过，冷盐水洗滤后再行发酵腌制的被称为"釀（niàng）

菹法",主要用于加工干芜菁。芜菁、蜀芥在咸菹加工基础上,还会捞出加入黍米粉煮成的粥清和麦䴷,再加入之前的旧盐水继续腌制,方能制成菹。《食经》所载"藏瓜法"是将瓜与盐及白米熬制的粥糜一起入瓮密封腌制而成,"藏蕨"是用盐和薄粥腌藏蕨菜。粥清和麦䴷能促进乳酸菌生长,所以加工出来的蔬菜多是发酵酸菜。

还有一类是以盐、醋为主,搭配以胡麻油、乳汁、橘皮、芥子、胡芹子、蒜、清米汁、橘皮等调味品制成的各类菹。汤菹法是将菘菜或芜菁用热水焯后,过冷水洗后,放入盐、醋、胡麻油中腌渍,味道香脆,可以保存至来年春天。"瓜菹法""瓜芥菹""苦笋紫菜菹法""竹菜菹法""蕺菹法""㯿菹法""胡芹小蒜菹法""菘根萝卜菹法""紫菜菹法"皆属此类。此外,速成的菹菜腌制法,一般也会用醋来增加酸味。

书中记载的"木耳菹""蕨菹"等是用醋调味的凉菜。"木耳菹"是取枣树、桑树、榆树、柳树等植物附近生长的湿软木耳,用开水煮沸去腥,入冷水中淘净,再用酸浆水洗,然后切成细丝,加入胡荽(香菜)、葱白、姜椒末、豉汁、酱清、醋等调味,食之滑美。今天人们喜欢食用的凉拌木耳,加工和调味方法也基本与此相似。能和一千五百年前的古人食用同样的菜肴,这种文化的联结与传承真是奇妙。"蕨菹"是将蕨菜焯水、细切,加入焯水的蒜和盐、醋调味食用。

除此之外,《齐民要术》在相关章节还记载有"胡荽菹""兰香菹""蓼菹""蘘荷菹"等腌制蔬菜。

除了腌渍蔬菜,书中引《食次》所载用梨作菹的方法,是直接用水密封藏梨,从秋天一直密封至来年春天,这种方法叫"作䗖(lǎn)"。汉代《释名·释饮食》记载有"桃滥","水渍而藏之,其味滥滥然酢也",也是这种用水直接密封贮藏腌制的方法,做成的水果因乳酸菌发酵而呈酸味。食用时,取出去皮,切成薄片摆放,再浇上梨䗖汁(腌梨形成的酸汁)和蜂蜜,味道酸甜可口。这种加工方法用时半年,比较长,如果想要速成,就需要将梨切成薄片,用醋和热水调和的汁晾至温热后浇在梨片上,就可以直接食用,夏天最多可放

第三章　食物发酵加工

百蘘荷·明代刘文泰等撰、王世昌等绘《本草品汇精要》，明弘治十八年（1505）彩绘写本

卖酸菜·《外销画册·市井人物》，水粉外销画，约 1821 年

|奥地利国家图书馆·藏|

第一节 蔬菜的发酵腌制

置五天。杯旁还会放置小竹签"篸（zān）"，食用时用来扎取梨片，与今日人们用小竹签扎取水果、零食食用的方法一样。

南北朝《荆楚岁时记》载：

> 仲冬之月，采撷霜燕、菁、葵等杂菜干之。并为咸菹，有得其和者，并作金钗色。今南人作咸菹，以糯米熬捣为末，并研胡麻汁和酿之，石窖令熟。菹既甜脆，汁亦酸美，其茎为金钗股，醒酒所宜也。

可见，南方人作咸菹，也会加入糯米粥糜和胡麻汁共同腌制，做好的酸菜口感甜脆、酸菜汁味道酸美、茎干呈金黄色，非常适合醒酒。如此，则魏晋南北朝时期，中国北方、南方都有利用乳酸菌发酵腌制酸菜的方法了。

唐代苏敬等编撰的《新修本草》中指出，芜菁和芦菔（萝卜）"作菹甚好"，芹菜"堪作菹及生菜"。《食疗本草》记载，河西出九英菘，可在"冬月作菹"。杜甫《病后过王倚饮赠歌》有"长安冬菹酸且绿，金城土酥静如练"的诗句，赞扬长安冬天腌制的"菹"色绿味酸，非常美味。

宋代李昉《太平广记》卷六十四引唐代戴孚《广异记》记载，黄梅县有一位叫张连翘的女道士，"日食数斗米饭，虽夜置菹肴于卧所，觉即食之"，可见当时菹是比较常见的家庭饮食。《太平御览·菜茹部》更是转引了前代多条关于菹的文献，如《北史》载孟信以木盘盛芜菁菹招待山中老人；《宋书》载乡人庚业认为洮阳侯宗悫（què）习惯吃粗食，故用粟饭菜菹招待他；《齐书》载庚杲（gǎo）之生活清贫，只食用韭菹、瀹菹和生韭杂菜；《洛阳伽蓝记》载李崇"为尚书令仪同三司，富倾天下，僮仆千人，而性多俭吝，恶衣粗食，食常无肉，止有韭茹、韭菹"；唐代《岭南异物志》曰："南土，芥高者五六尺[①]，子如鸡卵。广州人以巨芥为咸菹，埋地中，有三十年者。贵尚亲宾，以相饷遗。"广州这种芥菜腌制的咸菹，可以保存长达三十年时间，是馈赠亲友、宾客的贵重礼物，想必口感味道极好。这些记载说明在魏晋南北朝至唐代，发酵腌制酸

---

① 根据闵宗殿《中国古代农业通史·附录卷》，唐代一尺约为现在的30厘米。

第三章　食物发酵加工

菜在日常的饮食生活中非常普遍，甚至成为清贫、节俭生活的一种代名词了。

宋代陆游作有《咸齑十韵》：

> 九月十月屋瓦霜，家人共畏畦蔬黄。
> 小罂大瓮盛涤濯，青菘绿韭谨蓄藏。
> 天气初寒手诀妙，吴盐正白山泉香。
> 挟书旁观樨子喜，洗刀竭作厨人忙。
> 园丁无事卧曝日，弃叶狼籍堆空廊。
> 泥为缄封糠作火，守护不敢非时尝。

诗中描写了秋冬季为了贮藏丰收的蔬菜，加入盐和山泉水，通过曝晒脱水，密封腌制酸菜的情形。杨万里的诗《芥齑》和张师正《倦游杂录》还记载有腌制芥菜和酱渍瓜，被称为"芥齑""瓜齑"，说明宋代腌制蔬菜也被称为"齑"。

元代《王祯农书·百谷谱集》中记载了多种腌制蔬菜，胡瓜（黄瓜）"盐渍为霜瓜"，萝卜（芦菔）"生熟皆可食，腌藏腊豉，以助时馔"，茄"糟腌豉腊，无不宜者"，葵"可为菹腊"，蓼可"作菹"。《易牙遗意》《居家必用事类全集》中记载了多种腌制蔬菜，基本上已不再称为"菹"，多用"腌""酱""糟"等表述其具体腌制方法，是对腌制加工技术称谓的细化。

明代李时珍《本草纲目》中记载莱菔（萝卜）"根、叶皆可生可熟，可菹可酱，可豉可醋，可糖可腊，可饭，乃蔬中之最有利益者"，列举了萝卜的多种食用方法，腌制成酸菜就是其中一种，也反映出时人已经明确将蔬菜的腌制方法细分为发酵腌制、酱腌、豉腌、醋腌、糖腌等，不同于前代以"菹"代指多种腌制方法的表达方式。

冯应京《月令广义·十月令·授时》中记载的"腌咸菜"法，在用盐水腌制蔬菜的时候，会用砖石压住，以制造相对密封的环境，加速菜的腌制，口感更好、更耐放。清代顾仲《养小录·蔬之属·腌菜法》中冬月腌白菜的方法与之类似。现在北方地区腌制酸白菜也会在腌制过程中压上石块。

清代北方流行用大白菜腌制酸菜。谢墉《食味杂咏·北味·酸菜》记载，

第一节 蔬菜的发酵腌制

"寒月取盐菜出缸,去汁,入沸汤瀹之,勿太熟,即以所瀹汤浸之,浃(jiā)旬而酸……北方黄芽白菜肥美,及成酸菜,韵味绝胜",是先将白菜用盐腌制脱水后,用开水烫一下,直接进行腌制,十天左右就能变成酸菜了。《燕京岁时记》《帝京岁时纪胜》《燕京杂记》等书中均对北京地区的腌制大白菜有记载。这种腌制酸菜的方法沿袭至今,仍是现在北方地区家庭加工酸菜的主要方法。

清代曾懿《中馈录》中记载了四川"泡菜"加工方法,名曰"制泡盐菜法"。书中明确指出制作泡菜一定要用覆水坛,"此坛有一外沿如暖帽式,四周内可盛水;坛口上覆一盖,浸于水中,使空气不得入内,则所泡之菜不得坏矣",就是我们现在通常说的"泡菜坛子",制作泡菜的过程中,坛沿中的水要隔日换一次,不能干。具体加工方法是用花椒、盐煮水,放入少许烧酒,将晒干的各种蔬菜放入其中腌制发酵即可,如果出现霉花(霉菌),加入少许烧酒即可。中途可以添加蔬菜继续进行泡制,加菜后需要再加入少许盐和酒,以防腐坏。这与现在四川地区传统泡菜的腌制方法一样。可用这种方法加工的蔬菜非常多,曾懿《中馈录》中说尤以豇豆、青红椒为美,且耐久贮,傅崇矩《成都通览》中更是列举了二十多种可以加工成泡菜的蔬菜。

清代广州地区的腌芥菜也甚是有名,早在前述唐代文献中就有记载。清代《白云越秀二山合志》中记载当地腌菜"多以芥菜为之",具体加工方法是将芥菜根削去,曝晒一到两日,用滚水烫过,抹上盐,放入瓮中,盖上藁草,压上石块腌制半月即成,当地家家户户都会制作腌芥菜,唯独海幢(chuáng)寺腌制的最好。海幢寺是当地的一家寺院,腌制的芥菜非常有名,被当地人作为礼品赠送给亲友。李欣荣曾作诗《索海幢寺腌菜呈涉公》,就是购买海幢寺的腌菜作为礼品。广州名流谢兰生的日记中也记有海幢寺给自己赠送腌菜。谢兰生的日记中,涉及腌菜的有很多,既有寺院或个人赠予自己的腌菜礼物,也有谢兰生将腌菜作为答礼回赠的情况,说明当时广州地区的腌芥菜味道极好,成为社会人情往来的重要媒介。

蔬菜的发酵腌制法主要利用的是乳酸菌发酵,使蔬菜形成酸爽的味道,既开胃解腻、增进食欲,又能长期保存而不腐坏,是满足人们一年四季蔬菜需求

第三章 食物发酵加工

的重要加工手段。清代富察敦崇《燕京岁时记》云，北京盐腌白菜"凡送粥之家，必以此为副"。以腌制蔬菜佐餐的传统饮食习惯上可追溯至先秦时期，延续至今已有两千多年的历史了。清粥小菜的清雅与淡泊是贯穿古今的中式味觉享受与文化积淀，深深影响着中国人的日常饮食习惯。

―

作酢菹法

三石瓮。用米一斗，捣，搅取汁三升；煮滓作三升粥。令内菜瓮中，辄以生渍汁及粥灌之。一宿，以青蒿、薤（xiè）白各一行，作麻沸汤，浇之，便成。

——北魏贾思勰《齐民要术》

制泡盐菜法

泡盐菜法，定要覆水坛。此坛有一外沿如暖帽式，四周内可盛水；坛口上覆一盖，浸于水中，使空气不得入内，则所泡之菜不得坏矣。泡菜之水，用花椒和盐煮沸，加烧酒少许。凡各种蔬菜均宜，尤以豇豆、青红椒为美，且可经久。然必须将菜晒干，方可泡入。如有霉花，加烧酒少许。每加菜必加盐少许，并加酒，方不变酸。坛沿外水须隔日一换，勿令其干。若依法经营，愈久愈美也。

——清代曾懿《中馈录》

第二节 鲊制

> 晴窗裹鲊帖初开，
> 碧碗红鲜入馔来。
> ——《答于乔再次韵送鱼鲊》
> ——明代吴宽

东汉刘熙《释名·释饮食》将"鲊（zhǎ）"释为"菹也，以盐米酿鱼以为菹，熟而食之也"。鲊，从字形本身看，就与鱼类相关，根据《释名》的解释，鲊是一种用盐、米发酵腌制鱼的加工技术，类似"菹"，故味道发酸。与"菹"的不同之处在于，鲊的主要加工对象是水产鱼类。

关于"鲊"的文献记载始于汉代。《太平御览》卷八六二引《王子年拾遗记》载，西汉元凤二年（公元前79年），昭帝夜里在宫廷的桂台之上钓鱼：

> 钓于（桂）台下，以香金为钓，霜丝为纶，丹鲤为饵，得白蛟长三丈[①]，若大蛇，无鳞甲。帝曰："非端也"。命太官为鲊，肉紫骨青，味绝香美，班赐群臣。

这则故事虽颇为神异，但从侧面反映出汉代宫廷会利用鲊法加工鱼类。《后汉书·方术列传》记载费长房派人到宛地市场上购买鲊，用来招待客人，

---

① 根据闵宗殿《中国古代农业通史·附录卷》，汉朝一丈约为现在的232厘米。

第三章　食物发酵加工

说明当时鱼鲊已经是市场上的常见商品了。《周礼》记载先秦时期会用鱼肉作酱，已经利用了发酵技术，但还未出现用盐、米加工酸味"鲊"的记载。至迟到汉代，人们已经掌握了用盐、米发酵腌制鱼类的制鲊技术。

魏晋隋唐时期

魏晋南北朝时期，制作、食用鲊相关的文献记载比前代丰富了许多。《三国志·吴书·三嗣主传》记载，建衡三年（271），司空孟仁去世。裴松之引《吴录》注曰，孟仁担任监池司马期间，"自能结网，手以捕鱼，作鲊寄母"，自己捕鱼腌制成鱼鲊寄给母亲。无独有偶，《晋书·列女列传》"陶侃母湛氏"条记载，陶侃作寻阳县吏，"尝监鱼梁（筑堰捕鱼的一种设施），以一坩（gān）鲊遗母"。两则记载都是把鱼加工成鱼鲊孝敬母亲的故事，但因为主人公所担职守均与水域管理、水产鱼类相关，所以母亲都退回了鱼鲊，并教导其忠于职守、廉洁避嫌。这也说明，南方水产较多的地方，经常加工制作鱼鲊，可以长期存放并寄送给亲人。

北魏贾思勰《齐民要术·作鱼鲊法第七十四》详细记载了当时加工鱼鲊的方法。一般在春秋季节加工，冬天因气温低，发酵速度慢，加工的鲊不容易熟透。夏季因温度过高，需要多加盐来防止腐坏，但盐多会影响鱼鲊本身固有的风味，且夏天加工鱼鲊容易生蛆腐坏。

一般选用新鲜的鲤鱼作为原料，要选取体形大、肉瘦的鲤鱼。如果鱼肉过肥，味道固然更好，但不耐久贮，这类鱼更适合切片生食，是为"脍"。不宜做"脍"的鱼可以用来加工成鱼鲊。具体加工过程包括原料处理、逐水、加料腌制等。

第一步，原料处理。鲤鱼刮去鳞片后，切成长方形肉块，曰"脔（luán）"。切的时候要附带鱼皮一起切，切块要小而均匀，这样加工时才能同时熟透。浸泡洗去鱼块上的血水后放入盘中，洒上白盐。

第二步，镇压逐水。将放了盐的鱼块装入能够沥水的竹笼中，压上平整的

第二节 鲊制

鲤鱼·明代文俶《金石昆虫草木状》，明万历年间（1573—1620）彩绘本

石板，以排出鱼块中的盐水。如果盐水排不干净，腌制时容易腐坏。盐水排尽后，取一块烤熟食用，以判断味道咸淡。淡了，后面加料腌制时再加适量盐，咸了，则腌制时不再加盐。"口调其味"是《齐民要术》所载各种美食加工方法中最常用的调味方法。通过亲自品尝来调和味道，一直是中国传统饮食加工的基本调味方法，传承了上千年。虽然在讲究健康卫生的今天，不再提倡这种做法，但其因人而异、因口味而异的适宜性也是中国传统饮食文化丰富多彩的原因之一，依然在人们日常的饮食生活中发挥着作用。

第三步，加料腌制。秔米（即"粳米"）煮熟后被称为"糁"，是腌制鱼鲊的主要食材。糁要干硬，不宜湿软，否则容易使鱼鲊腐坏。在糁中加入整粒的茱萸、切成细丝的橘皮和好酒，搅拌均匀。茱萸和橘皮主要用来增加鱼鲊的香味，少量即可，如果没有橘皮，可以用草橘子代替。酒可以加快鱼鲊发酵成熟，还可以增加香气，也有抑制细菌滋生的作用。

按照一层鱼、一层糁的顺序，码放入瓮中，装满为止，接近瓮口的鱼上面要多铺些糁。纵横交错地盖上八层竹箬叶，再在瓮口处纵横交错地卡上竹签以便压住箬叶。放在屋中静置发酵，如果放在太阳下或火膛边，则容易发臭，寒

119

第三章 食物发酵加工

冷时要用厚物包裹以保温。有红色液体流出时，就倒掉液体，等有白色发酸的液体流出时，鱼鲊就做好了。吃的时候要用手剥开，不能用刀切，否则会有腥味。

这是久腌鱼鲊法。盐的主要作用是抑制有害菌生长，糁的主要作用是促进乳酸菌的发酵生长。按照现代化学原理，乳酸菌在分解淀粉的过程中会造成厌氧环境，进而加速乳酸菌的生长发酵。鲊的加工制作利用的正是乳酸菌发酵所产生的独特酸味，达到既延长鱼类保存期限，又增加特殊风味的目的。

书中还介绍了一种速成鱼鲊法，曰"作裹鲊法"。将鱼肉切块、洗净，加入盐和糁。每十块肉为一份，用荷叶厚厚地包裹好，荷叶要完整不破，否则会有虫子爬进去影响腌渍。速成法不需要水中浸泡和镇压逐水，茱萸和橘皮用不用皆可，因为荷叶有特殊香气，能够给鱼鲊增味。这种做法只需要两三天，鱼鲊便可发酵成熟，被称为"暴鲊"。东晋大书法家王羲之作有"裹鲊帖"，称赞裹鲊味道很好，应该就是荷叶包裹的鱼鲊。

《齐民要术》中还引用了《食经》中的"作蒲鲊法""作鱼鲊法""作长沙蒲鲊法""作夏月鱼鲊法""作干鱼鲊法"，基本与前述方法相同，都是用盐和米腌制鱼肉。较为独特的是"作猪肉鲊法"，是以带皮的小肥猪肉为原料，煮熟后，用腌制鱼鲊的方法发酵腌制一个月即可。制成后，煮食或炙烤食用都非常美味。可见，魏晋南北朝时期，鲊法已经不局限于加工鱼肉而有所扩展了。

元好问《中州集》卷八引《博物志》记载了西羌"鲊"的加工方法，"仲秋日，取鲤子，不去鳞破腹，以赤秫（shú）米饭、盐、醋合糁之，逾月则熟，谓之秋鲊"。西羌人生活于今四川、甘肃等地，流行在仲秋时节加工鱼鲊，与《齐民要术》所载方法基本类似，只是原料的处理和配料的添加稍有不同，鲤鱼不做处理直接腌制，制糁时除了盐和米，还加入了醋调味，腌制一个多月便可成熟。

《齐民要术》中还记载了三种以鲊为原料煮制的菜肴，见于"脏腤煎消法第七十八"篇。"脏鱼鲊法"，脏就是煮烩，在沸水中加盐、豆豉、葱调味，先下猪、羊、牛肉，两次煮沸后加入鱼鲊，再打入四个鸡蛋，等到鸡蛋浮上来就可以食用了。所引《食经》"脏鲊法"，则是不加猪、羊、牛肉的煮鲊法。"五侯脏法"似乎是用烹饪过程中余下的零碎鲊、肉等煮制而成。

第二节 鲊制

彩绘木鱼·甘肃省高台县许三湾魏晋墓葬出土
|甘肃省高台县博物馆·藏|

通体木质，系用整木削成。墨线勾勒鱼嘴、眼、鳃、鳞，并用红色点缀装饰，形象生动。以彩绘木鱼作为随葬明器，反映的是墓主人对美好生活的期盼，也可能反映出墓主人对鱼类的喜食偏好。

东晋王羲之"裹鲊帖"·《宝晋斋法帖》宋拓本
|上海图书馆·藏|

上书"裹鲊味佳，今致君，所须可示，勿难，当以语虞令"，赞扬裹鲊的美味。

121

第三章　食物发酵加工

东晋葛洪《西京杂记》卷二中有菜肴"五侯鲭（zhēng）"，就是杂用五家美食合烩而成，应该就是《齐民要术》中的"五侯胚"。《南齐书》卷三十七记载虞悰"善为滋味"，会制作各种美食，连齐武帝向其索要饮食配方都不给，一次齐武帝喝醉酒后身体不适，虞悰才献上"醒酒鲭（qīng）鲊"一方，应该就是利用鱼鲊煮烩的酸口醒酒羹汤。

到唐代，鱼鲊依然是上至宫廷、下至百姓喜欢的美食之一。《新唐书·地理志》记载润州的土贡为"鲟鲊"，是用鲟鱼为原料加工的鱼鲊。《新唐书》卷二〇八"宦者传"记载，唐昭宗因朱全忠反叛而被迫逃亡凤翔，赐给李茂贞、韩全诲等人的御膳中，就有"鱼鲊"，所用之鱼为后池养的鱼，说明唐代宫廷会加工制作鱼鲊以备帝王食用。《清异录》记载唐代韦巨源拜相时举办的"烧尾宴"中，有"吴兴连带鲊"。看来，鱼鲊类的加工食物常见于唐代帝王的宴席之上。

王维《赠吴官》中"江乡鲭鲊不寄来，秦人汤饼那堪许"的诗句，描写的正是吴地特产"鲭鲊"，在北方做官的南方人，十分怀念家乡加工的鱼鲊。李频有诗《及第后还家过岘岭》曰，"石斑鱼鲊香冲鼻，浅水沙田饭绕牙"，也是对家乡石斑鱼鲊的赞美。《唐语林》《唐摭言》都记载有方干"味嗜鱼鲊"，当时还有"措大（穷光蛋）吃酒点盐，下人吃酒点鲊"的行酒令，可知时人会用鱼鲊下酒。

宋元时期及以后

自宋代起，鲊作为一种食物加工方法，无论是加工对象还是添加的配料，都发生了明显变化。鱼鲊在商品流通和饮食市场中也相当常见。陆游《入蜀记》中记载，南方的秀州、吴江、汉水等地多有以卖鲊为业的商人。《东京梦华录》《梦粱录》《西湖老人繁盛录》《武林旧事》等宋代史籍中多见与"鲊"相关的美食，不仅有海蜇鲊、大鱼鲊、糟藏大鱼鲊、鲜鳇鲊、鲟鳇鱼鲊、银鱼鲊、蟹鲊、三和鲊、荷包鲊、春子鲊、蟹鲊等以水产品为主要原料的鲊制品，也有鲜鹅鲊、筋子鲊、黄雀鲊、羊肉旋鲊、鲊糕鹌子等畜禽肉类为原料的鲊制品，甚至还有藕鲊、冬瓜鲊、笋鲊、茭白鲊等以蔬菜为原料的鲊制品，种类丰富、琳琅满目。

宋代《吴氏中馈录》记载了肉鲊、蛏鲊、黄雀鲊、胡萝卜鲊、茭白鲊、笋鲊的加工方法。《事林广记》记载有鱼鲊、玉板鲊、蛏鲊、笋蕈鲊、茄鲊、奇绝鲊菜、逡（qūn）巡鲊等的加工方法。元代《居家必用事类全集》记载的有鱼鲊、玉版鲊、贡御鲊、省力鲊、黄雀鲊、蛏鲊、鹅鲊等肉类鲊制品，还有胡萝卜鲊、茭白鲊、熟笋鲊、蒲笋鲊、藕稍鲊、齑菜鲊等蔬菜类鲊制品。韩奕《易牙遗意》也记载了鱼鲊的加工方法。纵观这些加工方法的记载，我们可以知道，自宋代起，鲊作为一种加工方法，开始普遍用于鱼肉、畜禽肉类和蔬菜的加工制作，加工对象大大拓展。具体的加工方法，也开始变得多样化起来，有的遵循以盐、米为主要腌制原料的传统方法，有的添加醋、红曲等原料，制成酸味的加工食物，添加的各式调味佐料也多有变化，反映的是地区风味或个人配方的差异。其中，红曲的使用是非常重要的变化，对鲊的发展变化将产生重要影响。可以说，至迟自宋代起，在鱼鲊加工中加入红曲逐渐成为一种比较普遍的做法，且随着时代的推进，曲越来越重要，成为不可或缺的添加原料之一。

《岭外代答·卷六》"食用门"记载：

> 南人以鱼为鲊，有十年不坏者。其法以籚及盐、面杂渍，盛之以瓮，瓮口周为水池，覆之以椀，封之以水，水耗则续。如是，故不透风。鲊数年生白花，似损坏者。凡亲戚赠遗，悉用酒鲊，唯以老鲊为至爱。

可见，当时南方地区加工的鱼鲊可以保存十年而不坏。能够保存如此长的时间，主要原因应该是密封手段的改进，是利用容器水封发酵。这种容器与泡菜坛子一样，可在封口处加水隔绝空气，比《齐民要术》时代只用植物密封的效果好。

第三章　食物发酵加工

宋代还出现了相当多关于鱼鲊名品的记载，最著名的莫过于"玉版鲊"。《至顺镇江志·卷四》"饮食"中载"鲟鲊"为润州土贡，"宋绍兴中韩世忠以为献，高宗却之。其色莹白如玉，故名玉版鲊，土人以之馈远"，不仅被作为礼品赠送给帝王，还是当地人馈赠亲友的重要礼品，被称为"玉版鲊"。宋代诗人楼钥作有《玉版鲊次陆子元郎中韵》，"珍鲊万瓮不论钱，头颅万里赪（chēng）行肩。星郎日参玉版禅，颇厌蔬食供盘筵"，说的正是鲟鲊的美味与珍贵。

北宋孟元老《东京梦华录·卷二》"饮食果子"中记载东京（开封）街市之上外卖的各色吃食中有"玉版鲊犯""鲊片酱"；卷四"会仙酒楼"中记载，"若别要下酒，即使人外买软羊、龟背、大小骨、诸色包子、玉板鲊、生削巴子、瓜姜之类"。如此可知，玉版鲊是当时东京街头外卖的特色食物。"鲊片

宋代厨娘斫鲙（kuài）砖雕·河南偃师酒流沟宋墓出土
| 中国国家博物馆·藏 |

　　图中刻画了一高髻妇女，腰系斜格纹围裙，挽袖，凝视面前的高脚方桌，桌上置短柄尖刀一把，圆砧板上有大鱼一条，刀旁有一柳枝穿三条小鱼，形象生动。妇女正欲对鱼进行处理，进而加工烹饪。

第二节 鲊制

酱"很可能也是一种玉版鲊,据《渊鉴类函》卷三八九记载"江淮间以鲩鱼、鲟鱼为之,曰片酱,又曰玉版鲊"。

当时东京东华门外的玉版鲊尤为有名,梅尧臣有诗曰《和韩子华寄东华市玉版鲊》,"客从都下来,远遗东华鲊。荷香开新包,玉脔识旧把",将东华门外的玉版鲊称为"东华鲊"。周煇《清波别志》引《琐碎录》云:"京师东华门外何吴二家造鱼鲊,十数脔作一把,号称把(bā)鲊,著闻天下。文士有为赋诗,夸为珍味。"玉版鲊又被称为"玉版鲊犯""犯鲊"。洪迈《夷坚志补卷·卷九》"徐汪二仆"条记载,东华门外的犯鲊"谁人不识?"《袖中锦》也将东华门把鲊列为天下第一,"他处虽效之,终不及"。从上述记载可以看出,玉华犯鲊用荷叶包裹而成,十余块为一包,倒是与《齐民要术》所载速成作鲊法——"作裹鲊法"有几分相似之处。

但陈元靓《事林广记·卷十》中记载的"玉板鲊"加工方法明显不是"作裹鲊法",而是将大青鱼或鲤鱼切片,用盐腌制后,加入花椒、莳萝、茴香、橘皮、姜丝、葱丝,油炒熟,再加入橘叶、熟硬饭和盐调和,入瓶腌制而成。不过此时所用熟米饭的量已经很少了,只用二三匙而已。元代《居家必用事类全集》中记载的"玉版鲊"加工方法与《事林广记》基本相同,也以青鱼、鲤鱼为原料,增添花椒、桔丝、莳萝、茴香、葱丝等配料,用熟油、硬饭、盐拌匀腌制而成。如此,则"玉版鲊"早期可能是专指以鲟鱼为原料加工的鱼鲊,因颜色莹白如玉而得名,较为名贵,后来人们逐渐用加工"玉版鲊"的方法加工青鱼、鲤鱼等,还有可能用猪肉作为加工原料("犯"或为"豝(bā)",指母猪肉),而玉版鲊或许成为一种加工方法的代称。

还有一种特色鱼鲊,名曰"荷包鲊"。《东京梦华录》中的"苞鲊新荷"应该也是"荷包鲊"。这种鲊的加工方法应是源于《齐民要术》记载的"作裹鲊法"。唐代白居易《柳亭卯饮》诗曰"就荷叶上苞鱼鲊,当石渠中浸酒瓶";李颖《渔父词》"绿水饭香稻,青荷包紫鳞";宋代宋伯仁作《荷包鲊》诗曰"买得荷包酒旋沽,荷包惜不是鲈鱼";华岳《田家十绝·其八》诗曰"脔鱼炊糁作荷包,宿饭无汤暖酒浇"。这些诗句说的都是"荷包鲊",用荷叶包裹鱼块加

第三章　食物发酵加工

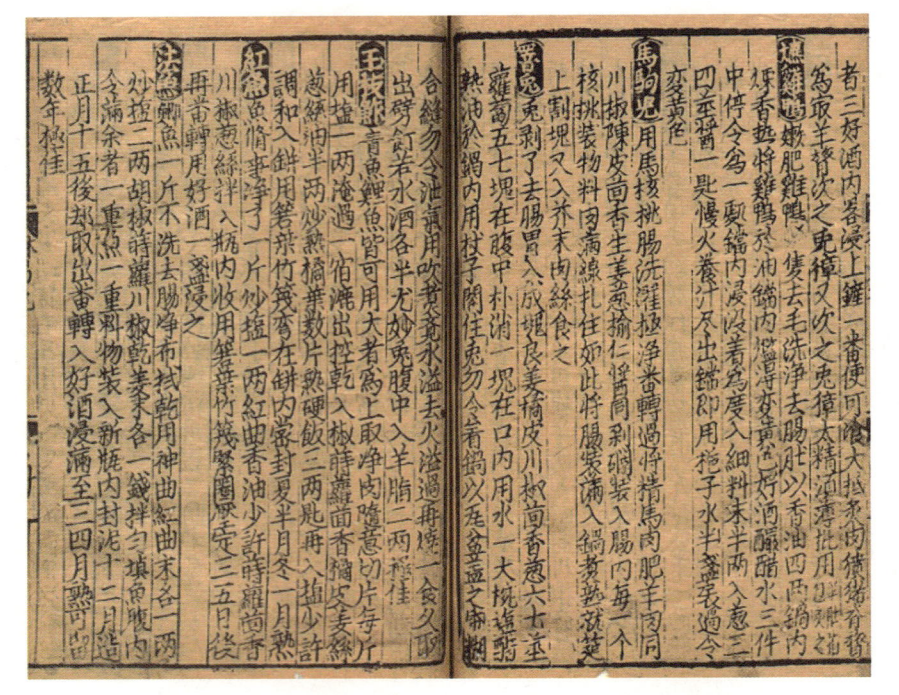

玉板鲊·南宋陈元靓《事林广记》，元至顺年间（1330—1333）西园精舍刊本

工而成。而用荷包鲊佐酒，似乎是唐宋时期文人特别喜欢的饮酒方式。北宋蔡居厚《蔡宽夫诗话》云，"吴中作鲊，多用龙溪池中莲叶包为之，后数日取食"，说的也是用荷叶包鱼作鲊的加工方法，数日便可食用，可见还是一种速成的鱼鲊加工方法。

五代末北宋初《清异录》记载吴越地区有一种"玲珑牡丹鲊"，是在腌制时，将鱼片拼成牡丹花的样子，鱼鲊成熟时，鱼肉微微泛红，就像初开的牡丹一样美妙。宋代不愧是饮食文化空前繁荣的时期，一道传统的鱼鲊，也会利用鱼鲊成熟时的微红颜色变化，设计加工成极具创意的花朵形状，正是中国文化中诗意美学和饮食意趣的体现。

综上所述，宋元时期是鲊制食物备受欢迎的时期，史籍中的相关记载很多，同时，也是"鲊"的加工技术发生明显变化的时期，加工对象从前代的鱼类拓展至禽畜肉类和蔬菜，发酵腌制原料也从用糁（煮熟的米饭）转变为糁、

第二节 鲊制

元代卖鱼壁画
| 山西洪洞县广胜寺水神庙·藏 |
图片出处：壁画艺术博物馆编，《山西古代壁画珍品典藏·卷二》

第三章　食物发酵加工

曲兼用,进而变为以红曲为主,糁或有不用的情况。

　　明清时期,关于鱼鲊的加工食用在南方地区的地方志中依然很常见,认为鱼鲊在"江南人家,均为珍味"。据《明孝宗实录》卷二五的记载,当时湖广地区制作的鱼鲊是当地的重要贡品,成化七年(1471)进贡2500斤,到了成化十七年(1481),增至20122斤,要用十一二艘船运输,可见宫廷消费量之大。《遵生八笺·饮食服饰笺》中记载有"湖广鱼鲊法",加工程序比其他记载复杂,需要经过两次腌制,想必入味更足、风味更好。第一次先用炒制的老黄米末、炒红曲、酒和盐放入容器中腌制10～15天。取出洗净后,用布包裹压榨至十分干,再进行二次腌制。第二次主要用川椒、砂仁、茴香、红豆、甘草、麻油、葱白头等配料,配以米曲末,与鱼肉拌匀后入坛腌制。

　　屈大均《广州新语》卷一四"食语·鲑脍"中指出粤西地区擅长加工鱼

鲑脍的相关记载·明末清初屈大均《广东新语》,清康熙(1661—1722)年间刻本

|国家图书馆·藏|

鲝（即鲊），粤东人擅长制作鱼脍（生鱼片），凡新妇嫁入时，会赠予数十黄罂（腌制鱼鲝的容器），认为善于制作甘酸浓香的鱼鲝，是好媳妇的重要标准；粤东罗定地区，虽地处山谷，鱼类资源少，但也喜欢制作食用鱼鲝；廉州喜欢将"珠柱肉"加工成鲝。看来，鱼鲊是广东地区重要的腌制加工食物，已深深融入当地人的生活与文化中，形成了以鱼鲊为内涵的婚俗文化。《多能鄙事》《竹屿山房杂部》《遵生八笺》《调鼎集》《中馈录》等书籍中都记载了鲊的加工制作方法，除对宋元加工方法的继承外，更明显的变化是酒、酒糟在鲊制中的利用越来越多，酒渍糟腌逐渐成为更重要的腌制方法。

鲊作为一种以盐、米为主要原料发酵腌制食物的方法，主要是利用乳酸菌发酵来延长食物的保存期限，增加特殊风味。作鲊法的应用在古代有一个不断拓展和原料变化的过程，最初的鲊主要是用盐和米发酵腌制鱼类，宋元时期逐渐扩展至腌制禽畜肉类和蔬菜，原料中也开始加入红曲，且红曲逐渐发展成为主要的腌制原料。明清以后，酒、糟的利用越来越普遍，酒制、糟制日渐成为更常见的鱼类腌制方法，而鲊制加工方法逐渐衰落、式微。

玉板鲊

青鱼、鲤鱼皆可，用大者为上。取净肉随意切片，每斤[①]用盐一两淹过一宿，滤出控干。入椒、莳萝、茴香、橘皮、姜丝、葱丝，油半两炒熟，橘叶数片、熟硬饭三两匙、再入盐少许，调和入瓶，用箬叶竹篾弯在瓶内，密封。夏半月、冬一月熟。

——宋代陈元靓《事林广记》

[①] 根据闵宗殿《中国古代农业通史·附录卷》，宋代1斤约为现在的640克。

第三章　食物发酵加工

省力鲊

　　青鱼或鲤鱼，切作三指大脔，洗净。每五斤用炒盐四两、熟油四两、姜桔丝各半两、椒末一分、酒一盏、醋半盏、葱丝两握、饭糁少许拌匀，磁瓶实捺，箬盖蔑插。五七日熟。

——元代《居家必用事类全集》

第三节 乳制品

> 酥酪醍醐俱可口，
> 何但疗我渴与饥。
> ——宋代晁说之《赠江子和兄弟》

《史记·匈奴列传》载，匈奴"得汉食物皆去之，以示不如湩（dòng）酪之便美也"，"湩酪"代指乳及乳制品，说的是以游牧为主的匈奴族不同于汉族的饮食习惯。乳及乳制品自古便是中国西北民族的重要饮品和食物，除了富含优质蛋白质外，无法靠蔬菜和水果来补充的维生素和矿物质，也都可以从乳及乳制品中获得。

司马迁《史记·匈奴列传》载匈奴"人食畜肉，饮其汁，衣其皮"，是说他们直接饮用牲畜的乳汁。马王堆3号汉墓出土简牍医书《十问》中，第二问是黄帝向大成咨询饮食对人体健康，特别是肤色的影响，大成的答复中有"饮走兽泉英，可以却老复壮，曼泽有光"之语，说的是喝动物的乳汁，可以防止衰老、增强体质，肌肤细腻润滑有光泽。可见，至少在汉代，人们已经认识到乳汁的营养价值了。

《魏书·王踞传》载王踞居家养老，"尝饮牛乳，色如处子"，卒年九十岁。南梁时期陶弘景《名医别录》说"牛羊乳实为润泽，故北人食之多肥健"，也肯定了乳汁的养生功效。除了乳汁，以乳汁为原料加工而成的酪酥等，也有

第三章 食物发酵加工

鹿乳奉亲图·元代郭居敬《二十四孝图册》

| 俄勒冈大学乔丹·施尼策美术馆·藏 |

"鹿乳奉亲"是中国传统二十四孝故事之一,讲的是周代的孝子郯(tán)子为了给父母治病,冒生命危险取野鹿乳汁,险被猎人射杀的故事。乳汁因营养丰富,一直都是中医食疗养生、补益疗疾的良方。

丰富的营养。《太平御览》卷八五八引《晋太康起居注》载，西晋尚书令荀勖（xù）体弱多病，晋武帝"赐乳酪，太官随日给之"，把乳酪作为滋补营养品赐给大臣。唐代孙思邈《千金翼方》指出，对于多病的老人，"惟乳酪酥蜜，常宜温而食之"，有利于身体健康。所以，历代医家都把乳及乳制品作为养生保健疗疾的佳品，对其的加工利用从未中断。

先秦至汉代

记载先秦仪礼制度的《礼记》《周礼》中可见"醴酪""盐酪"的记载，但学者们普遍认为这里的"酪"并不是乳制品，前者应是一种半流质的粥，后者则是酸味调味品。后世也多有用酪表示半流质食物的情况。《汉书·王莽传》记载当时关东地区闹饥荒，王莽派官员教当地百姓"煮草木为酪，酪不可食"。《齐民要术·醴酪第八十五》记载百姓在寒食节纪念介子推，有"煮醴酪而食"的习俗，此章还有"煮杏酪粥法"。隋代杜台卿《玉烛宝典》记载寒食节祭祀介子推用"黍饭一槃，醴酪二盂"，"醴者，火粳米或大麦作之酪，捣杏子人煮作粥"。这些文献中的"酪"，指的都是半流质食物，与乳制品无关。

《史记》《汉书》记载西北游牧民族生活习俗时，多用"食肉饮酪"来形容其不同于中原人的独特习惯。汉乐府《乌孙公主歌》也说西域乌孙国"穹庐为室兮旃（zhān）为墙，以肉为食兮酪为浆"。东汉许慎《说文解字》释"酪"，"乳浆也"，《释名》解释为"泽也，乳汁所作使人肥泽也"。乳就是牛、马、羊的乳汁。这说明秦汉时期，酪主要指的是用牲畜乳汁加工制成的食物，且营养十分丰富，后来成为发酵乳制品的专称。

《汉书·百官公卿表上》记载，汉代设有官职"家马令"，汉武帝太初元年（前104），被更名为"挏（dòng）马令"。应劭注曰，"主乳马，取其汁挏治之，味酢可饮，因以名官也"。《说文解字》也说"汉有挏马官，作马酒"。可知，"挏马官"的主要职责是管理乳马、收集乳汁并制作马奶酒。马奶酒的制作方法是挏打乳汁，使其发酵，形成带有酸味的水状乳制品，味道有点类似酒，故

第三章　食物发酵加工

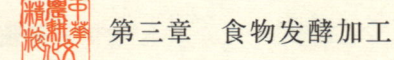

汉代羊圈
|中国农业博物馆·藏|

挤奶画像石·陕西横山孙家园子汉代墓葬
|陕西省榆林市汉画像石博物馆·藏|
图片出处：《中国画像石全集5·陕西、山西汉画像石》

　　画像的左侧有一牛、一羊，两人正分别将牛奶、羊奶挤入下方的盆中。画像右侧一人站立牵马缰绳，马抬起右后蹄，正中后方一人的腹部，此人被踢倒在地，手边还有一只接马乳的盆，可知是此人正欲挤取马奶，马惊后被踢中腹部倒在地上。这幅画像反映出汉代西北地区人民挤取牛、马、羊等畜乳的生产活动，既可直接饮用，亦可用于加工乳制品。《齐民要术》称"挤奶"为"捋乳"。据是书，一般牛产后五天、羊产后十天方能"捋乳"，因为此时牛犊、羊羔经过前期的母乳喂养，已经比较强健，能够自己进食了；即便如此，挤得的乳汁中，也要留出三分之一来喂养牛犊和羊羔，否则幼畜就会瘦弱，甚至死亡。

第三节 乳制品

放牧壁画·内蒙古鄂托克旗凤凰山1号东汉墓
图片出处：徐光冀主编《中国出土壁画全集·内蒙古卷》

被称为"马酒"，也被称为"马酪"。《太平御览》引《汉官仪》记载司马迁的外孙、平通侯杨恽被贬官后，通过饲养羊群和制作羊奶酪拿到市场上贩售，来补贴家用，说明西汉时期市场上已经开始出售"酪"这种乳制品了。

汉代游牧民族地区还出现了"干酪"。《汉书·扬雄传》中，扬雄所作讽谏赋中有"驱橐它，烧煏（dǐng）蠡（lǐ）"之语，张晏将"煏蠡"解释为"干酪也，以为酪母"，驱散骆驼，焚烧干酪，是为了击败匈奴而采取的破坏生产生活的措施。

《说文解字》释"醐"曰"醍醐，酪之精者也"，可见当时已经出现醍醐。中国古代的乳制品加工基本可以分为两类，一类是酪，是用乳汁发酵制成；另一类是酥，主要是提取乳汁中的脂肪，醍醐又是精炼酥的所得。所以，中国主要的乳制品加工类型，在汉代就已经出现。

第三章　食物发酵加工

魏晋南北朝时期

　　魏晋南北朝时期，北方游牧民族大量涌入，胡汉饮食文化交流频繁，对乳制品的推广起到了促进作用，史籍中关于乳制品的记载逐渐增多。《世说新语·言语》载西晋时南方人陆机拜见王济时，王济就指着自己面前的"数斛[①]羊酪"问江东地区有什么美味能与此匹敌，足见王济对羊酪的喜爱，大概认为是北方最美味的食物了。同书记载凉州刺史张天赐被人问及"北方何物可贵"时，他说"淳酪养性"，认为酪是北方珍贵的食物，可以养人心性。《北史·崔宏传》记载北魏明元帝神瑞二年（415）遭遇旱灾，朝臣建议迁都邺城以救饥荒，大臣崔浩不赞成，说"至春草生，乳酪将出，兼有菜果，足接来秋"，认为乳酪和菜果能够帮助国家度过灾情，支撑到秋收来临。元帝也因此没有迁都。杨衒之《洛阳伽蓝记》记载北魏名臣王肃，因父兄被南齐所害而投奔北魏，刚从南方到北方时，王肃"不食羊肉及酪浆等物，常饭鲫鱼羹，渴饮茗汁"，数年后，已经"食羊肉酪粥甚多"，完全适应了北方喜食羊肉、乳酪的饮食习惯，甚至认为"唯茗不中，与酪作奴"，对酪的喜爱已经远远超出了茶。

　　贾思勰所著《齐民要术》一书详细记载了当时酪、酥等乳制品的加工方法，酪可分为作酪法、作干酪法、作漉酪法、作马酪酵法，酥则有抨酥法。这些方法记录在"养羊第五十七"篇下，说明当时主要是利用羊乳加工乳制品，但也会使用其他畜乳。"作酪法"中指出牛乳、羊乳或别的畜乳都可以作酪，不同的乳汁混合在一起也可以作酪，书中还记载有对马乳、驴乳的利用。

　　书中指出，一般在三月末至八月初制作乳酪，因为这段时间内饲草充足，牛羊营养好，从九月开始，天寒草枯，牛羊渐瘦，就不再适合取乳作酪了。

　　作酪大致可分为五步：

　　一是煎煮乳汁，将乳汁放入锅中"缓火"煎之，如果火大了，底部乳汁容易烧焦。书中还特别强调，如果用草作燃料，燃烧产生的灰会落入乳汁中，影

[①] 根据邱隆《中国历代度量衡单位量值表及说明》，晋代一斛约为现在的 23 升。

响酪的品质；如果用柴薪，容易火大烧焦；干牛羊粪是最合适的燃料，所产生的火焰比较温和，不会发生上述问题。煎煮的过程要不停地用勺扬起乳汁，以防溢出，还要经常从锅底纵横刮过，以防底部的乳汁烧焦。切忌转圆圈搅动，不利于凝结。

二是捞取乳皮。煮沸后的乳汁放入盆中冷却，上面凝结的乳皮可以捞起，以备制酥。

三是过滤熟乳。熟乳用生绢制成的袋子过滤后放入瓦瓶中以备发酵，新瓦瓶可以直接使用，之前做过酪的旧瓶需要放入火中旋转烧烤，干燥冷却后使用。熟乳要冷却至合适温度，如果气温较高，冷却至与人体体温接近即可过滤入瓶。熟乳如果温度过高，制成的酪会发酸，温度过低则制不成酪。如果是冬天作酪，温度要略高于体温。

四是加入发酵剂。以一升乳汁加半勺发酵剂的配比，加入以前做好的旧酪，搅匀发酵。加入的如果是甜酪，制成的酪就是甜的；如果是酸酪（酢酪，类似今天吃的酸奶），制成的酪就是酸的。如果甜酪加多了，最后制成的酪也会变成酸酪。当时城市中的市场应该有酵母出售，所以书中说，如果离城市较远，买不到熟酪作为酵母，可以用酸浆水饭（醋飧）替代。

作酪法·北魏贾思勰《齐民要术》，民国龙溪精舍丛书本

第三章 食物发酵加工

五是保温发酵（卧酪）。在瓦瓶外裹上毡絮保温，过一段时间后，再用单布覆盖，第二天一早乳酪就制成了。如果是夏天，瓦瓶放在阴凉地（冷地）即可，不需要裹毡絮保温。

这样做成的酪水分含量较高，是半流质乳制品。其中甜酪发酵时间短，乳汁中的乳糖被转化为纯糖而呈现甜味，酸酪（酢酪）因发酵时间长或酵母加得多，纯糖又转化成乳酸而使酪呈现酸味。这种加工方法在后世长期沿袭，直到元代《居家必用事类全集》中所记载的造酪法还与此基本一致。

书中还记载有制作干酪和漉酪的方法。干酪是将做好的酪放在太阳下曝晒，不断捞取上面形成的浮皮，直到没有浮皮产生为止；剩下的酪入锅中，煎煮一会儿，放入盘中继续曝晒；晒到半干的时候，用手团成梨子大小，再次放在太阳下曝晒干制。这样做成的酪，可以数年不坏，适合远途旅行时携带使用；还可以在做粥、饮品时，削细末放入水中或整个放入水中煮，能使做好的粥或饮品有奶香味。

漉酪一般在八月份制作。将酪装入生布袋悬挂起来，酪中的水分会逐渐析出。水分析出后，将酪放入锅中炒制，随后放入盘中曝晒；等到半干的时候，也是用手团成梨子大小，放在太阳下继续曝晒干制。漉酪亦可保存数年不坏，用法与干酪类似。干酪与漉酪虽然可以长时间保存，但时间久了会有怪味，不如每年新做的好。

马酪酵是用驴乳和马乳混合制成的酵母，是先用作酪法制成酪，再取下层的沉淀，做成团，晒干就是马酪酵，以后作酪时可以作为酵母使用。

南梁刘孝标在注《世说新语·言语》"张天赐"条时，引《西河旧事》曰"河西牛羊肥，酪过精好，但写（通'泻'）酪置草上，都不解散也"，说明河西地区的乳酪质地醇厚，凝固性好，即使放在草上，也不会散，与《齐民要术》所载的几种"酪"略有不同。

《齐民要术》所载做酥法，有两种。一种是以酪为原料，放入瓮中，日晒至傍晚，用杷子（夹榆木制成的圆底长把搅拌工具）不停地上下搅动撞击，使酪中的脂肪逐渐分离出来，期间要加入热水稀释，再加入冷水促进脂肪凝结。

醍醐

醍醐主風邪痹氣通潤骨髓[名醫]錄[地圖經曰]舊不載所出州土今南北皆有之此酥中之津液也功優於酥酥中有醍醐一石止有三四升熟抨酥擔酥鍊貯器中待凝穿中至底便津出而

醍醐·明代刘文泰等撰、王世昌等绘《本草品汇精要》，明弘治十八年（1505）彩绘写本

第三章　食物发酵加工

瓮上层凝结的脂肪捞出后就是酥。另一种是做酪过程中捞取的浮皮，也是酥。这两种办法得到的酥，属于生酥。生酥放入锅中，用牛羊粪慢火煎煮，使其中的水、乳蒸发，就得到熟酥。这也就是魏晋南北朝时期《涅槃经》所说的"从牛出乳，从乳出酪，从酪出酥，从生酥出熟酥，从熟酥出醍醐"。

熟酥继续精炼提纯可以得到醍醐，类似现在的精炼黄油。醍醐因为生产量少，所以格外珍贵。《太平御览·卷八五八》记载，东晋与前燕交好，前燕国王慕容皝曾给东晋的大臣顾和赠送十斤[①]醍醐作为礼物。一国之君以十斤醍醐为礼，足见醍醐之珍贵。《敦煌变文集·维摩诘经讲经文》有"醍醐灌顶"之词，是用珍贵的醍醐来比喻佛家最高智慧。

正因为醍醐非常珍贵，所以这一时期未见直接食用醍醐的记载，多是入药治病或作为化妆品。《涅槃经》和唐代的《大乘理趣六波罗蜜多经》都指出醍醐能够祛除诸病，可药用。《魏书·西域传》记载悦般国"俗剪发齐眉，以醍醐涂之，昱昱然光泽"，是将醍醐用作润发油。

当时乳制品的加工食用主要在北方地区，南方人少见少食，一旦食用后还会出现呕吐、腹泻等不适症状（即现在的"乳糖不耐受"症状），被作为逸闻趣事载于史籍之中，也反映出当时南北饮食习惯的差异。《世说新语·排调》记载，东晋太尉陆玩是吴郡人，在拜见丞相王导时，王导用酪招待他。陆玩一回家就病了，第二天给王导写信，说自己吃了酪之后一整夜都不舒服，狼狈不堪。《太平御览》引《笑林》也记载了类似故事，吴地人到北方，宴席上见到了酪酥，不知为何物，食用后呕吐委顿不堪，还说自己因食用酪酥死去倒也罢了，嘱咐儿子一定要慎重小心。

除了直接食用，乳制品也用来烹调食物以增进味道。《齐民要术·饼法第八十二》记载，用牛羊乳调水和面作"细环饼"，美味酥脆；纯用乳汁和面制成的"截饼"，"入口即碎，脆如凌雪"；制作粉饼、豚皮饼时，加入乳酪，味道很好。此外，同书"苦笋紫菜菹法"中，也会加入乳作为配料。

---

① 根据邱隆《中国历代度量衡单位量值表及说明》，晋代一斤约为现在的 283 克。

牧马、牧羊画像砖·甘肃嘉峪关魏晋 12 号画像砖墓

|嘉峪关长城博物馆·藏|

图片出处：张宝玺摄、胡之编《甘肃嘉峪关魏晋十二、十三号墓彩绘砖》

唐宋时期

  唐代作为一个开放包容、民族大汇聚大融合的时代，来自草原民族的乳及乳制品非常受欢迎。敦煌地处西北，对乳制品的加工利用自然是日常生活的重要方面。敦煌文书中多见关于"酥"的记载。当地有很多售卖酥油的店铺，文书 S.6233 卷记载"四日，出麦六斗沽酥，都头用；同日，□□[①]一石七斗五升沽酥"，是说时人用粮食在市场上交换酥油。酥油还是寺院的主要收入之一，

[①] 此处有两个字但无法辨识。

第三章　食物发酵加工

寺院的牧人要定期向寺院缴纳一定数量的奶制品，用于寺院的祭祀、庆祝、丧葬等活动。莫高窟壁画中发现的挤奶图、打酥油图等也形象地展示了当时西北地区人们获取牛乳及加工乳制品的过程。

唐代宫廷也加工食用乳制品。据《新唐书》记载，唐代掌管马政的太仆寺下设有典牧署，"掌诸牧杂畜给纳及酥酪脯腊之事"，是负责给宫廷供应酥酪等乳制品和脯腊等干制肉食品的专门机构。其中，专门负责制作酥酪的匠人就有七十四人，规模相当大。《新唐书·地理志》记载向中央王朝进贡"酥"的有庆州顺化郡（位于今甘肃地区）、夏州朔方郡（位于今内蒙古地区）、廓州宁塞郡（位于今青海地区）、庐州庐江郡（位于今安徽地区）、当州江源郡（位于今四川地区）、龙州应灵郡（位于今四川地区），茂州通化郡（位于今四川地区）的土贡中有干酪。这一方面说明当时中央王朝对酥油的需求量比酪更大些，另一方面也说明酥的制作不再局限于西北地区，地处江淮之间的庐州庐江郡生产

打酥油及制酪壁画·甘肃敦煌莫高窟第23窟
|敦煌研究院·藏|

图片出处：敦煌研究院编《敦煌石窟全集25·民俗画卷》

　　画面右侧一人手持棒正在抨打瓮中的奶酪，应该是在制作酥油；左侧有两人相对而坐，中间置一瓮，两人双手持一白色布袋，应是在过滤乳汁，以制备乳酪。

第三节 乳制品

的酥品质优良，也成为当地土贡。《唐会要》记载唐玄宗经常将"酒酪及异馔"赐给自己的兄弟李宪，以示恩宠。

隋唐时期还出现了一种新的乳制品"乳腐"。明代陶宗仪《说郛·卷九十五》所附隋人谢讽《食经》中有"加乳腐"这道食物。《新唐书·穆宁传》记载穆宁有四个儿子，品格平和纯朴，被世人形容为四种珍贵的乳制品：穆赞稍有俗气，但有度量，被称为"酪"；穆质既美又合于时俗，被称为"酥"；穆员被称为"醍醐"；穆赏被称为"乳腐"。

唐代孟诜所著《食疗本草》中也记载有"乳腐"，性寒，切成豆子大小的块状，拌上面粉，在醋姜水中煮熟，能治赤白痢。可见，乳腐呈固态且质软，可以切成细小的块状。元代《饮膳正要·食疗诸病》也可见此食疗方，曰"乳饼面"，将乳腐称为乳饼。《居家必用事类全集·煎酥乳酪品》中详细记载了"造乳饼"法，"取牛乳一斗，绢滤入锅。煎三五沸，水解，醋点入乳内，渐渐结成。漉出，绢布之类裹，以石压之"，与加工豆腐的方法类似，是在煮沸的牛乳中加入醋，使其凝结，过滤后用布包裹，压制成块状，外形也与豆腐类似。这种乳饼、乳腐，还见载于明代《本草纲目》，加工方法一样。时至今日，云南特产乳饼也是用这种传统的方法加工而成的。

唐代利用乳制品制作的菜肴小食也多见于记载。《四时纂要·春令卷之二》引《方山厨录》记载，山药去皮切块后加乳腐制成"腌炙"。《清异录》所载韦巨源官拜尚书令，献食于唐中宗所留下的《烧尾宴食单》中，就有单笼金乳酥、巨胜奴（酥蜜寒具）、贵妃红（加味红酥）、金玲炙（酥搅印脂）、玉露团（雕酥）、乳酿鱼、仙人脔（乳瀹鸡）等多种乳及乳制品加工成的美食。同书记载唐敬宗宝历元年（825），宫廷在大暑之时要食用"清风饭"，是用龙睛粉、龙脑粉（冰片）、牛酪浆调和水晶饭（糯米饭）制成，再用金缸装好放入冰池，冷透后食用。

唐代进士及第，流行举办樱桃宴，宴席上会用乳酪和以刚上市的樱桃来招待公卿大臣。杜牧有诗《和裴杰秀才新樱桃》曰"忍用烹酥酪，从将玩玉盘"，说的就是以酥酪调和樱桃食用。这种吃法到宋代依然流行，陆游有"槐柳成阴

第三章 食物发酵加工

雨洗尘,樱桃乳酪并尝新"的诗句为证。

唐代还流行一种利用酥和冰加工而成的"酥山",是将酥滴淋成山峦的形状,用冰冷凝食用,类似现在的冰激凌,又称"滴酥",在相关章节已有论述,此处略之。宋代"滴酥"仍十分流行,《师友谈记》载蒲澈之妻,"闭户不治一事,惟滴酥为花果等物,每请客,一客二十钉,皆工巧,尽力为之者",用滴酥招待客人。此时的滴酥可做成花、果等各种形状,已不见用冰冷凝,是常温可凝固的乳制甜点。《武林旧事》记载杭州逢年过节喜欢吃的食物中就有滴酥鲍螺、乳糖圆子、酪面等。明代《金瓶梅》第六十七回记载有一种"酥油鲍螺",应该也是类似的滴酥制品。明代张岱《陶庵梦忆》中记载苏州有"带骨鲍螺",用乳酪"和以蔗浆霜,熬之,滤之,钻之,掇(duō)之、印之,为带骨鲍螺,天下称至味",是乳酪加入蔗糖霜后煎煮过滤凝结,做成鲍螺形状的乳制甜点,也是对滴酥制品的一种继承。

宋代宫廷也喜欢食用乳制品,设有"乳酪院","掌供应御厨乳饼酥酪",专为宫廷提供乳制品。民间坊市也有乳制品售卖。《东京梦华录》卷二记载北宋东京食店有"乳酪张家",乳酪应是店中的特色食品;同卷还记载有滴酥、酥蜜食、乳炒羊肫、西川乳糖等乳制加工食物;卷七记载"清明节"时,街市上会售卖乳酪、乳饼之类,可见乳制品食物在东京市场上颇受欢迎。

《都城纪胜》记载南宋临安街市有"酪面","只后市街卖酥贺家一分,每个五百贯,以新样油饼两枚夹而食之,此北食也",说明南宋时期,人们仍把乳制品视为北方食物,在南宋临安售卖较少,酪面五百贯的价格可以说相当昂贵了,不是一般人能消费得起的。卖酥贺家除酪面外,酥应是店内的主打商品。

宋代北方的契丹、女真、蒙古等游牧民族,依然沿袭"逐寒暑,随水草畜牧"的生产生活方式,酪酥自然是当地民族喜欢的食物。《辽史·食货志》载契丹人的生活方式是"马逐水草,人仰湩酪,挽强射生,以给日用"。辽金时期的丰州城(今内蒙古呼和浩特),商业已经非常发达,许多行业按街巷集中分布,现在呼和浩特东郊万部华严经塔上的金代碑铭就记载当时有牛市巷、染

第三节 乳制品

金代挤奶壁画
|山西繁峙县岩山寺·藏|
图片出处：壁画艺术博物馆编《山西古代壁画珍品典藏·卷一》

巷和酪巷等，酪巷就是制作售卖各种乳制品的街巷。除酥酪外，契丹人喜食乳粥。宋代《王氏谈录》记载"契丹风物"，"北人馈客以乳粥，亦北荒之珍"。朱彧《萍州可谈·卷二》记载"先公使辽，日供乳粥一碗，甚珍，但沃以生油，不可入口"。可见，乳粥在辽国是很珍贵的食物，应该是用乳汁煮粥，还会加入酥油，每日供应一碗给宋朝使臣。

元代

蒙古族作为马背上的民族，乳制品一直是其饮食结构中不可或缺的重要部分。元代的乳制品种类、加工技术也有显著提升。《元史·太祖本纪》载"帝会诸族薛彻、大丑等，各以旄（máo）车载湩酪，宴于斡难河上"，一次聚会

第三章　食物发酵加工

要用牸车来运乳制品，可见食用量之大。

《元史·兵志三》载"太庙祀事暨诸寺影堂用乳酪，则供牝马"，此外，太祖自上都避暑返回大都，太仆寺会征调五十醞都随行。醞都是专门载运马乳的车，每醞都会配四十匹肥壮的母马随车供乳。这说明，相较于其他畜乳，元代宫廷尤其喜欢饮用马乳。马乳不仅是重要的祭祀品，就连用于太庙祭祀和寺院供奉的乳酪，也都是马乳加工而成的。

元代宫廷还喜欢饮用马奶酒。虽然汉代已经出现马奶酒，但此后关于马奶酒的记载少见，一直到元代，马奶酒成为备受喜爱和推崇的乳制品。《元史·兵志三》记载："哈赤、哈剌赤之在朝为卿大夫者，亲秣饲之，日酿黑马乳以奉玉食，谓之细乳。……自诸王百官而下，亦有马乳之贡，……谓之粗乳。"黑马乳是品质极好的马奶酒，又被称为"细乳"。南宋彭大雅在《黑鞑事略》记载过这种"黑马乳"，"鞑主饮以马奶，色清而味甜，与寻常色白而浊、味酸而膻者大不同，名曰'黑马奶'，盖滑则似黑"，具体的制作方法是"撞之七八日，撞多则愈清，清则气不膻"，需要连续撞击七八日，方能做成，色清味甜，所以非常珍贵，南宋时期已经是北方蒙古族首领的专享了。而所谓"粗乳"，因为加工时间短，色白浑浊，味道发酸，品质略差些。欧洲传教士威廉·鲁不鲁乞在元朝传教时著有《出使蒙古记》一书，也记载了当时马奶酒的加工方法，"把奶倒入一只大皮囊里，然后用一根特制的棒开始搅拌，这种棒的末端象人头那样粗大，并且是挖空了的。当他们很快地搅拌时，马奶开始发出气泡，象新酿的葡萄酒一样，并且变酸和发酵"。《马可波罗行纪》第六十九章记载"鞑靼人饮马乳，其色类白葡萄酒，而其味佳，其名曰'忽迷思'（Koumiss）"，说的也是马奶酒。

元代宫廷重大祭祀活动及宴席中经常饮用马奶酒。《元史·祭祀志三》载："凡大祭祀，尤贵马湩。将有事，敕太仆寺捋马官，奉尚饮者革囊盛送焉。""内宴重开马湩浇，严程有旨出丹霄""伏日琼林宴，名王总内朝。……炙熟牛酥荦，醅深马乳浇"等都是时人宴饮、赞颂马奶酒的诗句。元代名臣耶律楚材对马奶酒也甚是喜爱，故作《寄贾抟（tuán）霄乞马乳》诗曰"天马西来酿玉浆，革囊倾处酒微香。……茂陵要酒尘心渴，愿得朝朝赐我尝"，希望朋友多多相赠，自己能天天喝到马奶酒。

根据《马可波罗行纪》第六十九章记载，蒙古族为了满足军事需要，还发明了一种"干乳"，"干乳如饼，携之与俱，欲食时，则置之水中溶而饮之"，行军作战便于携带，可以直接溶于水饮用。鲁不鲁乞在其书中记载鞑靼人会将乳汁发酵后，加热使其凝结，然后再晒干，硬如铁滓，以囊乘之，备冬季缺乳时使用，可用热水溶而饮之。这种发酵乳粉与马可·波罗所记载的"干乳"或是同一种物质，虽然形态和食用方法类似今天的奶粉，但从加工角度来说，应该是一种发酵后的干酪粉。

元代酥的加工方法也有变化。《饮膳正要·诸般汤煎》中记载了三种酥："马思哥油""酥油"和"醍醐"。"马思哥油"是用打油木器"阿赤"不停地抨打牛乳，取上层的浮凝物即成，又叫"白酥油"。"酥油"是捞取牛乳上层的浮凝物，煎煮而成。而用一千斤以上的上等酥油，煎熬过滤后，放入大瓮中贮藏，冬季取瓮中上层没有凝冻的油脂，就得到"醍醐"。其中，白酥油的加工方法不同于以前用"酪"来加工酥的方法，是直接用牛乳来加工。不过，鲁明善所著《农桑衣食撮要》中记载的作酥法仍然是用酪来加工的，还记载了一种半机械的打酥油工具，比直接用手抨打效率要高。明代《本草纲目》所载酥的加工方法与《饮膳正要》一致，或用牛乳直接抨打提取，或捞取熟乳的浮皮提取。所以，元代应为制酥技术转变的时期。元代以前，人们主要用酪和熟乳酥皮来制作酥。从元代开始，用乳直接抨打加工酥的方法见于记载，并逐渐发展成酥油的主要加工方法。

明清时期

明清时期，对乳制品的推崇虽不如元代，整体产量和使用量也有所降低，但上层社会对乳制品的加工利用花样繁多，与不同食材搭配混合，形成了丰富多样的乳制食品文化。

第三章　食物发酵加工

明初崇尚节俭。徐复祚《花当阁丛谈·卷一》记载当时宫廷"膳羞甚约，亲王、妃既日支羊肉一斤，牛肉即免，或免支牛乳"，即便是亲王，如果当日已从光禄寺支取过羊肉，那牛肉、牛乳就不能再领了。到万历年间（1573—1620），宫廷饮食消费已渐奢侈，食品供应，包括乳制品也有明显的等级差别。据张鼐《宝日堂杂钞》所录万历光禄寺宫膳底单，光禄寺给皇帝、太后及后妃供应牛乳，给长公主、诸王子、公主及王妃等供应乳饼，其他人则没有乳及乳制品供应。这说明，即使万历年间宫廷饮食标准已经较前朝有大幅改善，但乳制品因产量少，并不是普遍供应的。

明代李时珍《本草纲目》详细记载了酪、酥、醍醐、乳腐、乳线、乳团等乳制品的制作方法，部分内容前文已有述及，此处略之。所载乳腐（乳饼）、乳线的制作方法，与今天云南地区的特色乳制品乳饼、乳扇相比，无论是名称、制作方法，还是食用方法都基本一致，都是利用酸木瓜水、醋等使乳汁凝结加工而成。其中，云南乳扇的最早记载见于明代杨升庵的《南诏野史》，也被称为"乳线"，与《本草纲目》所载"乳线"做法及食用基本一样，是将牛乳加热后，点以醋酸浆，使其凝结，用手揉成块状，再用竹签抻扯成薄皮，晒干备用，吃的时候过油炸制。因此，有观点认为，云南的乳制品加工技术或是在1253年忽必烈军队占领云南后传入的。

《本草纲目》所载"乳团"，制作方法及制成后的形态与乳腐一样，不同之处在于，乳腐用醋作为凝结剂，乳团则用冷浆水作为凝结剂，冷浆水是粟米煮后发酵形成的白色浆液。

张岱《陶庵梦忆》所载"乳酪"，食用方法相当多样，加上前文已经提到过的"带骨鲍螺"，共有十种加工食用方法。张岱嫌市场买来的乳酪"气味已失"，就在家中养牛取乳，自制乳制品。牛乳静置一夜后，取上面的乳花用锅煎之，再加入"兰雪汁"（茶），多煮一会儿，就能饮用了，"玉液珠胶，雪腴霜腻，吹气胜兰，沁入肺腑，自是天供"，加工方法颇似酥油茶。或在乳酪中加入"鹤觞花露"，上火蒸制，热饮味道极好；或掺以豆粉，制成类似豆腐的食物，冷食甚好；或者煎炸酥脆、做成奶皮或缚饼、加酒凝结、拌盐或醋食用

第三节 乳制品

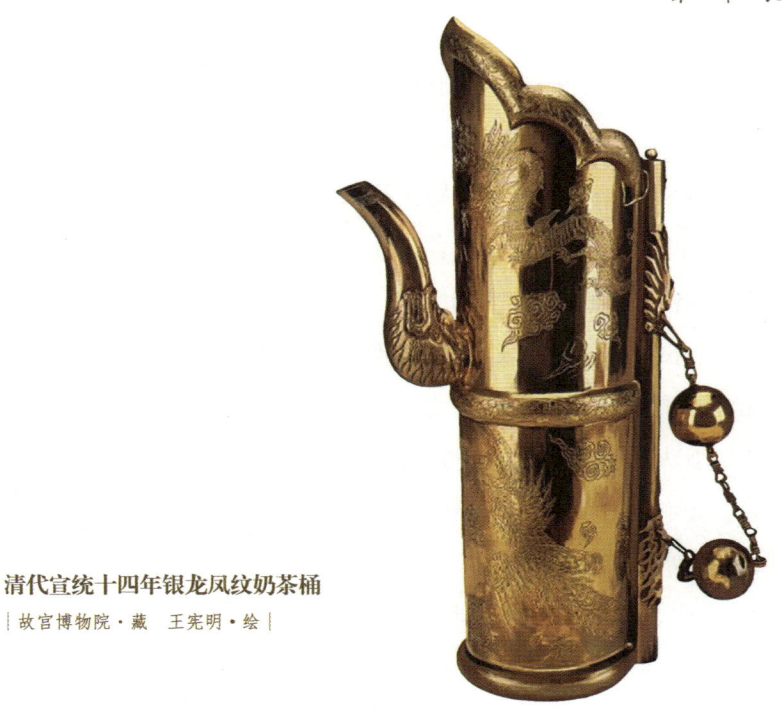

清代宣统十四年银龙凤纹奶茶桶
|故宫博物院·藏　王宪明·绘|

等，味道都很不错。

满族一直都有饮奶和食用奶制品的习惯，入主中原后仍然延续了这一传统。据清代档案记载，清政府设有内牛圈、外牛圈、三旗牛羊群牧处、庆丰司等机构，专门负责给宫廷提供牛乳及乳制品，宫廷御膳中可以见到奶子饭、奶酥油野鸭子、蒸肥鸡奶酥油炸羊羔攒盘、奶子饽饽、牛乳饼羹、奶子饼酒、奶子鸡蛋膏、酪干、奶卷等多种奶食。

值得一提的是，"奶茶"这种饮品在有清一代都备受推崇。《钦定大清会典则例》记载清宫内有专门负责熬制奶茶的蒙古人，"熬茶一桶，用黄茶一包，盐一两，乳油二钱，牛乳一锡镟（每镟重三斤八两）"，除了黄茶，还会用普洱茶、安化茶等。在重大的宫廷宴席进餐前，皇帝会赐与宴者"奶茶"以示皇恩，乾隆就曾在诗注中写到"国家典礼，御殿则赐茶，乳作汁，所以使人肥泽也"，还有专门用于御赐奶茶的茶碗传世。

清代食谱、小说、农书、地方志中也记载了多种利用乳及乳制品加工制

第三章 食物发酵加工

作的食物。曹雪芹《红楼梦》中多次提到牛乳及乳制品，王熙凤常喝"奶子"，书中还载有糖蒸酥酪、牛奶茯苓霜、奶子糖粳粥、牛乳蒸羊羔、奶油松瓤卷酥等各色乳制品加工美食。

丁宜《农圃便览》载有"牛奶菜"，是将牛乳过滤后加入鸡蛋清，搅拌均匀，小火慢炖而成，与李化楠《醒园录》记载的"乳蛋法"相似，后者还会加入研磨成粉的胡桃仁及冰糖一起蒸熟食用，即现在的双皮奶。

朱彝尊《食宪鸿秘》中有"乳酪方"，"牛乳一碗（或羊乳），搀水半钟，入白面三撮，滤过，下锅，微火熬之。待滚，下白糖霜。然后用紧火，用木杓打一会，熟了再滤入碗（糖内和薄荷末一撮更佳）"，此乳酪与直接用牛乳发酵制成的"乳酪"并不一样，是一种乳制甜品，在清代很受欢迎。

乾隆《苏州府志·卷十二·物产》载，"（牛乳）出光福诸山，田家畜乳牛，取其乳，如菽乳法点之，名乳饼。别其精者为酥。或作泡螺酥膏、酥花"，指出苏州地区当地也制作乳饼、乳酪、酥、泡螺酥膏等，泡螺酥膏正与《陶庵梦忆》的记载相吻合。这种"泡螺"与《燕京岁时记》中的"水乌

清代郎世宁《乾隆射猎聚餐图》（局部）
| 故宫博物院·藏 |

右图中有三人正在用奶茶桶斟茶，奶茶桶形制与清代宣统十四年银龙凤纹奶茶桶基本一样。

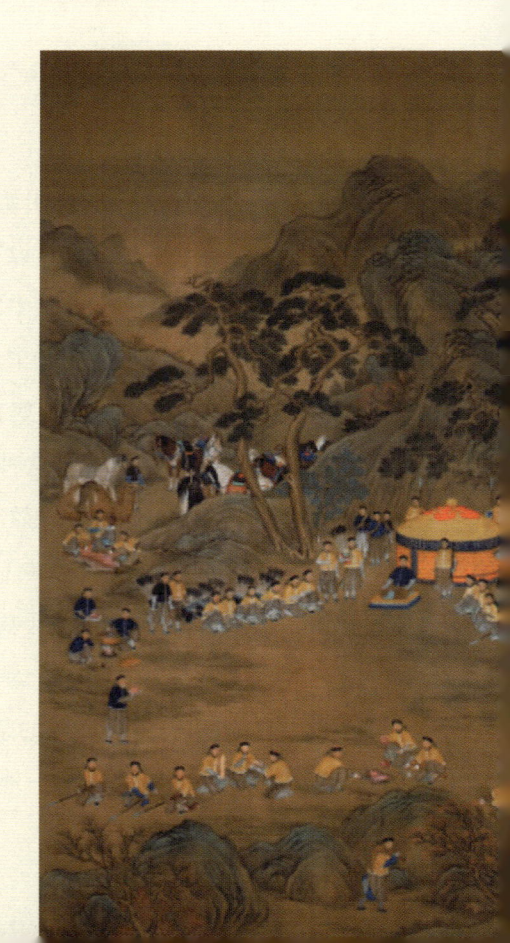

第三节 乳制品

乳酪酥店铺·清代徐扬
《姑苏繁华图》
|辽宁省博物馆·藏|

第三章 食物发酵加工

他""奶乌他"应该是同类食物,后者是用酥酪和糖在天气极寒的时候制作成梅花、方胜等形状,放入盒中,颜色洁白如霜,入口如嚼雪。

黄庭栋《粥谱》载有"牛乳粥",是直接用乳汁煮粥;又有用芝麻酱、炒面煎茶,加盐和乳汁,北方称之为"面茶",对老人健康有益。《调鼎集》载有"乳酥膏",是用酥和豆粉切厚片煎制,味道像肥肉一样香美。

徐珂《清稗类钞·饮食类》记载了清末多地的乳制品食俗,包括云南地区制作乳线(乳扇),青海柴达木人制作酥酪,北方人饮奶茶,蒙古人饮牛乳、奶茶,吃牛奶豆腐、黄油、牛奶皮子等,制作方法基本与前代相同。其中,北方人的奶茶"制牛乳,和以糖,使成浆也",而蒙古人的奶茶,是用奶酪冲食炒米,作为早餐。书中还记载了一种"鲍酪",是将牛奶煮沸,用青盐卤点之,凝结成饼,配米粥食用,类似乳饼,另有乳酪加蔗糖制成的"鲍螺",与《陶庵梦忆》记载的"泡螺"当属一类。

中华民族一直是以种植业为主、畜牧业为辅的民族,所以乳及乳制品在中国传统饮食文化中一直未占据主流位置,更多地被视为西北游牧民族的特色食物,但历代对乳的利用及乳制品加工食用却从未中断。自《齐民要术》明确记载了酪、酥的制作方法以来,对乳的加工利用技术基本沿袭至今,并未发生重大的技术变革和品类变化,乳酸菌发酵技术在乳制品中的利用至少比西方早了一千两百多年。后世在酥酪加工的基础上,又创造演化出以乳及乳制品为配料的各式美食,不断丰富乳制品饮食文化的内涵,为人们提供更多样的口味选择与营养来源。

作酪法

大作酪时,日暮,牛羊还,即间羔犊别著一处,凌旦早放,母子别群,至日东南角,噉(dàn)露草饱,驱归㧑之。讫,还放之,听羔犊随母。日暮还别。如此得乳多，牛羊不瘦。若不早放先抒者，比竟，日高则露解，常食燥草，无复膏润，非直渐瘦，得乳亦少。

抒讫，于铛釜中缓火煎之——火急则著底焦。常以正月、二月预收干牛羊矢煎乳，第一好：草既灰汁，柴又喜焦；干粪火软，无此二患。常以杓扬乳，勿令溢出；时复彻底纵横直勾，慎勿圆搅，圆搅喜断。亦勿口吹，吹则解。四五沸便止。泻著盆中，勿使扬之。待小冷，掠取乳皮，著别器中，以为酥。

屈木为棬，以张生绢袋子，滤熟乳著瓦瓶子中卧之。新瓶即直用之，不烧。若旧瓶已曾卧酪者，每卧酪时，辄须灰火中烧瓶，令津出，迴转烧之，皆使周匝热彻，好干，待冷乃用。不烧者，有润气，则酪断不成。若日日烧瓶，酪犹有断者，作酪屋中有蛇、虾蟆故也。宜烧人发、羊牛角以辟之，闻臭气则去矣。

其卧酪待冷暖之节，温温小暖于人体为合宜适。热卧则酪醋，伤冷则难成。

滤乳讫，以先成甜酪为酵——大率熟乳一升，用酪半匙——着杓中，以匙痛搅令散，泻著熟乳中，仍以杓搅使均调。以毡、絮之属，茹瓶令暖。良久，以单布盖之。明旦酪成。

若去城中远，无熟酪作酵者，急揄醋飧，研熟以为酵——大率一斗乳下一匙飧——搅令均调，亦得成。其酢酪为酵者，酪亦醋；甜酵伤多，酪亦醋。

其六七月中作者，卧时令如人体，直置冷地，不须温茹。冬天作者，卧时少令热于人体，降于余月，茹令极热。

——北魏贾思勰《齐民要术》

造乳饼

取牛乳一斗，绢滤入锅。煎三五沸，水解，醋点入乳内，渐渐结成。漉出，绢布之类裹，以石压之。

——元代佚名《居家必用事类全集》

第四节 醋

> 主人调醯盐，欲以佐滋味。
> ——宋代吕本中《戒杀八首（其二）》

《礼记·内则》载，周代烹饪食物，"三牲用藙（yì），和用醯，兽用梅"，烹调三牲（牛、羊、猪肉）要用醯，烹调野兽肉要用梅。因为三牲为人所驯养，醯为人所酿造，野兽和梅则是天然野生，故彼此搭配调和，梅酸，故醯也是酸味调味品。《周礼·天官·冢宰》记载周代职官"醯人"，是掌管周王室祭祀和宴请宾客时所用醯物的官员。《说文解字》将"醯"解释为"酸也，作醯以鬻（yù）以酒"，指出醯味酸，加工时需要用到加工粥、酒的食材。所以，醯被普遍认为是最早的醋，后世也被当作醋的另一种称谓。

酸是中国饮食文化中不可或缺的一种味道，具有调和滋味、解腻消食、提振胃口的作用，酸味调味品中最主要的就是醋，普遍运用于腌制、烹炒和煮炖等各种加工方式中。五代末北宋初陶谷《清异录》中说，"醋，食总管也"，认为醋是食物味道的总管，直接影响着菜肴的风味，可以看出时人对食醋的重视与依赖。

第四节 醋

先秦时期的醯与梅

明代罗颀《物原·食原第十》载"殷果作醋",认为商代已有醋。《尚书·说命》记载了商王武丁与大臣傅说的几段对话,其中下篇有"若作酒醴,尔惟曲糵;若作和羹,尔惟盐梅"之语,本意是武丁希望傅悦尽己所能地辅助和指导自己,将傅悦比作酿酒时所需的曲糵、作美味汤羹时所需的盐和梅。这种和谐、彼此信赖的君臣关系被后世传为佳话,而"和羹"也被引申出"宰辅之职"的含义,是辅佐君王综理国家政务的重臣。美味的汤羹需要用盐和梅来调和味道,"梅"就是早期的酸味调味品。虽然商代已经酿醋还缺乏足够的文献证据,但当时能够利用天然食物的酸味来烹饪食物则较为可信。

到了周代,主要的酸味调味品也是梅和醯。据《周礼·天官·冢宰》记载,周王祭祀祖先时供奉的腌菜和用醯调和的食物多达六十瓮,招待宾客准备的醯也有五十瓮,用量相当大。《礼记·檀弓》记载宋襄公给去世夫人的陪葬品中,就有"醯醢百瓮",可见醯不仅是当时宫廷宴席必备的调味品,还是丧仪中的随葬品与祭祀品。

不仅醯用于随葬,商周时期的考古发现中还经常能够见到以梅随葬的情况。1975年,河南安阳殷墟出土的铜鼎中就发现了炭化梅核。陕西泾阳西周早期戈国墓、湖北江陵望山楚墓和包山楚墓、四川荥经曾家沟战国墓等都发现了大量的梅核。以包山楚墓为例,梅核贮藏于陶罐中,共271颗,陶罐用纱、草饼和两层绢密封,篾篝扎束,放于铜鼎之中。如此大量的梅,密封贮藏在陶罐中,想必不是用来鲜食,而是贮藏以备食物烹饪加工的。

《论语·公冶长》中,孔子在评价微生高时,认为他并不直率,举的例子就是有人向他讨要"醯",他并不直说家中没有,而是向邻居家要了点醯给了来人。看来,当时醯已经是日常生活常备的调味品了,邻里之间会在短缺时临时借一些。距今约两千五百年前的人们不仅在日常生活中常备醯这种调味品,还会跟现在的我们一样,在手头急需时邻里间互通有无,不禁让人感叹文化习惯与传统的延续与传承。

第三章　食物发酵加工

梅核、装梅核的陶罐（密封时）及装梅核的陶罐（去除篾箅及密封）·湖北江陵包山2号楚墓出土

|湖北省荆门市博物馆·藏|

156

第四节　醋

《左传·昭公二十年》中，晏子讲了用水、火、醯、醢、盐、梅等不同物质烹煮鱼肉，可以做出味道鲜美的羹，是谓"和"，乃不同物质间的和谐，而"同"则是简单的附和与跟随，就像只用水来调味制作羹一样，寡淡无味。这是一段关于"和""同"差异的论述，用饮食加工来做比喻，非常贴切地阐述了中华文明中"和"所包含、强调的"和而不同"内涵，是不同事物、不同观念、不同文化的和谐共生，充满了中式智慧与哲理。里面提到了醯和梅，说明当时这两种酸味调味品都是烹饪时常用的。

汉代的酢与苦酒

到了汉代，人们开始将食醋称为"酢"。"酢"表示醋或酸味的意思时读作"cù"，与"醋"相通；表示酬谢、回敬的意思时读作"zuò"。《说文解字》曰"酸，酢也"，强调酢是酸味的，并指出关东地区把"酢"称作"酸"。《急就篇》有"芜荑盐豉醯酢浆"之语，唐代颜师古注释时指出，"醯""酢"为"一物二名"，指的都是酸醋。《史记·货殖列传》中记载在西汉都市的市场上，醯是重要的日常消费品之一，从事醯酱贩售生意的巨商富贾资产可与诸侯相当。东汉崔寔《四民月令》记载："四月立夏后可做酢，五月五日亦可作酢"，说明当时主要在夏初作酢。

汉代人们还把醋称为"苦酒"，刘熙《释名·释饮食》中记载"苦酒"，"酢苦也"，认为是带有苦味的醋。《晋书·张华传》记载西晋著名文学家、书法家陆机大宴宾客，用鱼鲊招待张华。张华博闻强识，是当时著名的博物学家，指出这是龙肉。众人不信，张华曰："试以苦酒濯之，必有异"，用苦酒清洗必有异样。果不其然，鱼鲊经苦酒清洗后，放出五色光芒。陆机询问做鲊之人，说是在园中茅草丛下发现的白鱼，形状特征独特，加工成鱼鲊后，异常美味，故献食给陆机。这里就用到了"苦酒"，或是因为醋本身具有解腻去腥、提振胃口等功效，所以能让龙肉做的鲊显现出原本的独特特征。南朝陶弘景《本草经集注》中记载"酢酒为用，无所不入，逾久逾良，亦谓之醯，以有苦味，世呼

157

第三章　食物发酵加工

苦酒",指出醋的别称有醯、苦酒,并且醋的酿制时间越长,品质越好。可见,汉代至魏晋南北朝时期,"苦酒"也是醋的一种代称。

魏晋南北朝时期的酿醋技术

北魏贾思勰《齐民要术》专有一章"作酢法第七十一",记载了醋的各种加工方法。从这些记载看,当时用来加工醋的原料非常丰富,以粟(小米)、粟糠、秫米(黏高粱米)、稻米、糙米、大麦、小麦、大豆、小豆、黍米(黄米)、烧饼(面粉加工而成)、黄麸、酒糟、酒醅等谷物及谷物加工制品为主,还有用乌梅和蜂蜜为原料加工醋的方法。"种桃奈第三十四"章还记载了用桃子加工果醋的方法。这些食材是中国传统酿醋技术中一直都在使用的原料,延续至今。

根据加工原料的不同,大致可将《齐民要术》记载的作酢法分为五类。第一类可以称为"谷物醋法",以谷物为主要原料,加入麦䴷(黄衣)、笨曲、黄蒸等发酵剂加工制成,一般酿制日期在七月七日。这时已经入夏,气温高,与后世伏天酿醋的传统比较接近,与《四民月令》记载的酿醋时间相比进步了不少。

这类醋的典型加工方法是"作大酢法",应该是当时主要的酿醋方法。酿制时,需要用到麦䴷(黄衣)、水和粟米。麦䴷是发酵剂,不需要簸扬。粟米要蒸熟摊开晾凉后才能使用。一切准备停当,将一斗黄衣、三斗水、三斗粟米饭按顺序依次放入瓮中,直接放入,不要搅动,直到加满为止。瓮口用绵覆盖。七天后的早晨,往瓮中加入一碗井水,二十一天后的早晨,再往瓮中加入一碗井水,醋就做好了。日常在瓮中放一只瓠瓢,用来舀取醋汁,如果用潮湿或带咸味的器皿入瓮取醋,容易破坏醋的味道。

书中还记载了另外两种加工"大酢"的方法,一种是粟米饭分三次放入缸中,分别是初做时、二十一天时和二十四天时,水和黄衣初作时直接加入,酿制过程中不再加水;另一种更为简便,按一升黄衣、九升水、九升粟米饭的比

第四节 醋

例,将原料一起放入瓮中装满,用绵覆盖瓮口发酵即可。

但这三种酿醋方法,"例清少而淀多",清醋汁少而沉淀多,产醋量似乎不高。到十月底,要用压酒的方法,用毛袋将醋汁压出,贮存起来以备使用。剩余的醋糟沉淀,放在另一个瓮中加水澄清,先压取使用。

产量高的谷物酿醋方法是"秫米神酢法",原料配比为一斗麦䴷、一石水、三斗秫米(黏高粱米),如果没有秫米,可用黏黍米(黏黄米)替代。先用水浸泡麦䴷,将麦䴷掰得细碎些,不要有块,然后将米洗净蒸熟,摊开晾凉后,一起放入瓮中,装满为止,酿制过程中不再添加任何原料。然后用手在瓮中用力搅动,把里面的块状原料弄碎,呈粥状,就可以停止了。用绵覆盖瓮口。第七天、第十四天、第二十一天时各搅拌一次。等到一个月满,醋就成熟了。这种酿醋方法,沉淀极少,十石原料仅有五斗沉淀,产醋率极高。

这种酿醋方法不仅产醋率高,还能够停放数年,越久越好,可以说是最早的老陈醋酿造方法,也是后世老陈醋酿造工艺的肇始。

谷物酿醋的原理,按照现在化学原理来解释,就是用曲作为糖化剂和发酵剂,先将谷物中的淀粉糖化为单糖,单糖进而转化成酒精,最后酒精转化为醋酸,酿造成醋的过程,所以谷物酿醋需要经过糖化-酒化-酸化三个过程。《齐民要术》记载的酿醋糖化剂和发酵剂可以分为两类,一类是麦䴷(黄衣)和"神醋法"中黄蒸,都是米曲霉菌;另一类是"粟米、曲作酢法"中的笨曲,则是根霉菌。虽然所用霉菌种类不同,但都能用来酿醋。这一原理也印证了前述《说文解字》对"醯"的解释,"作醯以鬻以酒",可以用煮粥或酿酒的材料酿醋。

用酿酒的材料酿醋是《齐民要术》记载的第二类酿醋方法,可以称为"酒酿醋法",以酒、酒糟、酒醪等为主要原料,具体包括"迴酒酢法""动酒酢法""作糟糠酢法""酒糟酢法""作糟酢法"等。

因为酒已经完成了谷物淀粉糖化、酒化的过程,所以用酒酿醋只需要加水,完成酸化即可。"动酒酢法"就是用发酸不能饮用的酒来酿醋,按一斗酒、三斗水的比例混合,放入瓮中烈日曝晒,雨天用盆遮住以防止雨水进入。七天

第三章 食物发酵加工

后会发臭，表面生成一层膜。这种情况不要见怪，瓮放在原地不要移动，也不要搅动液体。静置数十日，待表面凝结的膜下沉后，醋就酿成了。这种醋味道更香浓，放置越久，味道越好。

第三类方法不同于其他几类，是一种固态的干醋粉。具体加工方式是在五升苦酒中放入一升左右的乌梅肉，浸泡数日后，晒干捣成粉末，食用时放入水中搅匀就是醋了。这种干醋粉便于贮存携带，一直延续到清代仍有使用，并在方法上有所改进创新。

第四类方法是"糖醋法"，以蜂蜜为主要原料，包括"蜜苦酒法""外国苦酒法"，是蜂蜜和水以一定比例混合后密封酿制而成。以糖为原料酿醋，后世仍有使用，但后期较少用蜜，而以麦芽糖为主。

第五类方法是"果醋法"，是用自然熟透掉落在地上的桃子加工而成。先将桃子放在瓮中，盖住瓮口，静置七日后桃子就烂了，滤去桃皮、桃核后，密封二十一日就能制成果醋，"香美可食"。

前两种方法是当时人们酿醋的主要方法。古人虽然没有明确总结阐释出利用霉菌发酵酿醋的化学原理，但却在大量的实践经验中掌握了谷物酿成食醋各转化阶段的重要变化。在不同的酿醋方法中，不同原料的组合及比例关系，加工工序变化后原料及添加次序的调整、加工细节的变化等都体现出丰富而科学的酿醋知识与经验。

《齐民要术》记载的二十多种酿醋法中，有利用麸皮酿醋的"神酢法"，用不堪饮用的酒酿醋的"动酒酢法"，用酿酒产生的废弃物酒糟、酒醅酿醋的"酒糟酢法""迴酒酢法"，以及用粟糠（粟米的谷糠）和酒糟酿醋的"作糟糠酢法"等，利用的都是谷物加工和酿酒过程中产生的废弃物。将其他生产活动中产生的废弃物加工成食醋，实现了废弃物的资源化利用，充分体现了中华文明中"物尽其用""变废为宝"的思想与智慧，值得今人思考借鉴。这一点，在陶弘景《本草经集注》卷七"陈廪米"条也有所体现。陈廪米，是入仓贮藏时间较久、颜色发红的陈年旧米，"人以作酢酒，胜于新粳米"，是对存放时间太久、不能食用仓米的资源化利用，所酿之醋的品质反而比新粳米更好，这跟

第四节 醋

滤醋画像砖·甘肃省酒泉市果园乡高闸沟村砖厂魏晋墓葬
|酒泉市博物馆·藏|

图中绘有一赤色长案，案上一字排开放着七个酿醋大瓮。《齐民要术》中记载了使用粟米、曲酿醋的技法。这种技法要求酿造时不能移动瓮，不要搅动，味道浓郁、沉淀少，且"久停弥好"，熟后"接取清"放入别的瓮中存储即可。这种放置于案上的醋瓮，方便接取酿好的醋清汁。另有同时代类似画像刻画了从瓮中滤取醋汁的过程。

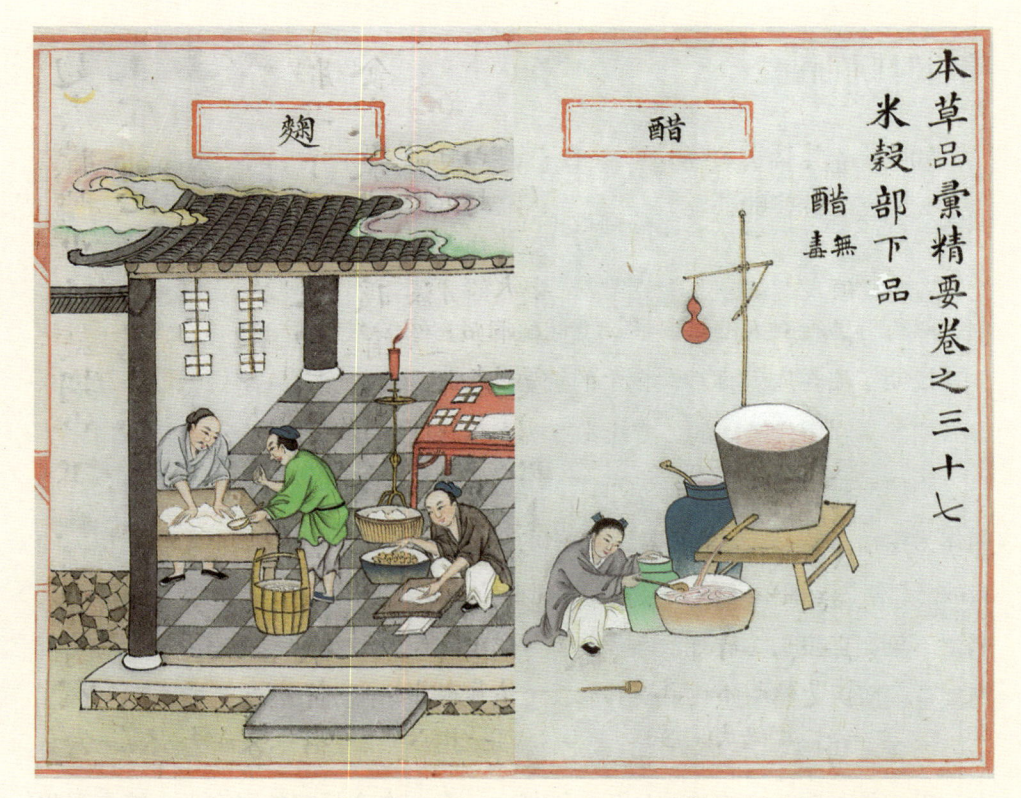

制曲和酿醋·明代刘文泰等撰、王世昌等绘《本草品汇精要》，明弘治十八年（1505）彩绘写本

第三章 食物发酵加工

陈年仓米变质发霉，本身自带霉菌有关。利用陈年仓米酿醋的方法在后世文献中一直有所记载。

可以说，《齐民要术》的酿醋技术奠定了后世酿醋技术发展的基础。无论是原料使用，还是酿造技术，中国历代传统酿醋技术都是在《齐民要术》的记载之上不断优化发展起来的。"秫米神酢法"就是老陈醋加工技术的肇始，以麸酿醋则是四川保宁麸醋的技术发源，这两种醋是清代形成的中国四大名醋中的两种。

《齐民要术》不仅记载了醋的酿造技术，还记载了很多用醋加工的菜肴。其中，用醋作菹和醋渍蔬菜的方法在相关章节已有论及，不再赘述。"羹臛法第七十六"中的羹臛，是一种炖煮菜肴，经常用醋来调和味道的，比如做猪蹄酸羹、兔臛等，可见醋是常用的烹饪调味品。

隋唐时期的醋

隋唐时期，醋已经成为日常生活必备的调味品。《新唐书·柳公绰传》记载柳公绰之孙、柳公权之侄孙柳玭（pín）为人清直，在家训中有："至于孝慈、友悌、忠信、笃行，乃食之醯酱，可一日无哉？"之语，认为孝慈、友悌、忠信、笃行等德行对人的重要性，就像醯酱对食物的重要性一样，一日也不可缺少，说明了醋在唐人日常饮食中的重要地位。而且，南方人多做米醋，北方人多做糟醋，在唐代孟诜的《食疗本草》中已有记载。

隋唐时期，"醯""酢""苦酒"等称谓仍有使用，但"醋"已是普遍称谓。醋作为生活必需品，已深深融入人们的生活与文化中，形成了不少与醋相关的典故。《隋书·崔弘度传》记载了当时长安人讽刺两大酷吏的歌谣，"宁饮三升醋，不见崔弘度，不逢屈突盖"，因为崔弘度、屈突盖二人严厉苛刻，对人责罚甚重，所以人们宁愿喝下三升醋，也不愿意遇到这两个酷吏。

李肇《唐国史补》卷中记载了"呷醋节帅"的典故。军使李景略严苛暴虐，犯错的下属基本难逃被处死的下场。一日，在李景略的军宴上，军吏误将醋当作酒递给任迪简饮用，任迪简为避免军吏犯错受罚，强饮之，最后吐血而归。军中将士听闻非常感动，李景略也因此没有处罚军吏。李景略死后，任迪简得到将士们的拥护，最后官至节度使，被称为"呷醋节帅"。

这两个典故，也从侧面反映出隋唐时期酿醋工艺的进步，酿成的醋酸度较高。冯贽的《记事珠》与《云仙散记》中还记载了唐代调味名品葫芦酱和桃花醋，备受世人推崇。

宋元时期的醋

前引陶谷《清异录》中有"醋，食总管也"之语，说明五代至北宋时期，醋是饮食烹饪中的基本调味料，食物味道的"总管"。南宋时，醋已是寻常百姓人家必备的生活物资。吴自牧《梦粱录·卷十七》载，杭州城内外，"户口浩繁，州府广阔"，"盖人家每日不可阙者，柴米油盐酱醋茶。或稍丰厚者，下饭羹汤，尤不可无。虽贫下之人，亦不可免"。南宋杭州人，无论贫富，日常饮食中都已经离不开醋这种调味品了。

宋代陈元靓《事林广记·别集》卷七"诸醋方"记载了多种醋的加工方法。"麦黄醋"是将浸泡蒸熟后的小麦静置生曲，待长满黄衣（米曲霉菌）后，入缸加水密封发酵制成。"糟醋法"和"麸醋法"以糟、麦麸为主要的酿醋原料，只是在用量上有差异，麸醋法还需要加入粟米。

"长生醋法"以生曲的大麦粉末为主要原料，加入良姜、胡椒、水，入瓮腌制而成，可多次取醋，取三升醋，加入三升水，再适当放入良姜和胡椒继续酿制，故名"长生醋"。

"饧醋法"是以麦芽糖为原料，加入沸水和白曲末发酵而成。麦芽糖已经完成了谷物淀粉的糖化，只需要继续进行酒化、酸化就能加工成醋。以糖酿醋法自宋代起已基本不再用蜜作原料，多用麦芽糖，其实也可以算作一种谷物醋。"梅子醋法"与《齐民要术》记载的乌梅苦酒法一样，是用乌梅和醋加工制成的干醋粉。

第三章 食物发酵加工

"千里酸法"是当时军队行军打仗时所用醋的制作方法，是一种干醋饼，将无糖蒸饼（即馒头）晒干后，入浓醋中浸泡后晒干，多次重复这一步骤制成，需要用的时候掰下来一些，用水化开即可成醋，携带使用方便。三个蒸饼要吸收一斗醋汁，想必酸味非常浓郁。发明这种便于长期携带的干醋饼以供军旅所需，确实说明醋在宋代人饮食生活中至关重要，即便是行军打仗的非常时期，也要随军携带，以备饮食所需。从书中谷物酿醋的记载也可以看出，宋代酿醋多用谷物自行发酵生曲，直接添加已提前制备好的曲的情况少了。

元代《居家必用事类全集》中关于酿醋的记载，与《事林广记》的大部分内容相似，并有所增益。如"造七醋法"用的是黄陈仓米，对无法食用的变质谷物的再次利用，不仅避免了浪费，还省却了谷物加工生曲的过程，简便易行。加工过程以七天为一个周期，对应不同的加工步骤，共需五个周期。第一个七天周期是浸泡阶段，黄陈米无须淘净，直接浸泡，期间每天换两次水。第二个七天周期是密封发酵阶段，将浸泡好的黄陈米蒸熟，趁热放入瓮中，按压平整后密封，在密封后的第二天和第七天各开封搅动一次。第三至第五个七天周期是加水密封酿制阶段，期间每七天开封搅动一次，期满就酿好了。这种方法酿成的醋味道非常不错。

书中还记载了造三黄醋法、造小麦醋法、造麦黄醋法、造大麦醋法、造糟醋法、造麸醋法、造糠酢法等谷物酿醋法，都是用谷物静置生曲后酿醋，不再额外添加发酵剂。造饧醋法应是引自《事林广记》，记载完全一样。千里醋法却有不同，应是《事林广记》所载梅子醋法与千里醋法融合而成，将乌梅在浓醋中浸泡晒干多次，制成粉末，和浸泡在醋中的蒸饼搅拌均匀，揉成鸡头大的丸状。食用时，投一两丸于热水中，变成好醋。

元代饮膳太医忽思慧的《饮膳正要》中记载当时的醋有酒醋、桃醋、麦醋、葡萄醋、枣醋、米醋等种类，是以主要原料命名的不同种类的醋，麦醋、米醋、酒醋都是以谷物及谷物加工品为原料的醋，桃醋、葡萄醋、枣醋等都属于果醋。

造七醋法

造諸醋法

假如黃陳倉米五斗不淘淨浸七宿每日換水一次至七日做熟飯乘熟便入甕按平封閉勿令氣出第二日畨轉動至第七日開再畨轉傾入井花水三擔又封閉一七日開再攪一遍再封二七日再攪至三七日即成好醋美此法可上榨

造三黃醋法

甚簡易尤妙

於三伏中將陳倉米一十淘淨做熟硬飯攤令勻候冷定飯面上以楮葉蓋或蒼耳青蒿皆可罨作黃衣上去罨蓋之物畨轉過至次日曬乾簸去黃衣淨器收貯再用陳米一斗做熟硬飯曬乾亦用淨器收貯至秋社日再用陳米一斗飯與上件黃子乾飯拌和勻下水飯面上約有四指高水紗帛

造小麥醋法

陳倉米一斗或糯米亦可用水浸一宿炊作飯攤溫冷麪麴二十兩搗細火焙乾以紙襯地上出火氣拌勻放淨甕內入新汲水三斗又拌勻捺平用紙兩三層密封甕口勿見風向南方安候四十九日開用小麥二升炒焦投入甕內少須取醋於鍋內煎沸入

懷頭至四十九日方熟慎勿動著待其自然成熟此法極妙

造麥黃醋法

小麥不拘多少淘淨用清水飛了上用炒麥一撮醋又不壞取頭醋了再用水一斗半釀第二醋了又用水六升半釀第三醋更數日取食之第二醋了二三食須用炒蕉麥半升許入甕內搭色猶可取第四醋味尚如街市中賣者蓋謂炒米耳此法妙不可言米醋熟者用炊米所以性平

造七醋法、造三黃醋法和造小麥醋法·元代《居家必用事類全集》，明刻本

第三章　食物发酵加工

明清时期的醋

　　明清时期，是中国酿醋技术集大成的时期，不仅酿造种类日益丰富，还发展形成了一些食醋名品，且私家菜谱著录大量涌现，记录了多种醋的做法，用醋加工菜肴的记载更是不胜枚举。

　　明代韩奕《易牙遗意》中记载了三种米醋的做法。作者韩奕是苏州人士，《易牙遗意》虽托名春秋时期齐国著名厨师易牙，但主要记载的是江南饮食烹饪做法，所以在作醋法中，只记载了南方米醋的做法。

　　《宋氏养生部》记载的酿醋方法颇多，有社醋、腊醋、四时醋等不同时间的酿醋之法，长生醋、神仙醋等久酿法，可边取边酿，还有须臾醋等速酿法，也有炒麦醋、小麦麸醋、糖醋、酒醋等以谷物和谷物加工品命名的醋。其中，酒醋法是在谷物原料中添加了酒的酿醋法，已不同于《齐民要术》中记载的以不堪饮用的酒为原料酿制的酒醋。大概随着酿酒技术的日益进步，酿坏酒的概率比较低，所以基本没有见到以不堪饮用的酒酿醋的记载了。书中记载的果醋主要是枣子醋。

　　李时珍《本草纲目·谷部第二十五卷》记载醋的种类有米醋、麦醋、曲醋、糠醋、糟醋、饧醋，还有桃、葡萄、大枣、蘡（yīng）薁（yù）等杂果醋，并简单记载了米醋、糯米醋、粟米醋、大麦醋和饧醋的做法。书中指出，在产妇房中，要常用木炭熏醋，认为"酸益血也"；醋酸有收敛的功效，可以"杀鱼、肉、菜及诸虫毒气"，散瘀解毒，利用的是醋酸的杀菌功效。即便是现代医学发达的今天，人们也依然保持着春秋流感盛行季节用醋熏室内以杀菌消毒的习惯。

　　清代顾仲的《养小录》记载有七七醋、懒醋、大麦醋的做法。《食宪鸿秘》载有神醋、神仙醋、大麦醋等的做法。《醒园录》有做米醋法、极酸醋法、千里醋法、焦饭做醋法。《调鼎集》记载了近二十种醋的做法，并指出陈醋色红，镇江醋色黑味鲜，准确概括了不同醋的特点，还出现了五辣醋、五香醋等调味醋，主要是在醋中加上调味配料制成。《素食略说》中有造米醋法。

　　明清时期的酿醋方法多有对前代酿醋技术的继承，在生产实践中也有所发展。在技术日臻完善的过程中，形成了一些食醋名品。中国传统四大名醋：山西老陈醋、镇江香醋、四川保宁醋、福建永春老醋，基本都是在清代闻名于世而传承至今的，是中国传统酿醋技术的活态传承和历史见证。

醋是中国从古至今酸味烹饪口感的主要来源，至迟在先秦时期就已经出现了，传承延续了三千年左右的时间，是丰富多变的中华饮食文化不可或缺的味觉体验。醋的酿制较为复杂，以谷物为原料酿醋，需要利用曲作为糖化剂和发酵剂，经过糖化、酒化、酸化，才能酿制成功。"杜康造醋"的传说中，杜康是在酿酒过程中无意间酿成酸醋，才发明了醋。虽然传说未必可信，但酿醋基于酿酒，醋是酿酒过程中的偶然发现，这在技术原理上有着极大可能性。

造七醋法

假如黄陈仓米五斗，不淘净。浸七宿，每日换水一次。至七日，做熟饭。乘熟便入瓮，按平，封闭，勿令气出。第二日，番转动。至第七日开，再番转。倾入井花水三担，又封闭一七日，搅一遍。再封二七日，再搅。至三七日即成好醋矣。此法甚简易，尤妙。

——元代《居家必用事类全集》

醋

用粳、糯米，不拘糙与白，皆可。以七升五合，水浸三日，炊饭。白曲一斤半，秤水二十五斤和匀，入瓮，厚纸五层密封。五十日熟。二醋（第二次取醋后）下水十二斤，三醋（第三次取醋后）下水八斤。春秋二社皆可造。亦有以米䉽成黄子者。

——明代韩奕《易牙遗意》

第四章 食物渗透压腌渍

> 苦荬腌齑美，菖蒲渍蜜香。
>
> ——宋代陆游《追凉小酌》

中国古代农业生产有着鲜明的季节性，食物的供应随季节变化而有所不同，这就造成了不同季节食物的相对性剩余与相对性短缺。人们要想将当季新鲜易腐的食物保存至其他季节食用，就需要动用智慧，进行加工处理，渗透压腌渍法就是其中重要的加工保存方式之一。

古代先民充分利用高浓度溶液对低浓度溶液具有渗透压的原理，以及生命体细胞壁的全透性特点，发明了利用盐、酱、蜜、糖、酒、糟、醋等腌渍食物的方法，既能给腌渍的食物增加咸、甜、酸、辣等独特的香气与滋味，产生美妙的味觉体验，还能有效抑制微生物的滋生，延长食物的保存时间。时至今日，腌渍食物也是人们经常食用的佐餐小菜和休闲零食。

第一节 盐渍酱腌

晶盐透渍打霜菘，
瓶瓮分装足御冬。

——清代蔡云《吴歈》

《诗经·小雅·新南山》记载了先秦时期的人们将瓜菜剥皮切开进行腌渍，用来祭祀祖先，曰"菹"。《周礼·天官·冢宰》记载有"醢人"一职，掌管的食物中有"七菹"，即韭菹、菁菹、茆菹、葵菹、芹菹、箈菹、笋菹，也都是腌制蔬菜。

用大量的盐腌渍而成的菹属于不发酵腌制，也被称为"盐菜"，主要是利用盐分使蔬菜脱水，抑制微生物生长，来达到长期保存的目的。《周礼·天官·冢宰》有大羹、铏（xíng）羹两道菜肴，汉代郑玄解释说"大羹不致五味也，铏羹加盐菜矣"，认为大羹是不加调味的汤，而铏羹则是加了"盐菜"的汤。《管子·轻重篇》有"盐菜之用"的说法，"盐菜"应该就是用盐腌渍的蔬菜。《后汉书·皇后纪》记载和熹邓皇后在为父服丧期间"昼夜号泣，终三年不食盐菜，憔悴毁容，亲人不识之"，可见当时盐菜是宫廷常见菜肴之一，以不吃盐菜，来凸显皇后丧父的悲痛。崔寔在《政论》中讨论汉代一般官吏每个月的经济收支时指出，百里长吏一个月的现金收入为二千钱，其中购买"薪炭盐菜"的支出就需要五百钱，可见"盐菜"也是当时基层官吏和寻常人家的基

汉代庖厨画像石拓片·成都曾家包汉墓

|成都市博物馆·藏|

画面下方有一排五个大腹罐，是腌渍加工蔬菜的主要容器。腹大，能容纳更多食材，口偏小，便于密封。此类罐子也是时人酿酒的主要容器。图中一个罐子已经扣上了碗装盖子，在旁边的罐子边，有一人可能正在腌渍蔬菜。

本饮食消费内容。

到了魏晋南北朝时期，用盐腌渍蔬菜的方法被称为"咸菹法"。《齐民要术》中记载了详细的加工方法，且排在"作菹法"的首位，应该是当时最为常用且容易操作的一种食物腌渍技术，是普通百姓经常制作的美食，能够在冬季蔬菜短缺的时候给人们提供佐餐之物和必要的蔬菜纤维。

《齐民要术·作菹、藏生菜法第八十八》记载葵菜、菘菜、芜菁、蜀芥等都可以用咸菹法腌渍，"收菜时，即择取好者，管、蒲束之。作盐水，令极咸，于盐水中洗菜，即内瓮中。若先用淡水洗者，菹烂。其洗菜盐水，澄取清者，泻著瓮中，令没菜把即止，不复调和。菹色仍青，以水洗去咸汁，煮为茹，与生菜不殊"。一般是择取好的菜用管、蒲等捆扎后，用极浓、极咸的盐水洗干净，放入瓮罐中，将刚刚用过的高浓度盐水静置澄清后，把上层清澈的盐水倒入瓮罐中，没过菜进行腌渍即可。经过腌渍的菜，能保持菜色青绿，口感变化

装有鸡蛋的青釉原始瓷罐·江苏句容县浮山果园西周土墩墓出土
|镇江博物馆·藏|

芜菁·清代吴其濬《植物名实图考》，清道光二十八年（1848）刻本
|中国农业博物馆·藏|

也不大。但需要注意的是，不能用淡水洗，否则容易腐烂。这与现在制作腌菜不能用未经煮沸的生水，否则容易有细菌而导致腐坏的道理一致。

如今人们依然喜欢食用的咸鸭蛋，其加工方法在《齐民要术》中也有记载，名曰"作杬子法"，用的就是盐渍法。取杬（yuán）木①皮煮汁，"率二斗，及热下盐一升和之。汁极冷，内瓮中，浸鸭子。一月任食。煮而食之，酒、食俱用"。这里"鸭子"就是鸭蛋，用杬木皮汁融化食盐，进行腌渍，一个月就可以食用了。后世也经常用盐腌渍鸭蛋，这种方法延续了近两千年，直到今日，盐渍法也是人们最常使用的鸭蛋腌制方法。

除此之外，《齐民要术·种瓜第十四》还记载了酱腌蔬菜的方法，越瓜、胡瓜"于香酱中藏之亦佳"，冬瓜"削去皮、子，于芥子酱中，或美豆酱中藏之，

---

① 缪启愉的《齐民要术校释》将"杬木"解释为山毛榉科栎属的植物。

第四章　食物渗透压腌渍

佳",都是用酱腌渍蔬菜。酱腌法早在汉代《四民月令》中就已有记载,五月上旬先制作豆酱,"至六七月之交,分以藏瓜",就是用豆酱腌渍瓜类。酱腌法制作的食物,类似现在常吃的酱菜,早期多是用各种酱来腌制,后期也有用酱油腌制的。

《荆楚岁时记》记载荆楚地区在"仲冬之月,采撷芜菁、葵等杂菜干之,并为咸菹",也是用盐腌渍蔬菜。当时加工的盐渍菜如果方法得当,味道应该相当可口,所以《晋书》记载东晋孝子吴隐之在为母亲服丧期间,曾食用"咸菹",觉得过于美味,不适合服丧期间食用,故弃而不食。

盐渍菜在当时人们的生活中极为常见,是平常人家的主要菜肴。《晋书·皇甫谧（mì）传》载,皇甫谧的表弟梁柳要出任太守,有人劝皇甫谧设宴为其送行,皇甫谧说:"柳为布衣时过吾,吾送迎不出门,食不过盐菜。贫者不以酒肉为礼。今作郡而送之,是贵城阳太守而贱梁柳,岂中古人之道?是非吾心所安也。"可见,当时布衣百姓普遍食用"盐菜",也用来招待亲友。

后世基本沿袭继承了盐渍酱腌的蔬菜加工方法。北宋《东京梦华录》中记载州桥炭张家、乳酪张家,"唯以好淹藏菜蔬,卖一色好酒",售卖各种美味的腌渍菜蔬。南宋《吴氏中馈录》中记载了"干闭瓮菜""腌盐韭法",都是用盐腌制蔬菜的方法,用盐量大,加工而成的是盐菜而非发酵的酸菜;还记载了酱佛手、香橼（yuán）、梨子、桔皮、石花菜、面筋的方法,其中加工梨子时将整梨带皮入酱缸内腌渍,久藏不坏。元代《王祯农书》记载,黄瓜"或以酱藏为豉,盐渍为霜瓜",甘露子"可用蜜或酱渍之,作豉亦得",可见黄瓜可以盐渍酱腌,甘露子蜜渍或酱渍皆可。

明代《宋氏养生部》记载了盐腌和酱渍的菜果加工方法。"盐腌"法记载了十六种菜果,包括柿子、木瓜等水果,夏菁菜、白萝卜、茄、姜、葱、韭、蒜、瓠等蔬菜,与前代的盐渍加工方法基本类似。"酱渍"法记载了三十种菜果,一般先用盐腌渍后,再用酱腌渍,除用于腌渍常见的蔬菜,还可用来腌渍西瓜皮、柑皮、杏仁、柿子、豆腐干、面筋等各色食物。

清代《食宪鸿秘》记载了盐渍李子、柿子的方法,其中,"盐李"是将李子用盐揉搓，脱水，晒干后去核，再晒干加工而成，特别适合下酒。"腌柿子"是将半黄的秋柿加盐，入缸腌制，第二年春天食用，可以解酒。书中还记载了酱蟹的制作方法，即用酱腌制螃蟹。

《清嘉录》记载，"比户盐藏菘菜于缸瓮，为御冬之旨蓄。皆去其心，呼为藏菜，亦曰盐菜"，也是用盐腌制蔬菜。《随园食单·小菜单》在"腌冬菜、黄芽菜"条中说："腌冬菜、黄芽菜，淡则味鲜，咸则味恶，然欲久放，则非盐不可。"可见盐渍的久藏作用，其他腌渍方法也多会用盐处理食物，一般先用盐腌渍后再进行其他口味的腌渍加工。

《随息居饮食谱》还记载了用酱油加工菌类的办法，鲜蕈"洗净沥干，以麻油或茶油沸过，入秋油浸收，久藏不坏"。"秋油"即酱油，用酱油浸泡过油后的菌菇，能够久藏不坏，也算是一种酱腌法。《滇南新语》记载当地人加工菌类，"渍以盐，蒸存可耐久"。

利用盐腌渍食物，主要是利用盐分的强大渗透压，使蔬菜和微生物细胞脱水，减少蔬菜中的水分，杀死有害微生物，从而达到长期保存的目的。酱腌法的原理与之相似。正因为如此，盐渍法在古代食物加工中还经常和其他方法搭配使用，是最常见的食物预处理方法，可广泛用于禽肉制品、水产品、蔬菜瓜果等食物的加工，既能创造出不同于食物本来味道的独特滋味，还能为食物进行后续加工创造更好的条件，有效调节农业生产的季节性变化所带来的食物丰歉不均。

腌盐韭法

霜前，拣肥韭无黄梢者，择净，洗，控干。于瓷盆内铺韭一层，糁盐一层，候盐、韭匀铺，尽为度，腌一二宿，翻数次，装入瓷器内。用原卤加香油少许，尤妙。

第四章　食物渗透压腌渍

酱佛手、香橼、梨子

梨子带皮入酱缸内,久而不坏。香橼去穰,酱皮。佛手全酱。新桔皮、石花、面筋皆可酱食,其味更佳。

——南宋《吴氏中馈录》

第二节 糖蜜渍

> 细切黄橙调蜜煎,重罗白饼糁糖霜。
> ——元代耶律楚材
> 《赠蒲察元帅七首·其三》

《礼记·内则》中记载"子事父母……枣栗饴蜜以甘之",认为枣、栗、麦芽糖、蜂蜜等甘甜之物适合颐养老人。糖和蜜除了可直接食用,还能用来腌渍食物,既能增加食材的甜度,使其味道更好,还能有效延长食物的保存期限。这就是古代利用糖蜜腌渍食物的加工技术。这种食品加工方法延续数千年,直到现在,"蜜饯"依然是老少皆宜的加工食物,古代也称"蜜煎"。

《齐民要术·种梅杏第三十六》中引《食经》记载有"蜀中藏梅法","取梅极大者,剥皮阴干,勿令得风。经二宿,去盐汁,内蜜中。月许更易蜜。经年如新也",是将梅子去皮阴干,先用盐腌制杀菌后,放入蜜中腌渍,一个月后换新蜜继续腌渍,可以经年不坏。此方法名曰"藏梅法",可见当时该法的主要目的是长期贮存新鲜易腐的水果。

《齐民要术》还记载了两种加工木瓜的方法。第一种方法工序复杂,先将木瓜放入热灰中进行脱水干燥,洗净后用苦酒、豉汁和蜜进行腌渍,然后放入蜜中封藏百日后食用,非常好吃。第二种方法主要用盐和蜜进行腌渍,白天取出曝晒,晚上放入盐蜜汁中腌渍。两种方法都用到了蜜渍加工。

第四章 食物渗透压腌渍

生姜·湖北江陵望山 2 号楚墓出土

|湖北省博物馆·藏|

　　除蜜渍水果之外，还可蜜渍蔬菜。《齐民要术》中记有两种不同的生姜腌渍方法，一种是将生姜洗净削好后直接放入蜜中煮；另一种是先用酒糟密封腌制十日，然后取出洗净后，再用蜜腌渍。第二种方法综合利用了糟制和蜜渍两种加工方法。

　　蜜渍的方法还可用于加工肉类。《齐民要术·作酱等法第七十》中记载有"藏蟹法"，是将活蟹水养清空体内废弃物后，放入薄饧（xíng，麦芽糖）中浸泡腌渍一宿，再用极咸的盐蓼汁（盐、蓼加水煮制而成）腌渍二十日。取出后，在螃蟹肚皮下的甲壳（蟹脐）中放入姜末，继续放入瓮中，加入之前的盐蓼汁，密封腌渍而成。这种用麦芽糖与盐共同腌渍而成的腌蟹，味道咸中带甜，风味独特。《南史·何尚之传附何胤传》记载何胤饮食奢侈，其中就包括食用"糖蟹"。据《清异录》《大唐拾遗记》记载，吴地曾向隋炀帝进献糖蟹、蜜蟹，即用糖、蜜来腌渍的螃蟹。唐代段公路的《北户录》主要记载了岭南的风土物产，其中卷二记载的"糖蟹法"与《齐民要术》中的做法一样，说明唐代南方仍然用这种方法加工糖蟹，隋炀帝喜食的糖蟹应该也是用这种方法加工而成的。

　　《南史·宋明帝纪》记载宋明帝刘彧（yù）喜欢甜食，"以蜜渍鱁鮧（zhú yí），一食数升[①]"。"鱁鮧"原为用鱼肠肚盐渍而成的鱼肠酱，《齐民要术·作酱

---

① 根据闵宗殿《中国古代农业通史·附录卷》，北齐的一升约为现在的 300 毫升，北齐篡（刘）宋而代之，度量衡制度应也继承自（刘）宋。

第二节 糖蜜渍

等法第七十》中记载了鳆鲦酱的制作方法,是将石首鱼、鲻鱼的肠、肚、鳔等用盐腌渍,酿制成酱。宋明帝因喜食甜食,所以将鱼肠肚等改用蜜腌渍,故曰"蜜渍鳆鲦"。

古代用蜜腌渍而成的水果制品,多被称作"蜜煎"。北宋蔡襄《荔枝谱》记载:"福州旧贡红盐、蜜煎二种(荔枝)。……蜜煎:剥生荔枝,笮(zé)去其浆,然后蜜煮之。予前知福州,用晒及半干者为煎,色黄白而味美可爱。"可见福州红盐荔枝和蜜煎荔枝在宋代以前就已经是当地的进贡之物了。《新唐书·地理志》记载有洪州贡梅煎、太原府贡葡萄煎、成都府贡梅煎、戎州贡荔枝煎。《元和郡县图志》也记有戎州、广州贡荔枝煎等。这里当有不少是用蜜渍加工的。

宋代,一般官府、豪贵之家专门设有"四司六局",主要负责承办各类宴会,也会提供租赁服务。其中有一局曰"蜜煎局",主要负责提供各种果品蜜饯,耐得翁《都城纪胜》说蜜煎局"专掌糖蜜花果、咸酸劝酒之属",可见蜜煎为宴席上必不可少的一类食物,有专人专司其职,专业化程度很高。宋代宫廷设有"蜜煎库",专为宫廷提供果品蜜饯。

当时利用蜜糖腌渍加工的水果种类繁多。《西湖老人繁盛录》记载的蜜煎有蜜金橘、蜜木瓜、蜜林檎、蜜金桃、蜜李子、蜜木弹、蜜橄榄、昌园梅、蜜枨(chéng)、蜜杏、珑缠茶果等。《武林旧事》记载有糖蜜枣儿、瓜蒌煎、糖脆梅、蜜姜豉、蜜枣儿、薄荷蜜、雕花蜜煎、蜜煎山药枣儿、咸酸蜜煎等各式蜜渍果品,仅是名字,就已经让人垂涎欲滴了。其中的咸酸蜜煎,口味复合了咸、酸、甜,应是用盐、蜜等共同加工而成,酸味或来自水果本身,或来自酸味调味品,加工方式应比普通蜜煎复杂。

值得一提的是"雕花蜜煎",与一般蜜饯相比,虽然加工技术相似,但制作工艺复杂,蜜饯上会雕刻各色花样,色味俱全。周密《武林旧事》中记载,南宋绍兴二十一年(1151)十月,宋高宗赵构临幸清河郡王府,款待筵席上就有"雕花蜜煎"十二种,包括"雕花梅球儿、红消花儿、雕花笋、蜜冬瓜鱼儿、雕花红团花、木瓜大段儿、雕花金橘、青梅荷叶儿、雕花姜、蜜笋花儿、

第四章 食物渗透压腌渍

蜜糖煎食物加工壁画·湖北襄阳檀溪墓地 196 号南宋墓
|襄阳市博物馆·藏|
图片出处：徐光冀主编《中国出土壁画全集·北京江苏浙江福建江西湖北广东重庆四川云南西藏卷》

　　壁画上有一长条形几案，上面放置有四个口小腹大的容器，分别写有"□□煎""樱桃前""木瓜""山□煎"题铭。"樱桃前"即为"樱桃煎"。《山家清供》中有记载，是将樱桃用梅水煮后去核，用蜜进行腌渍。其他题铭漫漶不清，但应该也都是水果类的蜜糖渍食物。

雕花梳子、木瓜方花儿"，是在蜜饯上雕刻或直接将蜜饯雕成球儿、鱼儿、团花、荷叶儿、方花儿等各式花样，可以想见当时形味兼得的蜜饯加工工艺和南宋雅致的饮食追求，同时也反映出清河郡王府接待皇室的筵席规格之高。

　　《山家清供》中记载有蜜渍梅花和樱桃煎，前者是在白梅肉和梅花中加入雪水和蜜腌渍而成，后者是将樱桃用梅水煮后去核，用蜜进行腌制。陆游《老学庵笔记》中记载，仲殊长老特别喜欢吃蜜渍食物，豆腐、面筋、牛乳之类，都要"渍蜜食之"，只有苏东坡与他口味相合，其他客人都难以接受。可见，根据个人口味，当时还出现了蜜渍豆腐、蜜渍面筋等特色食物。

　　宋代叶隆礼《契丹国志》记载契丹贺宋朝皇帝生日的礼单中，有"蜜山果十束椴椀，蜜渍山果十束椴"，这里的蜜山果、蜜渍山果都是用蜜腌渍的果品。

看来，在契丹人眼中，山果加工制成的蜜饯是相当珍贵的地方特色食物，被当作国礼馈赠宋朝。

随着蔗糖的普及，元代以后糖渍果品开始盛行，"蜜饯"一词开始出现。元代贾铭《饮食须知》中已经用了"蜜饯"，认为将中药细辛放在盛放蜜饯的容器上，能防止蜜饯引来虫蛇。《居家必用事类全集》中记载了六种"蜜煎"食物的加工方法，包括造蜜煎果子、蜜煎冬瓜法、蜜煎姜法、蜜煎笋法、蜜煎青杏法、蜜煎藕法，还有五种"糖渍"蜜饯法，包括糖脆梅法、糖椒梅法、糖杨梅法、糖煎藕法、糖苏木瓜。《易牙遗意》里记载有糖桔、糖林檎、糖脆梅、糖杨梅、蜜梅、糖姜、荆芥糖、糖煎冬瓜、糖橙等蜜糖渍食品，既有水果，亦有蔬菜（姜、荆芥等），而且对蔗糖的利用已经超过了蜂蜜。

明清时期蜜糖渍食物更加普遍，技术也更加成熟。明代《宋氏养生部》记载的蜜糖渍食物种类之多令人惊叹。书中将蜜糖渍食品分为"蜜煎制"和"糖剂制"两类。其中"蜜煎制"中记载了可蜜渍加工的食物，既有杨梅、橙子、佛手柑、金桔、李子、梅子、枣子、枇杷、樱桃、木瓜、橄榄、桑葚等水果，也有藕、竹笋、茭白、姜、冬瓜、茄、刀豆、豇豆、蘘荷等蔬菜，地黄、商陆、木通、天门冬、天麻、菖蒲等药材也可蜜渍。此外，书中还列举了闽广地区所产的诸如荔枝、龙眼、波罗蜜、人面果、草果等十一种适合蜜渍加工的食物，以及桂花、兰花、玫瑰花、茉莉花、玉兰花、栀子花、荷花等可以蜜渍的花朵。蜜渍的具体方法一般是先对食材进行预处理，包括将食材去皮、切制，用盐腌渍，或用盐水、朴硝汤、盐矾水、石灰水、霜梅水等浸泡，以便杀菌消毒，然后再蜜渍或蜜煮，晒干后再行蜜渍，个别食材还混合用到了白砂糖。

"糖剂制"中主要记载了用赤砂糖制作的多种水果和蔬菜，种类基本与"蜜煎制"中的记载相似，加工方式和工序上也基本相似，都是预处理后进行两次糖渍。其中青梅的加工口味多样，与紫苏叶同渍可以加工成"糖紫苏梅"，与薄荷叶同渍可以加工成"糖薄荷梅"，用盐和赤砂糖同渍可以加工成"糖卤梅"。

第四章　食物渗透压腌渍

　　除此之外，《宋氏养生部》还记载了一种"糖缠"的加工方法，"凡白砂糖一斤，入铜铁铫（yáo）中，加水少许，置炼火上熔化，投以果物和匀，速宜离火，俟其糖性少凝，则每颗碎析之纸间，火焙干"。可见，"糖缠"是将水果放入融化的白砂糖中搅拌均匀，待糖稍微凝固时，颗颗分开，最后再用火焙干。书中记载适合用"糖缠"法加工的有胡桃仁、榛仁、瓜子仁、乌榄仁、杨梅果仁等坚果，类似现在的琥珀核桃仁，还可以用来加工栗子、橙子、大豆、芝麻、紫苏、薄荷叶、姜、桂花等多种食材，种类非常丰富。

宋代赵佶《文会图》（局部）

| 台北故宫博物院·藏 |

　　蜜煎是古人宴席饮酒时常吃的一种下酒小食。《武林旧事》所载宋高宗赵构临幸清河郡王的宴席上，就有"劝酒果子库十番：砌香果子、雕花蜜煎、时新果子、独装巴榄子、咸酸蜜煎、装大金橘小橄榄、独装新椰子、四时四色果、对装拣松番葡萄、对装春藕陈公梨"，既有新鲜水果，也有蜜煎、干果等，说明当时蜜煎是筵席上不可或缺的劝酒食物。

第二节 糖蜜渍

明代《西湖游览志馀》中还记载有"天花摩菇蜜煎""蜜蕈"等菌类蜜渍加工食品。明末还出现了"山楂膏",是将山楂加糖捣烂腌渍而成的,至今仍是人们喜爱的休闲小食。

清代,盛京(今沈阳)内务府设有专职的"蜜户""蜜丁",祖辈从事养蜂、采蜜、渍果工作,并向皇室进贡各种蜂蜜及蜜饯山果。到光绪年间(1875—1908),"蜜红果"仍是皇宫必备的盛京贡品。

《食宪鸿秘》记载了多种果品的加工贮藏方法,橙饼、樱桃干、桃干、糖

蜜饯糖食店铺·清代《杭州四季风俗图》
|上海苏宁艺术馆·藏|

第四章　食物渗透压腌渍

杨梅等都是糖渍加工食品。其中，对桑葚的加工方法是将黑桑葚晒干磨粉，加入蜂蜜制成蜜丸食用；加工嘉庆子（即李子）则是蒸熟晒干后，糖藏、蜜浸、盐腌皆可。清代还有"蜜饯干菜"的做法，是将白菜晒干，用洋糖煮后再次晒干，最后拌蜜装瓶腌渍，相关记载见于《调鼎集》。王士雄在《随息居饮食谱》中这样称赞蜜渍食品："若果饵肴馔，渍制得宜，味皆甘美，洵神品哉！"

中国古代利用蜂蜜、蔗糖等腌渍水果蔬菜，与盐渍法原理类似，是利用蜂蜜、蔗糖溶液所具有的强大渗透压，渗入食物细胞，减少其中的水分，降低水活性，抑制微生物滋生，不仅能有效延长保存期限，还能使水果蔬菜有更甘甜的味道，深受上至皇室、下至百姓的喜爱。在蜜糖渍的技术演进过程中，不仅会充分利用盐、石灰、矾等水溶液预先对食材进行杀菌处理，进一步提高加工品质、延长保存期限，还会充分混合利用多种调味品，创造出甜、咸、酸、脆等不同口感组合，形成了丰富多样的糖蜜渍饮食文化。

蜜渍枇杷

摘黄者，每斤盐一两，矾六钱，同水渍之，同时易水洗，去皮核，蜜煮甜，曝透，以蜜渍。

天仙杨梅（干杨梅）

鲜紫肥杨梅，加赤砂糖、鲜紫苏叶、鲜薄荷叶和一二日，去水。又入糖，日中暴，甜透。

用紫苏薄荷各四两、杨梅一斤、糖一斤，贮瓮内幂之，记取五方日色，移暴干杨梅，甘草汤煮，淡以糖渍。

——明代宋诩《宋氏养生部》

第三节 糟制酒渍

> 得糟还家喜欲舞……
> 食糟却如住百牢。
> ——宋代洪咨夔《食糟行》

《礼记·内则》记载周代"八珍"饮食之一曰"渍","取牛肉必新杀者,薄切之,必绝其理,湛诸美酒,期朝而食之,以醢,若醯(xī)醷(yì)",是用新宰杀的牛,切出薄薄的鲜牛肉片,要横断其纹理,将肉浸泡在好酒中,一天就可以食用了,吃时,蘸肉酱或者醋、梅浆等调味,这就是酒渍生切牛肉。汉代经学家郑玄注释《周礼·天官·冢宰》时指出,制作醢(肉酱)要"杂以梁曲及盐,渍以美酒,涂置瓶中,百日则成矣"。加工肉酱时,也用到了"渍以美酒"的方法,将酒作为腌渍食物的重要原料。利用酒、酒糟来腌渍食物,可以制作出具有独特酒香、味道醇厚浓郁的美食,是中国特色腌制食物。

《楚辞·渔夫》曰:"众人皆醉,何不餔(bū)其糟而歠(chuò)其醨(lí)?"餔糟,就是食用酒糟。糟,是酿酒过程中的副产品,是谷物发酵后残留的渣滓。先秦时期,酿酒过程中谷物发酵得并不彻底,所以酒糟通常会连同酒一起被食用。秦汉时期,随着酿酒技术的进步,谷物的发酵程度和养分提取程度都有很大的提高,人们逐渐不再食用酒糟,但在倡导"物尽其用"的古代,将酒糟直接丢弃太过可惜,人们便开始探索将其用于食物的腌制加工。

第四章　食物渗透压腌渍

北魏《齐民要术·作脾、奥、糟、苞第八十一》记载了当时糟制肉类和蔬菜瓜果的方法。其中,"作糟肉法"指出,一年四季都可以制作糟肉,说明制作糟肉对气候环境要求低,适合常年制作,具体方法是"以水和酒糟,搦之如粥,著盐令咸,内捧炙肉于糟中,著屋下阴地,饮酒食饭,皆炙噉之,暑月得十日不臭",是用水、酒糟和盐调制成粥状预腌料,放入肉条腌制,要将腌制容器放在屋下阴凉处,盛夏时节也可以保存十天不臭,饮酒或吃饭时将腌好的肉条炙烤后食用。

《齐民要术·作菹、藏生菜法第八十八》记载的"藏越瓜法",引自《食经》,是用盐和糟一起腌渍越瓜。除此之外,"瓜菹法"也属于糟制瓜果的方法,书中对制作方法记载得非常详细:"采越瓜,刀子割,摘取,勿令伤皮。盐揩数遍,日曝令皱。先取四月白酒糟盐和,藏之。数日,又过著大酒糟中,盐、蜜、女曲和糟,又藏泥缸中,唯久佳。"这种加工方法,经过两次糟制后,还加入曲,利用发酵腌制技术,能够形成独特的糟腌发酵风味。因味道好,瓜菹在书中还是加工多种菜肴的配菜。书中还强调,一定要保证瓜外皮完好无损,才能进行糟制,否则容易腐烂。《齐民要术》记载的糟制法在后代一直被沿用并不断丰富。

据五代末北宋初陶谷的《清异录》记载,隋炀帝临幸江都,吴地贡献糟蟹,蟹壳上还贴有金镂龙凤花纹。这里的糟蟹,就是一种糟制水产品,贴上金镂龙凤花纹,以示贡品之尊贵。南方的糟制食物被贡献给皇帝,足以说明其味道之鲜美。唐代《岭表录异》记载了一种"糟姜","南人选未开拆者,以盐腌,藏入甜糟中。经冬如琥珀,香辛可重用为脍,无加也",南方人用盐和甜糟来腌制生姜,腌制一整个冬天后,色如琥珀,口味香辛,可以生切食用,无须其他调味就很美味。通过以上记载不难发现,糟制法最早可能产生于中国南方地区,是南方比较有特色的一种食物加工方式。

宋代是糟制食物广为普及的朝代,深受市井百姓欢迎。《梦粱录》和《武林旧事》记载当时街市店铺中售卖有糟羊蹄、糟蟹、糟脆筋、糟鹅、糟琼枝、糟瓜齑、糟黄芽等各色糟制食物,说明在当时是很受欢迎的特色腌制食物。

四川彭州汉代酒肆画像砖拓片
| 中国农业博物馆·藏 |

画面表现了汉代的酒肆,一人当垆卖酒,两人立于店旁,正欲购买,右下角有一人推独轮车,上放羊尊,羊尊存放有酒,羊尊还可见于右上方酒肆旁的货架上,反映了汉代酿酒技术的进步及商品化。酒糟是酿酒过程中的产物,为了物尽其用,人们逐渐开始利用酒糟来腌制食物。

东汉褐釉陶屠夫俑
| 中国农业博物馆·藏 |

第四章 食物渗透压腌渍

西汉南越王墓铜烤炉烹饪示意图

|西汉南越王墓博物馆·藏　王宪明·绘|

　　广州西汉南越王赵眜墓出土了四件大小不一的烤炉,三件为铜质烤炉,一件为滑石质烤炉。铜质烤炉均呈四方形,四边有铺首环装饰,四角微微翘起,可防止食物滑落,烤炉底部微微下凹,便于放置炭火。其中一件(如图)底部有四个带轮轴的足,便于推动平移,设计精巧;还配备了铁钎和铁链,铁钎用于穿插食物以便烧烤,铁链用于钩挂烤炉。经过糟制的肉食,再行炙烤,融合了糟香与焦香,味道更加丰富。

第三节 糟制酒渍

《吴氏中馈录》则记载了当时糟腌食物的详细做法，包括糟猪头蹄爪法、糟腌茄子法、糟腌萝卜方、糟姜方、糟瓜茄等，基本都是用糟和盐共同腌制。书中还指出，糟制食物不能见光，如用灯照，糟制的蟹肉就会疏松发沙，影响口感。梅尧臣在多首诗中记载了一种食物，名曰"糟鲌"，即糟渍鲌鱼，"网登肥且美，糟渍奉庖厨""淮浦霜鳞更腴美，谁怜按酒敌庖羊"，以糟鲌下酒，要比羊肉的味道更好，是作者非常喜爱的食物。

宋代文人对糟制食物，尤其是糟蟹的喜爱，通过流传下来的诗词便可一窥而知。"江乡霜后饱珍肴，万里持来仅带糟""鲜鲫经年渍醽（líng）醁，团脐紫蟹脂填腹""得糟还家喜欲舞，远汲淡煮燃松毛""罢官两夏肉入务，食糟却如住百牢"……这些诗句都记录着当时文人对糟蟹及糟制食物的喜爱，在部分诗词中，还可以看到糟鱼、糟蚶等糟制食物。

除了糟制，宋代还会用酒腌制食物。大量用酒来腌渍食物出现得较晚，虽然《礼记》记载了酒渍生牛肉的做法，但酒在早期是一种珍贵的饮品，不会轻易用来加工食物，酒渍生牛肉也是只有宫廷才能享用的美食。而酒糟作为酿酒的副产品和废弃物，需要及时加以利用，避免浪费，才被用于腌制食物。到了宋代，各种酒的酿制技艺精熟，价格也低廉了许多，人们遂将酒开发利用于加工特色食物。《吴氏中馈录》中记载了酒腌虾法，是用盐、花椒和酒腌制大虾，入瓶密封五至十天即可食用；还记载了醉蟹法，既可以用糟、醋、酒、酱、盐混合腌制，也可以用酒、醋、盐混合腌制，还可以用香油混合酱油来腌制，腌制方法多样。

元代《农桑撮要》提醒农户在十二月不要忘记"收腊糟"，即农家自己制作的干制、糟制食物，说明当时农家自制糟腊食物十分普遍，被作为一项重要农事活动列入月令。《居家必备事类全集》记载有糟瓜菜、糟茄儿、糟姜、糟鱼、糟蟹等糟制食物，以及酒鱼脯、酒蟹等酒渍食物，以及这些食物的制作方法。

明清时期基本继承了前代的糟制酒渍技术，加工种类上有所扩展。明代高濂《遵生八笺·饮馔服食笺》中，不仅引用了《吴氏中馈录》的大部分

第四章　食物渗透压腌渍

糟制酒渍方法，又新增了酒发鱼法，萝卜、茭白、笋、菜、瓜、茄等物的糟制方法。《本草纲目》还指出用酒糟加工食物有"藏物不败，揉物则软"的作用。

清代《食宪鸿秘》中记载了甜糟、香糟、糟油的制作方法，还记载了糟乳腐、糟菜、糟姜、糟茄、糟笋、糟萝卜、暴腌糟鱼、糟鱼、糟蟹、糟鹅蛋、糟火腿、糟鲥鱼、糟地栗等糟制食物，以及醉虾、腌虾、醉蟹、酒鱼、酒发鱼、醉香蕈、醉枣、醉杨梅等酒渍食物的加工方法，其中酒渍法加工的食材种类已经扩展到了枣、杨梅等水果。《养小录》介绍了各式糟油的制作办法，以及糟制肉类蔬果的方法。《调鼎集》中，几乎每一种食材下，都有相应的糟制加工方法，可见糟制加工应用的广泛。

清代《笑林广记》的一则笑话故事中还出现了一种糟制面食，名曰"糟饼"。在"吃糟饼"这则笑话中，主人公因家贫喝不起酒，所以不善饮，每次吃两个糟饼就有了醉意。糟饼的制作方法可以在清代《调鼎集》中看到，"白酒娘滤去水，白面一斤，糯米粉一斗，和匀，候酵发，作饼蒸"，即用面粉、糯米粉和白酒糟混合发酵后蒸制而成的饼，酒味浓郁，所以不善饮的人吃后容易醉酒微醺。

《清嘉录》记载了一种酒渍食物，是用菘菜心和萝卜缨，切成寸段，用盐拌酒渍，放入瓶中，倒置埋入窖中，过冬不坏，俗名"春不老"，可见这种方法腌制的蔬菜保存时间很长，可越冬食用。

酒和酒糟等是食物的天然防腐剂。利用糟制酒渍方法加工食物，既可以充分利用其中所含酒精的杀菌消毒作用，延长食物的保存时间，还能渗入食物细胞内部，增加食物的酒香、糟香，形成更为丰富独特的口感和味道，可用于加工各种肉类制品、水产品、蔬菜瓜果，乃至面食，是中国传统腌制技术中的重要方法之一。糟制酒渍加工技术最初在南方地区较为盛行，后来成为南北方都喜爱的特色酒香美食。

糟萝葡荬白笋菜瓜茄等物

用石灰白矾煎汤冷定，将前物浸一伏时，将酒滚热，泡糟入盐。又入铜钱一二文，量糟多少，加入腌十日取起，另换好糟，入盐酒拌入坛内，收贮箬扎泥封。

酒腌虾法

用大虾不见水洗，剪去须尾，每斤用盐五钱，淹半日，沥干入瓶中，虾一层放椒三十粒，以椒多为妙。或用椒拌虾，装入瓶中亦妙。装完每斤用盐三两，好酒化开，浇入瓶内。封好泥头。春秋五七日即好吃，冬月十日方好。

——明代高濂《遵生八笺·饮馔服食笺》

第四节 醋渍

> 带醋香醒鼻,和糟味滑咽。
>
> ——宋代曾丰《丁未仲春思乡味会之乐简寄董伯虎》

《周礼》记载有"醯人",是掌管周王室饮食及祭祀宴享所需醯制食物的职官。醯,学者们一般认为是最早的"醋"。醋自古就是常用的酸味调味品,也被称为"酢(cù)""苦酒"。醯人主要负责酸味食物的供应,其中包括醋渍食物,就是用醋调和味道以及腌渍的食物。醯物一般都有汤汁,所以被盛放在食器豆中,用于祭祀或筵席之上。

北魏《齐民要术》记载了很多用"苦酒"腌渍的食物。其中,引《食经》"藏蘘荷法"就用到了醋渍的方法,加工过程相当复杂:

> 蘘荷一石,洗,渍。以苦酒六斗,盛铜盆中,著火上,使小沸。以蘘荷稍稍投之,小萎便出,著席上令冷。下苦酒三斗,以三升盐著中。干梅三升,使蘘荷一行。以盐酢浇上,绵覆罂(yīng)口。二十日便可食矣。

可见醋渍法是将蘘荷放入煮沸的苦酒中焯过,然后摊在席子上晾凉,再用苦酒、盐煮成汤汁,将蘘荷和梅干码放在罂(小口大腹的陶罐)中,浇上盐酢

第四节 醋渍

汁腌渍，二十日就可以食用了。这段记载中"苦酒""酢"兼用，可见二者在当时基本通用。这种贮藏蘘荷的方法，就是用醋腌渍以达到延长保存期限的目的。其中，醋的用量很大，被用来先煮后浸泡，腌渍的过程中还会加入梅干，梅干也是酸味的，想必这种醋渍蘘荷十分酸爽开胃。

《齐民要术》还记载了多种腌渍梨的方法，曰"梨菹法"，其中一种快速加工的方法就是将梨切成薄片，用苦酒和开水混合成汁，待温热后，浇于梨片之上，就可以了，是一种速成的醋渍梨片。书中还记载了木瓜可用苦酒、豉汁、蜜混合腌渍；笋、蒲等蔬菜煮后用苦酒浸泡，味道很好，可以下酒佐餐；蕨用苦酒浸泡，味美清脆，都是当时人们利用醋腌渍蔬果的方法。

唐代《龙城录》中记载，著名谏臣魏征喜欢吃"醋芹"，应该就是一种用醋腌渍的爽口芹菜。宋代《梦粱录》记载当时"酒肆"所卖下酒菜中有醋赤蟹、枨醋洗手蟹、五辣醋蚶子、五辣醋羊、醋鲞等利用醋加工的食品。可见，醋渍食物是宋人饮酒时常备的吃食。《武林旧事》记有醋姜、姜醋生螺、姜醋假公权等醋渍食物，其中后两种出现于宋高宗赵构临幸清河郡王府的筵席上，是劝酒菜品中的两种，说明醋渍食品还会出现在高规格的宫廷筵席中用以下酒佐餐。时至今日，人们依然喜欢用醋渍食品作为下酒菜，看来这一饮食习惯，古已有之。

宋代食谱《吴氏中馈录》记载了蒜菜、蒜瓜、糖醋茄、蒜冬瓜等以醋为主要调味品的腌渍食物，其方法被后世许多食谱类文献转载引用。加工过程中对醋的使用，基本都是先将醋煎滚开后加入相应食材进行腌渍，可见当时醋渍食物讲求先对醋进行加热处理后再行腌渍，与《齐民要术》"藏蘘荷法"中用煮过的醋类似，这种方法还一直影响着后世的醋渍加工方法。

元代，见于食谱记载的醋渍食物也有很多。除了《吴氏中馈录》中已见过的一些醋渍食物，《居家必用事类全集》中还新增了食香瓜儿、食香茄儿、食香萝卜、造醋姜法、蒜茄儿法、蒜黄瓜法等醋渍食物。

明代《宋氏养生部》中专有一节记载"醋浸"的蔬菜加工方法，主要方法是"先入罂，用白米醋同甘草作沸汤，俟寒，调炒盐注入之"，将食材放入

蔡侯申豆·安徽寿县春秋时期蔡昭侯墓出土

| 中国国家博物馆·藏　王宪明·绘 |

"豆"与"笾"是《周礼》中记载的重要食器，主要用于在祭祀和宴享等重要场合中盛放食物，均为高脚盘样式。图中是安徽寿县蔡昭侯墓出土的青铜豆，主要用于盛放带有液体的食物。"笾"的形制与"豆"相似，主要用于盛放干制食物，材质为竹子。

双领罂·浙江衢州龙游城东西汉李未墓出土

| 浙江龙游县博物馆·藏 |

图中陶器为双领罂，与现在的泡菜坛子形制一样，口沿为双领，可在其间注水，盖上盖后，能阻隔内外空气，造成密封环境，抑制细菌滋生，同时还能为制作泡菜所需要的乳酸菌提供最佳生长环境，是中国传统腌制食物的主要容器之一。这种双领罂在原始社会就已经出现，广东博罗梅花墩春秋窑址中也出土了残件。在汉代，尤其是东汉墓葬中发现较多，可见在汉代已经十分盛行，一直沿用至今。《齐民要术》所载醋渍蘘荷，应该就是放于此类容器中进行腌渍的。

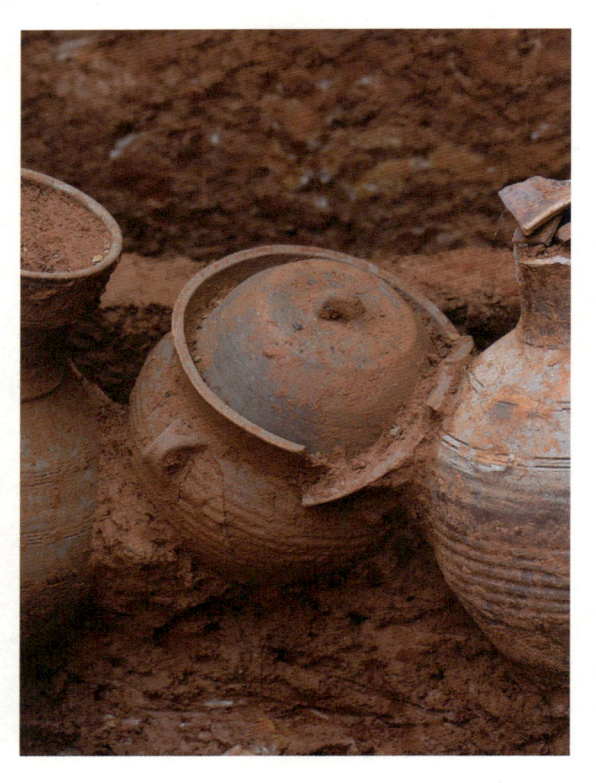

容器罂中，白米醋和甘草煮开放凉后，加入炒盐，调和均匀后，注入容器中腌渍。书中列举了十八种可以醋浸的食材，包括新葡萄、新枣、樱桃、李子、梅子、桃子等水果，也包括鲜竹笋、新大豆、新姜、胡萝卜、白菜头、菜薹、丝瓜、茄子、芹菜等蔬菜，还可用于加工豆腐、面筋、紫藤花、金雀花、花椒芽干、香椿芽干等，可见醋渍加工食物的方法在明代应用得相当广泛。书中还记载了"糖醋"制法，主要方法是将食材切好后，先用盐腌渍一宿，再用浓醋熬煮红糖，制成糖醋汁，晾凉后放入容器中腌渍，有的食材还需要用盐渍一宿后，先用淡醋煮沸，再用浓醋和红糖熬成的汁腌渍。适合"糖醋"腌渍的食材有鲜竹笋、银条花（藕下发嫩长条，应为"藕带"）、茭白、天茄、黄瓜、嫩蒜头、菜薹、白萝卜等，种类多样。

《遵生八笺·饮食服饰笺》里记载的糖醋瓜、糖醋茄、蒜菜、蒜冬瓜、食香萝卜等醋渍类食物都是宋元传承下来的方法。如"糖醋茄"的加工方法与《吴氏中馈录》的记载完全一致，是将新嫩茄子切成三角块，焯水后挤干水分，再用盐腌渍一宿后晒干，加入姜丝、紫苏拌匀，放入缸中，加入煎煮过的糖醋汁腌渍而成。糖醋瓜的加工方法配料较为复杂，是将瓜切块，用盐腌渍去水后，在烈日下晒至半干，好醋中加入橘皮丝、姜丝、花椒皮、炒盐一同煎煮，再按比例加入砂糖，将瓜、姜、花椒等放入调味糖醋汁进行腌渍，味道想必十分浓郁。

清代基本延续了前代的醋渍、糖醋渍制法，并略有改进。《食宪鸿秘》中记载有醋菜、姜醋白菜、醋姜、香萝卜等醋渍菜肴。其中醋菜的加工方法主要是将菜晒软后，加入茴香、花椒，直接用醋腌渍，不同于前代用煮沸过的醋进行腌渍的方法，可用于加工各种蔬菜。《调鼎集》记载有醋姜、酸笋、酸干菜、酸菜、姜醋白菜等多种用醋腌渍的食物，以及"糖醋"做法，可用于加工蒜、蒜苗白、萝卜、韭菜、芹菜、茭白等多种食材。其中"酸菜"指的是用醋腌渍的酸菜，而不是我们今天通常所说的发酵"酸菜"。

用醋腌渍食物，优点很多。醋有杀菌消毒的作用，能够有效延长腌渍食物的保存期限；还能渗入食物细胞内部，减轻食材中的腥膻等异味，增进人们的

第四章　食物渗透压腌渍

食欲。宋代曾丰有"带醋香醒鼻，和糟味滑咽"的诗句，称赞的正是醋渍食物的浓郁香味和糟制食品的味道醇滑。所以，醋渍食物在古代一直受到人们的喜爱，并传承延续至今，是日常开胃解腻、佐餐下酒的必备菜肴。

一、

醋菜

　　黄芽菜，去叶，晒软。摊开菜心，更晒内外俱软。用炒盐叠一二日，晾干，入坛。一层菜，一层茴香、椒末，按实。用醋灌满。三四十日可用（醋亦不必甚酽者）。各菜俱可做。

——清代朱彝尊《食宪鸿秘》

糖醋茄

　　取新嫩茄切三角块，沸汤漉过，布包榨干，盐淹一宿。晒干，用姜丝、紫苏拌匀，煎滚糖醋泼浸，收入瓷器内。瓜同此法。

——南宋《吴氏中馈录》

第五章 食物脱水干制

暴干及为脯,拳曲猥毛缩。

——宋代辛弃疾《萎蒿宜作河豚羹》

在古代,干制是简便易行的食物加工方式,产生既早,应用亦广,沿袭甚久,既可直接阴干、晒干、熏干、焙干,亦可先用调味品加工后再行干制加工,还被用作多种食物加工前的预处理,是食物加工的重要方式之一。

水分是细菌等微生物生存繁衍的必要条件,干制能最大限度地减少食物中的水分,阻断微生物滋生繁衍,有效延长食物的保存时间。同时,干制不仅基本保留了食物中的主要营养成分,还能在加工过程中创造出不一样的独特风味,口感也多有变化,或酥脆、或韧实、或软弹,使人们能品尝更为丰富的美食,平添了多样的生活趣味。

第一节 畜禽肉类

> 畋猎得封兽,割鲜为腶脩。
> 易生非爱日,不败任经秋。
> ——宋代梅尧臣《腊脯》

《论语·述而》载孔子曰:"自行束脩以上,吾未尝无诲焉。""束脩"即一小捆干肉,孔子认为,只要主动带一小捆干肉作为见面礼的人,他就会给予教导。如此说来,一小捆干肉也可以算作是孔子收学生的学费了,这在当时是很薄的一种见面礼,既说明了孔子不在乎学生的贫富,"有教无类",一视同仁,也说明当时畜禽肉类干制技术的应用相当普遍,一般家庭都会利用干制的方法加工肉类。

肉类干制是保存鲜肉的重要方法之一,能为人们提供持续不断的蛋白质营养。干制后产生的风味变化,也丰富了古代的肉制品加工食用文化。

《周礼·天官·冢宰》记载有"腊人"之职,"掌干肉,凡田兽之脯腊膴(wǔ)胖之事"。腊人掌管着宫廷所需各种干肉的制作、烹饪,包括不加姜桂用盐干制的"脯"、切成小块使其全干的"腊"、大块无骨干肉"膴"、动物直接切成两半制成的干肉"胖"等,用于宫廷膳食、宴请和祭祀活动。唐代贾公彦疏曰"加姜桂锻治者谓之脩",就是孔子所说的"脩",被认为是加了姜、桂调味的肉干。由此可见,当时对干制肉类还进行了比较细致的划分,且已经不

第五章　食物脱水干制

"牛脯笥""鹿脯笥""肮脯笥"木牌·湖南长沙马王堆1号汉墓出土

|湖南省博物馆·藏　王宪明·绘|

是简单的干制脱水，还会用姜、桂、椒、盐等调料腌制加工后再进行干制，从而形成不同风味的肉干。

《四民月令》记载有十月"作腊脯，以供腊祀"，可见，汉代腊脯等干制肉是祭祀活动的重要食品。洛阳烧沟汉墓出土的陶敦上题有"鸡脯万斤[①]"，应是盛干制鸡肉的容器。马王堆1号汉墓出土了很多竹笥，并附有标明所盛物品的木牌，其中可见"牛脯笥""鹿脯笥""肮（ruǎn）脯笥"等字样，盛放的应是干制牛肉、鹿肉等。其中"肮脯"比较特殊，《说文解字》曰"肮，胃脯也"，是一种用动物的内脏"胃"干制而成的脯。《史记·货殖列传》记载浊氏因贩卖胃脯而致富，晋灼索引曰："太官常以十月作沸汤燖（xún）羊胃，以末椒姜粉之讫，暴使燥，则谓之脯，故易售而致富"，是将羊胃煮烂，加椒姜粉末调和后晒干制成。胃脯在当时应该是非常畅销的干肉制品，所以从事售卖的人可凭此发家致富。墓葬出土的竹简记录了所有的随葬品清单，除上述三种，还可见"昔羊""昔兔"等随葬品，应该是羊腊、兔腊。古人"事死如事生"的丧葬观念及习俗，反映在古人墓葬中，就是随葬大量生前生活中重要、常见的生活物品，向我们展示了汉代干制肉在日常生活中的普遍食用，这在《居延汉简》中也能得到印证。

---

① 根据闵宗殿《中国古代农业通史·附录卷》，汉代一斤约为现在的250克。

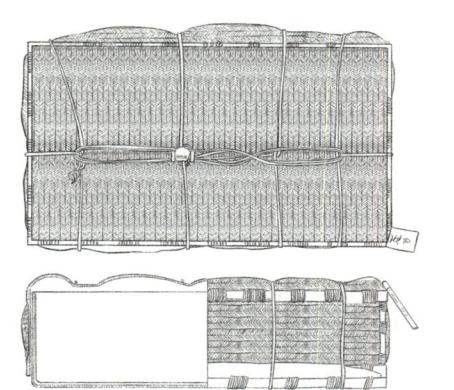

装盛肉脯的竹笥线描图·湖南长沙马王堆1号汉墓出土

|湖南省博物馆·藏　王宪明·绘|

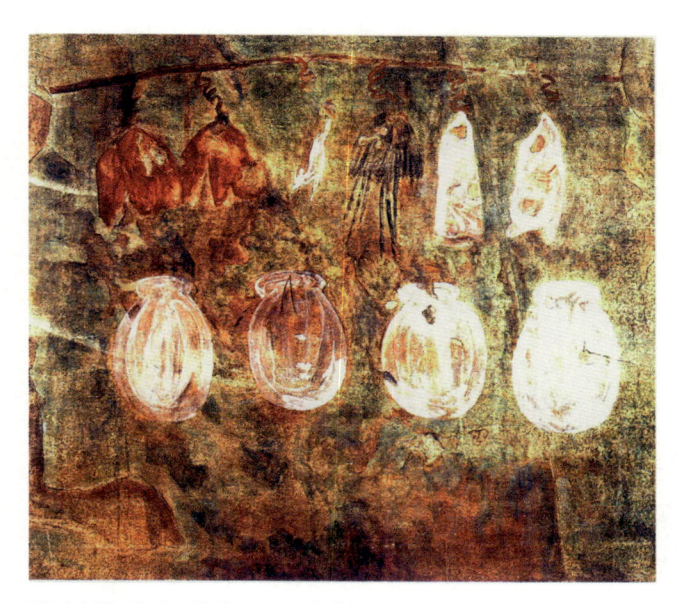

腊脯制作壁画（摹本）·辽宁省辽阳汉魏墓葬

|辽宁省博物馆·藏|

图片出处：徐光冀主编《中国出土壁画全集·辽宁吉林黑龙江卷》

画面中，横杆上挂有肉块、雉、野兔、内脏等，应是在进行晾晒干制加工。下方陶罐当是用来接取干制过程中流下来的油脂等。

西汉南越王墓铜挂钩使用示意图

|王宪明参考西汉南越王墓博物馆陈列·绘|

悬挂晾晒是干制加工的基本方法之一。经学者研究，西汉南越王墓出土的铜挂钩应是用于悬挂食材的工具，可对食物进行干制加工。

第五章　食物脱水干制

《居延汉简》有"煮鸡腊"的简文记载，指的是干鸡肉在食用前需要先用水煮；还有"野羊腊"和"买牛肉百斤治脯"的简文记载，一次购买一百斤牛肉用来制作脯，可见当时加工能力已经很强了。晋代陆机《洛阳记》记载，洛阳以北三十里有"干脯山"，因"于上暴肉"而得名，应该是一处大型肉类干制加工场所。

北魏《齐民要术·腊脯第七十五》记载了多种口味的腊脯制作方法，如五味脯法、度夏白脯法、甜脆脯法、鳢（lǐ）鱼脯法、五味腊法、脆腊法等，不仅使用椒、姜、橘皮、豉、盐等多种调味品，加工工序也非常复杂，会综合利用曝晒、阴干、火焙等多种干制方法。

以五味脯法为例，其加工方法分为三步：一是制作腌制料汁。将牛羊骨敲碎煮汁，加入豆豉制成豉汁，冷却后加入盐、葱白、椒末、姜末、橘皮末等调味品调制而成；二是将肉腌制入味。将肉放入腌制料汁中浸泡，用手揉搓使肉充分吸收料汁，片状肉腌制三宿，条状肉较厚，需要腌制更长的时间，尝后入味即可取出；三是晾干收储。肉用细绳穿好，悬挂在屋北阴凉檐下晾干，制成后要收储在干净的贮藏室中，用纸袋套好悬挂存放。整个制作过程科学合理。

宋辽时期，辽国对干制肉类特别推崇，不仅是招待宋朝来使的宴请菜肴，祭祀天地的祭品，还会将其作为国礼赠送邻国。宋代路振在《乘轺录》中记载，他出使辽国时，欢迎宴席上就有"牛、鹿、雁、鹜（wù）、熊、貉之肉为腊肉，割之令方正，杂置大盘中"，种类丰富。《辽史·道宗纪五》记载大安五年（1089）秋九月、大安八年（1092）冬十月，辽国曾两次"遣使遗宋鹿脯"，给宋馈赠鹿脯为礼。张舜民《画墁录》记载，南宋使臣出使契丹，被"密赐羊矺十枚"，羊矺就是羊肉干。

宋代还出现了"肉松"，陈元靓《事林广记》记载有"肉珑松"，"猪羊牛精肉，切如指块，用酒、醋、水、盐、椒、马芹同煮熟，去汁，烂研，焙燥，要如茸丝，不许成屑末。鸡白肉、干虾尤佳"，基本跟现在的肉松差不多，也是一种干制肉类，而且加工食材也非常丰富，猪肉、羊肉、牛肉、鸡肉、虾等都能制作成肉松。到了清代,"肉松"味道有所变化,主要用酱油、酒、糖等调味,将肉煮至极烂后火焙成皮烟丝状即成,加工工艺精良,《中馈录》对其制作方法有详细记载。

明清时期也延续了对干制肉类的制作和食用。明代的《宋氏养生部》记载有火猪肉、风猪肉两种干制品。火猪肉是先加盐揉搓腌制,再用重石压制八至十日,用煮好的石灰汤洗净后,悬挂在风中,烟熏干燥制成。风猪肉的制法与火猪肉的类似,其中清洗环节是用醋清洗,而非石灰汤,洗后还会用醋压渍四至五日,再进行二次风干。清代《随园食单》记载"尹文端公家风肉"制作精良,"常以进贡",可见其味道极好。"香肠"也出现于清代,是将猪肉用各种调味料加工后灌入猪肠内,再行干制的一种肉制品。

对畜禽肉类进行干制加工,可以脱去鲜肉中的水分,减少微生物滋生,延长肉类的保存期限,为人们提供蛋白质营养和美食享受。这种方法一直被人们使用,延续了约三千年。时至今日,干制肉食依然是人们喜欢食用的肉制品之一。

尹文端公家风肉

杀猪一口,斩成八块,每块炒盐四钱,细细揉擦,使之无微不到。然后高挂有风无日处。偶有虫蚀,以香油涂之。夏日取用,先放水中泡一宵,再煮,水亦不可太少,以盖肉面为度。削片时,用快刀横切,不可顺肉丝而斩也。此物惟尹府至精,常以进贡。今徐州风肉不及,亦不知何故。

——清代袁枚《随园食单》

第五章　食物脱水干制

制肉松法

　　法以豚肩上肉瘦多肥少者，切成长方块，加好酱油、绍酒，红烧至烂，加白糖收卤。再将肥肉捡去，略加水，再用小火熬至极烂极化，卤汁全收入肉内。用箸搅融成丝，旋搅旋熬，迨收至极干至无卤时，再分成数锅，用文火以锅铲揉炒，泥散成丝，焙至干脆如皮丝烟形式，则得之矣。

——清代曾懿《中馈录》

第二节 水产品

> 鲞枯庖海物，豆乳买邻家。
> ——宋代方回《刘元煇来三首（其三）》

《礼记·内则》这样记载周王室一年四季的肉食食谱，"春宜羔豚，膳膏芗（xiāng）；夏宜腒（jū）鱐（sù），膳膏臊；秋宜犊麛（mí），膳膏腥；冬宜鲜羽，膳膏膻"，认为春季适宜食用小羊、小猪，夏季适宜食用干制鸟肉、鱼肉，秋季适宜食用小牛、小鹿，冬季适宜于食用鲜鱼、鲜禽。其中，鱐就是干鱼肉。水产品干制也是干制肉类的一种，主要以水产品为加工对象，起源甚早。

春秋战国时期已经出现了售卖干鱼的商铺，说明当时干鱼制作及售卖已经开始市场化了。《庄子·杂篇·外物》的一则故事里，一条求救的大鱼说："我得升斗之水然活耳，君乃言此，曾不知早索我于枯鱼之肆。"枯鱼就是干鱼，枯鱼之肆就是卖干鱼的店铺。

北魏《齐民要术·脯腊第七十五》记载有"作鳢鱼脯法"，"十一月初至十二月末作之。不鳞不破，直以杖刺口中，令到尾。作咸汤，令极咸，多下姜椒末，灌鱼口，以满为度。竹杖穿眼，十个一贯，口向上，于屋北檐下悬之。经冬令瘃（zhú）。至二月三月，鱼成"，是鱼不去鳞、不去内脏，用盐和姜椒末制成的咸汤灌入口中腌制，十个一串，用竹竿穿起，挂于北边屋檐下阴干，

第五章　食物脱水干制

战国时期干制咸鳊鱼·湖北荆州楚墓出土
|湖北省博物馆·藏|

汉代绿釉陶鱼塘
|中国农业博物馆·藏|

经过寒冬霜冻，历时三至五个月制成鱼干。书中还记载了详细的食用方法，既可以去除内脏，用酸醋浸泡后直接食用，也可以用草泥裹好后用带火的炉膛灰烤制食用，"白如珂雪，味又绝伦，过酒下饭，极是珍美也"。同时期，南方地区制作鱼干更是相当普遍，以至于被当地人视为一种贫寒人家食用之物。《梁书·列传·良吏传》载，何远"每食不过干鱼数片而已"。《陈书》有官吏沈众，因贫寒"携干鱼蔬饭独唉之"，而引起其他官吏的嘲笑。

唐代出现了一种干鱼鲙，是将大鱼切成丝，晒干制成。《太平御览·卷八四三·饮食部》引杜宝《大业拾遗记》详细记录了这种干鱼鲙的制作方法，

销售各式干制肉制品的店铺·清代徐扬《姑苏繁华图》
|辽宁省博物馆·藏|

图中沿街可见"白鲞银鱼老店""宁波淡鲞"的店铺，售卖的是干制鱼类；"南河腌肉""胶州腌猪老行""南京板鸭"的店铺，售卖的也都是干制畜禽肉类。

第五章 食物脱水干制

将海鳅鱼去皮骨，切成条，晒三四天至极干，放入新瓷瓶中密封存放。食用时取出，用新布包裹后放入水中浸泡三刻（相当于四十五分钟）就可以食用了，是江南吴郡向朝廷进奉的贡品。民国时期《渤海国记》中记载，唐玄宗开元二十六年（738），渤海人"贡献干文鱼一百口于唐"，说明"干文鱼"是渤海国的土贡。

宋元时期，随着海洋捕捞和滩涂养殖的发展，各种干制海货日渐丰富。据《梦粱录》记载，南宋临安有各式各样的水产腊脯类菜肴，包括野味腊、海腊、银鱼脯、白鱼干、金鱼干、梅鱼干、鲚鱼干、银鱼干、鱼干、银鱼脯、紫鱼螺脯丝等"脯腊从食"。《武林旧事》中亦有相关记载。梅尧臣作有《黄国博遗银鱼干二百枚》一诗，记得正是别人赠予自己二百枚银鱼干的事情，诗中说银鱼干"干若会稽笋，色比荆州银"，外形像会稽地区的笋干，色泽银亮。元代地方志《至正四明续志》中记载石首鱼"破脊而枯者曰鲞，全其鱼而淹曝者谓之郎君鲞"，比目鱼"曝干为鯝"，鲚（jì）鱼"夏初曝干，可以致远，又可为鲊，其子干曝，名寸金鲭子"，说明当时这样制成的鱼干和鱼籽干，可以经年不坏，运销各地。

明清时期，对水产制品的干制加工更加丰富。银鱼干是吴江地区的特产，明代莫旦《吴江志》载："（银鱼干）可致远，鱼中珍品也。过客必争购之。"清代《清稗类钞》记载了一种"淡菜"，"蚌属也，以曝干时不加盐，故名"，可见是用贝类直接晒干制成的干制品，因干制时不加盐而得名。清同治时期的《苏州府志》记载了用太湖地区鲚鱼（鲚鱼）加工制成的干制品，"四五月，取其子曝干名螳螂子，土人以为珍品，小者曰黄尾鲚，盐晒为鲊，可致远，名鲭子"，其鱼子干制后叫"螳螂子"，小鱼叫"黄尾鲚"，干制或制成鲊可以保存很长时间，运输至远方。

与畜禽相比，水产鱼鲜更不容易保存，极易死亡、腐坏。在古代冰鲜保存能力有限的情况下，干制是加工水产品的重要方式。干制水产品可以长期存放，远距离贩运，能够满足不同地区人们享受特色水产品的需求。

干鱼脍

当五六月，盛热之日，于海取得鮸鱼。其鱼大者长四五尺[1]，鳞细，紫色，无细骨，不腥。捕得之，即去其皮骨，取其精肉，缕切随成，晒三四日，须极干。以新白瓷瓶未经水者盛之，密封泥，勿令风入。经五六十日，不异新者。

——宋代李昉《太平御览》

---

[1] 根据闵宗殿《中国古代农业通史·附录卷》，宋代一尺约为现在的 31.2 克。

第三节 蔬菜

> 南山春笋多，万里行枯腊。
> ——宋代朱熹
> 《次刘秀野蔬食十三诗韵·笋脯》

汉代崔寔《四民月令》里就有"九月，作葵菹、干葵"的记载，干葵就是晒制的葵菜干。《释名·释饮食》中记载了用瓠瓜制作"瓠脯"，可以"积蓄以待冬月时用之"。这说明，干制技术在古代蔬菜加工中也是常用方法之一。

《齐民要术》记载了多种蔬菜干制方法，大抵都是放在通风阴凉处阴干或置于太阳下曝晒晾干。如干制蔓菁（萝卜）法，"拟作干菜及酿菹者，割讫则寻手择治而辫之，勿待萎（萎而后辫则烂）。挂著屋下阴中风凉处，勿令烟熏（烟熏则苦）。燥则上在厨积置以苫（shàn）之（积时宜候天阴润，不尔多碎折。久不积苫则涩也）"，是将蔓菁（大头菜）采摘后扎成辫子状挂在屋下阴凉通风处晾干，其间要防止烟熏，不然菜会发苦。收储时要用苫布覆盖，还要选择湿度大的阴天收储，否则干菜容易折碎，可见干制蔬菜的脱水程度很高，菜叶松脆易碎。除蔓菁外，蒜、蜀芥、兰香等都可以进行干制加工。

宋代文人诗句中常见一种笋脯，也是用干制法加工而成。竹笋鲜美，但需要及时采摘食用，以防根部纤维化，口感变差，食用不完的竹笋要想保存，可以制成笋脯。朱熹在《笋脯》诗中曰"南山竹笋多，万里行枯腊"。张孝祥还

蔓菁第十八

爾雅曰蕦葑蓯注江東呼爲蕪菁或爲菘菘蕦郭音相近蕦郎蕪菁苗也乃齊魯家政法曰正月種葵

崔寔曰正月可作畦種瓜瓠葵芥䪥大小葱蒜苜蓿及雜蒜亦可種此二物皆不如秋六月六日可種葵中伏後可種冬葵九月作葵菹乾葵

六月中穊種菉豆至七月八月犁掩殺之如以糞糞田則良美與糞不殊又省功力田犁不及者可作畦以種諸菜

則尋手擇治而辨之勿待萎萎則欄折挂著屋下陰中涼處勿令煙薰苦薰則煙燥則苦不爾多春夏畦種供食者與畦葵法同剪訖更種從春至秋得三輩常供好菹取根者用大小麥底六月中種十月將凍耕出之一畝可得數車又多種蕪菁法近市良田一頃七月初種之六月種者根雖麁大葉復蟲食七月初種根葉俱得羸小者葉雖膏潤根復細小擬賣者純種九英九英者葉雖麁大雖堪舉根細隹味不美欲自食者須種細根者一頃取葉三十載正月

二月賣作虀菹三載得一奴收根依法一頃收二百載二十載得一婢細剉和莖飼牛羊全肥抑豬并得充肥亞於大豆耳一頃收子二百石輸與壓油家三量成米此爲收粟米六百石亦勝穀田十頃是故漢桓帝詔曰橫水爲災五穀不登令所傷郡國皆種蕪菁以助民食然此可以度凶年救饑饉若值凶年一頃乃活百人耳

蒸乾蕪菁根法 作湯淨洗蕪菁根漉著一斛甕子中以葦荻塞甕裹以蓆口合

云廣志曰蕪菁有紫花者白花者

種不求多唯須良地故墟新糞壞牆垣乃佳故墟糞者以灰爲糞正厚一寸灰多則燥不生也耕地欲熟宜加糞往復勻蓋七月初種之一畝用子三升從處暑至八月白露節皆得當漫散而勞種不用濕堅葉焦生不鋤九月末收葉晚收則黃落仍留根取者十月中犁麤𤛑耕起壟反土也蕪菁根者料理如常法擬作乾菜及藏者蕪菁一好葉擬其葅者葅法列後條

實不繁也其葉作葅者乾荼及藏人丈葅者第

在《张钦夫送笋脯与方俱来复作》诗中称赞张钦夫家的笋脯比肉好吃,又作诗《张钦夫笋脯甚佳秘其方不以示人戏遣此诗》,调侃其笋脯制作方法秘不示人,只求多多馈赠给自己。清代王士禛《香祖笔记》中说越中笋脯"俗名素火腿,食之有肉味,甚腴",也是盛赞笋脯的美味。

元代《王祯农书》记载了干制菠薐(菠菜)和莙荙菜(叶用甜菜),菠薐"至春暮茎叶老时,用沸汤掠过,晒干,以备园枯时食用,甚佳",莙荙菜"或作菜干,无不可也"。

菌类干制最早可能出现于魏晋南北朝时期,《齐民要术》记载了如何加工一种名叫"地鸡"的菌,"其多取欲经冬者,收取盐汁洗去土,蒸令气馏,下著屋北阴干之",是将菌用盐洗净后,上火蒸制,阴干保存。《本草纲目》引南朝梁《名医别录》载,木耳"生犍为山谷,六月多雨时采,即曝干",即干制木耳。香菇在古代名为"香蕈",宋代《菌谱》记载山民采获后会干制出售。清代《养小录》记载了一种香菇粉,名曰"香蕈粉",将香菇"或晒或烘,磨粉,入馔内,其汤最鲜",是在干制的基础上又磨成粉末,以备烹饪食用,能使汤的味道鲜美,颇似现在的菌菇粉调料。同书中还可见笋粉、藕粉等干制食物加工技术。时至今日,干制也还是菌类的主要加工方式。

古代蔬菜生产的季节性强,尤其是北方地区,严冬之际基本没有蔬菜供应。干制蔬菜能最大限度地延长蔬菜的保存时间,在没有新鲜蔬菜供应的时候,为人们提供膳食纤维、矿物质与维生素等营养。

笋粉

鲜笋老头差嫩者,以药刀切作极薄片,筛内晒干极,磨粉收贮。或调汤,或顿蛋,或拌肉内,供于无笋时,何其妙也。

——清代顾仲《养小录》

第四节 水果

> 果脯随分列，不减到家味。
> ——宋代黄庶《辇下会里人子蒙饮》

汉代《释名·释饮食》中记载了"柰脯"，是将柰（一种李子）切成片晒干制成，说明当时已经用干制技术加工水果了。果干一般利用自然干燥或火焙干燥加工而成，古时也称为"果脯"。

秦汉时期还出现了利用干制技术加工的果油（果泥）。《释名·释饮食》记载有柰油、杏油，是将柰、杏果肉捣烂后涂于缯（古代对丝织品的统称）上，晒制后得到柰油、杏油，应该类似于我们今天所说的"枣泥"。《齐民要术》记载有"枣油"。唐代李德裕《述梦诗四十韵》中有"麝气随兰泽，霜华入杏膏"的诗句，"杏膏"应该就是《释名·释饮食》中提到的杏油。

《齐民要术》中记载了用盐腌制后曝晒干制白李、白梅，烟熏干乌梅，以及火焙干燥柿子来脱涩的加工方法。其中还有"晒枣法"，是在干净的地面上，用椽架支起簾箔，将枣放在上面晾晒五六日后，再上高架晾晒。书中还有当时人们制作葡萄干的方法，是在葡萄中拌入一些蜂蜜和动物脂肪，煮开后捞出阴干而成，与现在新疆地区晾房直接晾晒葡萄干的加工方法有所不同。可见，魏晋南北朝时期，干制法在果品加工中的运用相当普遍，加工方法多样，加工品

第五章　食物脱水干制

奉果侍女壁画·陕西富平房陵大长公主唐墓

|陕西历史博物馆·藏|

图片出处：徐光冀主编《中国出土壁画全集·陕西卷下》

柿饼加工场景图

|王宪明·绘|

种也很丰富。

《新唐书·地理志》记载，唐代西州地区（今新疆吐鲁番地区）给朝廷的土贡中，有酒、浆、煎、皱、干等"蒲萄五种"，其中"干"，就是葡萄干。《王祯农书》引西晋郭义恭《广志》记载，"张掖有白奈，酒泉有赤奈，西方例多奈，家以为脯，数十百斛以为蓄积，如收藏枣栗"，可见当时张掖地区家家户户都会加工大量的奈脯，就像收藏枣栗一样存放，以备长期食用。

魏晋南北朝时期还出现了一种果粉，名曰"麨（chǎo）"。"麨"原本是指米、麦炒熟后研磨成的粉末，古人当作干粮食用。水果干制而成的粉末与之类似，所以也称为"麨"。《齐民要术》记载有作酸枣麨法、作杏李麨法、作奈麨法、作林檎麨法，可见酸枣、杏、李、奈、林檎等多种水果都可以加工成

215

第五章　食物脱水干制

"麨",是将果肉研磨、捣烂,取其汁,晒干后即成果粉,也是一种干制技术。这类果粉可以"和水为浆",制作成饮品,也可以与米麨等相拌食用,用来提升米粉的口味。

《世说新语·纰漏第三十四》记载王敦娶晋武帝之女舞阳公主为妻,因将如厕时用于塞鼻祛味的"干枣"吃了,而被公主的侍婢们嘲笑。《太平御览》引《赵录》曰,石虎喜欢吃用干枣和胡桃瓤为馅儿的蒸饼,可见干枣在魏晋南北朝时期十分盛行。

宋代《东京梦华录》描绘的东京汴梁(今河南开封)街头,"有托小盘卖干果子"的,书中所列各式果品达四十多种,包括"旋炒银杏、栗子、河北鹅梨、梨条、梨干、梨肉、胶枣、枣圈、梨圈、桃圈、核桃、肉牙枣、海红、嘉庆子、林檎旋、乌李、李子旋、樱桃煎、西京雪梨、尖梨、甘棠梨、凤栖梨、镇府浊梨、河阴石榴、河阳查子、查条、沙苑温桲、回马孛萄……橄榄、温柑、绵枨金橘、龙眼、荔枝、召白藕、甘蔗、漉梨、林檎干、枝头干、芭蕉干、人面子、巴览子、榛子、榧子、虾具之类"。仅梨一个品种,就有梨条、梨干、梨肉、梨圈等不同种类,可见宋代干制加工水果种类和花样之丰富。苏轼有"屈居华屋啖枣脯"的诗句,"枣脯"也就是干枣。

元代《王祯农书》记载了"龙眼锦"的制作方法,是将桂圆用梅卤浸泡,晒干后火焙制成的。这种方法也可以用于加工荔枝,但不用梅卤浸泡,直接日晒至变色核干后,用火焙制。书中还记载了多种利用曝晒干制果品的方法,"晒枣法:先治地令净,布枣于箔上,以扒聚而复散之,一日中二十度乃佳,夜仍不聚,五六日别择取红软者,上高厨而暴之……青州枣去皮核焙干为枣圈,尤为奇果。枣脯法:切枣曝之,干如脯也";桑葚"箔上曝干,平时可当果食,歉岁可御饥饿";生柿"撛(lǐn)去厚皮,捻扁,向日曝干,内于瓮中,待柿霜俱出可食,甚凉",就是我们现在吃的柿饼。干枣、桑葚干、柿饼至今也依然是人们喜欢食用的干果。

明代《宋氏养生部》记载:"北地鲜枣在锅煮熟,急入冷水中,漉起晒干,火炕焙者曰北枣;煮熟,手捻退皮晒干者曰牙枣;生而晒干者曰红枣;生而能轮去皮，锅中藉以厚布，慢火炙干者曰园枣。"可见，仅是水果干制加工，也可以有多种变化，形成不同的口味和加工品类。

水果和蔬菜一样，生产的季节性特征鲜明。水果中的水分、糖分含量高，故极易腐烂，不耐久贮。干制加工是古代加工贮藏水果的主要方式，既可制成果干，也可以加工成果粉、果油，满足人们在不同季节食用水果的需求。

作杏李䴵法

杏李熟时，多收烂者，盆中研之，生布绞取浓汁，涂盘中，日曝干，以手摩刮取之。可和水为浆，及和米䴵，所在入意也。

——北魏贾思勰《齐民要术》

第六章
食物提取加工

何当得壮士，提取出尘笼。

——宋代苏舜元《荐福塔联句》

中国先民不仅利用多种技术直接对食物进行加工处理，还根据细致的观察和生活的经验，发明了从已知物质中提取有用成分，从而创造出新食物的方法。

利用对动物脂肪、含油作物的认识，提取其中的油脂，成为中国饮食文化中煎炸爆炒烹饪方式不可或缺的原料，满足了人体对脂肪营养的需求。利用含盐的海水、湖水、井水提取食盐，使之成为激发食物味道、维持人体功能正常运转必不可少的调味品。利用谷物、甘蔗提取麦芽糖和蔗糖，养殖蜜蜂并采取蜂蜜，满足人们对令人愉悦、幸福的甜味的追求。

这种从未知到已知、从隐藏到显现的食物加工方法，更能彰显出中华民族在漫长历史发展过程中，充分利用自身智慧和自然禀赋，创造美好生活的不懈探索与追求。

第一节 食用油

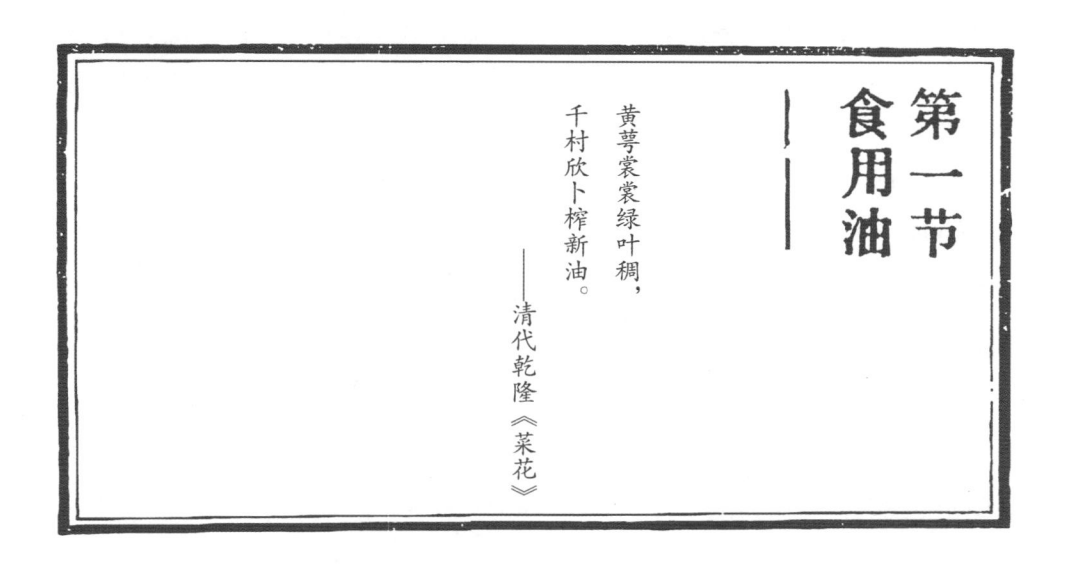

> 黄萼裳裳绿叶稠，
> 千村欣卜榨新油。
> ——清代乾隆《菜花》

《礼记·内则》在记载周王室一年四季的肉食食谱时，指出春季适宜食用牛油（膏芗）烹制的小羊、小猪，夏季适宜食用狗油（膏臊）烹制的干制鸟肉（腒）、干鱼（鱐），秋季适宜食用猪油（膏腥）烹制的小牛、小鹿，冬季适宜于食用羊油（膏膻）烹制的鲜鱼、鲜禽。《礼记》所载多为先秦时期的礼制，可见早在先秦时期，人们就已经开始食用各种动物油脂并用其来加工烹饪食物了。

油，可以说是中国饮食文化中不可或缺的调味品，能有效激发食材香味，满足人体所需的脂肪类营养，无论煎、炸、炒、炖，还是食材处理、滋味调和，都离不开食用油。

动物油脂

食用油可以分为动物油脂和植物油。在汉代以前，动物油是食用油的主要来源，"脂""膏"就是油脂，均从肉月旁，可见最早的油都是从动物身上提炼的。学者们普遍认为，融化状态下的液态油脂为"膏"，冷却后凝固的固态油

第六章 食物提取加工

脂为"脂"。东汉《释名》则认为"戴角曰脂，无角曰膏"，意思是长角动物（牛羊等）的肉加工制成的油为"脂"，无角动物（猪等）的肉加工制成的油为"膏"，是当时对动物油脂称谓界定的另一种观点。

《礼记》所载动物油脂的食用方式大致有两种。一种是直接淋于食物上食用，可见于"八珍"中的"淳熬""淳母"，是将肉酱（醢）煎熬（熬去部分水分使之浓稠）后浇于旱地稻米或黍米蒸制而成的米饭上，再淋上膏（液态动物油脂）食用，能够增添米饭的香味。

另一种是用脂膏来烹饪食物，前述《礼记》所载四季宜食之物，就是用不同的动物油脂来烹饪、加工食物。具体如何利用，可在"八珍"中"炮"的加工方法中见到。"炮"的加工工序相当复杂，首先，将小猪或者肥羊去除内脏后填入枣，用草绳捆好后在外面涂上一层泥，入火烤制，类似现在的"泥煨"加工方式；其次，剥去泥壳和皮肉筋膜后，再涂抹稻米粉调制的粥状物，"煎诸膏"（用油脂煎），油脂需要没过羊、猪，类似现在的"裹糊炸制"；再次，炸后放入小鼎，加入香草，将小鼎放入有水的大鼎中，连续火烧三天三夜，其间不能让大鼎中的水沸腾到小鼎内，又类似现在的"隔水炖"加工方式；最后，食用时加醯（醋）、醢（肉酱）等调味。一种美食，用到了三种不同的加工方式，食用时还以料汁调味，既让我们了解到油脂在食物烹饪中的具体使用方式，也让我们感叹先秦时期王室美食烹饪的高超、复杂技艺。

《史记·货殖列传》记载西汉有雍伯通过"贩脂"而致千金之语，说明汉代市场上已经有专门从事油脂贩卖的商人了。湖南长沙马王堆西汉墓出土竹简罗列的随葬物品中，可见到牛脂、鱼脂、麋脂（鹿肉脂）三种动物油脂，应是马王堆轪（dài）侯家常用的烹饪油脂。

贾思勰《齐民要术》记载了两种动物油脂的提取技术。一种曰"缹（fǒu）猪肉法"，是将猪肉热水洗净后，用大锅煮，使油脂逐渐分离出来，用勺不断地接取浮脂，放于瓮中备用，其间还会加酒或酢浆去腥。这种方法提取的油脂，"练白如珂雪，可以供余用者焉"，可见其品质极好。取脂后的猪肉另加葱、豉、姜、椒、盐等调味后还可以食用，还可加入冬瓜、瓠瓜等同煮，味道

222

第一节 食用油

烹肉庖厨图·内蒙古敖汉旗四家子镇闫杖子村北羊山1号辽墓

|敖汉旗博物馆·藏|

图片出处：徐光冀主编《中国出土壁画合景·内蒙古卷》

　　画面下方正中，一人蹲于案前切肉，其左边有一三足镬正在煮肉，一人立于锅后搅动。

第六章 食物提取加工

比"燠（yù）肉法"所余猪肉好。另一种就是"燠肉法"，也作"奥（yù）肉法"，是将猪肉脂肪部分洗净煮熟后，"大率脂一升，酒二升，盐三升，令脂没肉，缓火煮半日许乃佳，漉出瓮中"，用油脂来煎取肥肉中的油脂，脂要没过肉，类似油炸。这种方法提取油脂应该更彻底，故加工后所余猪肉在食用时，味道略差。这表明，当时的动物膏脂提取方法已经比较成熟了。而且，不同于先秦时期的"脂""膏"形态有别，魏晋南北朝时期已将动物油脂统称为"脂肪膏""膏脂""浮脂"等。《齐民要术》中还记载了粲（càn）、膏环等用膏脂煎炸的面食。

自隋唐五代时期起，植物油脂逐渐后来居上，成为主要的食用油，但动物油脂也从未远离人们的生活，一直在中国饮食文化中发挥着重要作用，且延续至今。

宋代以前的植物油

植物油在中国出现得稍晚。虽然早在距今四五千年前，中国就开始驯化种植油料作物大豆（古代称之为"菽"）了，但大豆一直属于"五谷"之一，被作为粮食来直接食用，并未用于榨取油脂。囿于加工技术的限制，大豆榨油出现得较晚。

植物油在东汉就已经出现，但当时并不是用来烹饪食物，而是主要用作照明原料或助火燃料。东汉《四民月令》曰，"苴麻子黑，又实而重，捣治作烛"，是捣取大麻籽油作为照明燃料，也说明当时获取大麻油的主要方法是利用舂捣提取其中的油脂。

《魏志·满宠传》中，满宠面对孙权的进攻，"募壮士数十人，折松为炬，灌以麻油，从上风放火"，烧掉了孙权一方的攻城武器。王隐《晋书》有"元康五年（295）十月，武库火，焚累代之宝，检校，是工匠盗库中物，恐罪，乃投烛着麻膏中，火燃""齐王冏（jiǒng）起义，孙秀多敛苇炬，益储麻油于殿省，为纵火具"的记载。"麻油""麻膏"就是芝麻油，被用作助火燃料。芝麻被认为是张骞出使西域时引入中国的，又称为"胡麻"。齐王司马冏起兵造反时，孙秀储备了大量芝麻油，以备纵火之用，可见当时芝麻油的加工技术已经能实现一定程度的量产了。

贾思勰《齐民要术·荏蓼第二十六》记载：

> （荏，rěn）收子压取油，可以煮饼。（荏）油色绿可爱，其气香美，煮饼亚胡麻油，而胜麻子脂膏。麻子脂膏，并有腥气。然（荏）油不可为泽，焦人发。研为羹臛，美于麻子远矣。又可以为烛。（荏）……为帛煎油弥佳。（荏）油性淳，涂帛胜麻油。

这段记载里提到了荏油（白苏籽油）、胡麻油（芝麻油）和麻子脂膏（大麻籽油）三种植物油，还对三者味道、用途的差异进行了比较，指出三种油都可用于加工煮饼[①]，但味道上，芝麻油最好，荏油次之，麻子脂膏因为有腥气，味道最差。荏油如果用来加工羹臛（蔬菜或肉做成的羹汤），味道远胜麻子脂膏；还可以用来作为照明燃料（烛）和加工油布（优于胡麻油），但是不能用作妇人的润发油（泽），会使发质干枯。同书"种红蓝花栀子"篇记载有"合香泽法"，指出是用芝麻油加猪油、香料熬制而成的芳香润发油。

《齐民要术》中还记载了大量利用芝麻油烹饪菜肴的方法。如炒鸡子法，将鸡蛋"打破著铜铛中，搅令黄白相杂。细擘葱白，下盐米、浑豉，麻油炒之，甚香美"，颇似现在的葱花炒鸡蛋；炒葱花，"细切葱白，著麻油炒葱令熟，以和肉酱，甜美异常"，类似现在的葱香肉酱；焦汉瓜法，"直以香酱、葱白、麻油焦之也"，类似现在的油焖做法；作汤菹法，"收好菜，择讫，即于热汤中炸出之。若菜已萎者，水洗，漉出，经宿生之，然后汤炸。炸讫，冷水中濯之，盐、醋中。熬胡麻油著，香而且脆"，是将菘或者芜菁焯水后冷却，用盐、醋调味，再用热芝麻油淋之，味道香美，口感清脆，类似现在的凉拌菜。

---

① 秦汉魏晋时期，饼泛指谷物磨粉后加工制成的各种食物。这里的"煮饼"，类似于现在的汤煮面条或面片。

第六章　食物提取加工

看来，以热油淋之以激发调料香味的做法，北朝已有。可见当时，芝麻油已经是人们经常食用的油脂了。宋代沈括在《梦溪笔谈》中说，"如今之北方人，喜用麻油煎物，不问何物，皆用油煎"，说明宋代用芝麻油炸食物深受北方人的喜爱。芝麻油在中国饮食文化中延续使用了约一千五百年，时至今日，仍然是人们饮食烹饪中必不可少的食用油。

唐代《新修本草》载有苴"笮其子作油，日煎之，即今油帛及和漆用者，服食断谷亦用之"，可见到了唐代，苴油既用作食用油，也被用作加工布料和漆的调和剂。苴油和大麻油一直到宋代，还是人们经常食用的油。宋代罗愿所著《尔雅翼》中说："江东以苴子为油，北土以大麻为油"，认为江东地区的人经常食用苴油，而北方多食用大麻油。

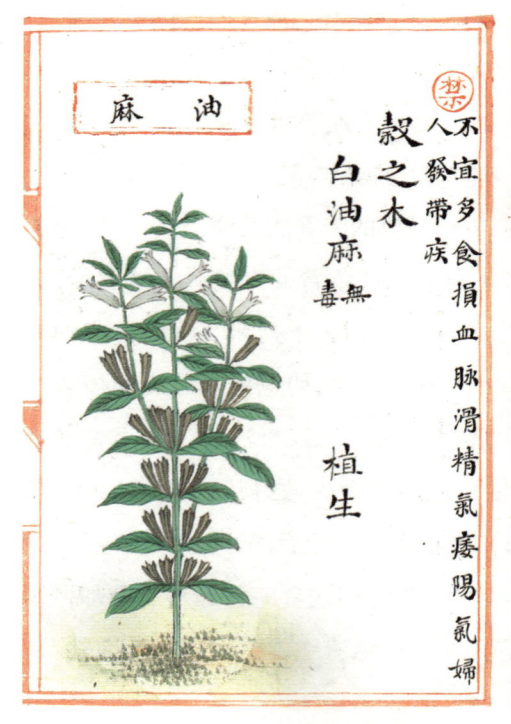

油麻及压榨胡麻油·明代刘文泰等撰、王世昌等绘《本草品汇精要》，明弘治十八年（1505）彩绘写本

白油麻就是现在的白芝麻，是提取胡麻油（芝麻油）的原料。

除此之外,《齐民要术》中还记载有红蓝花籽油和蔓菁籽油。红蓝花籽油"即任车脂,亦堪为烛",可作为车的润滑剂和照明燃料。蔓菁"一顷收子二百石,输与压油家,三量成米",说的是蔓菁籽运到压油作坊交易,可换取三倍的米。"压油家"应是专门从事植物油压榨的作坊,亦可推测当时是利用压力来提取作物籽实中的油脂,故曰"压油"。唐代《四时纂要》亦可见这两种油的相关记载。

后来,随着芝麻油、菜籽油及大豆油等不断发展普及,约十五世纪,人们对荏油、大麻油、蔓菁籽油等的食用逐渐减少,或只在某些地区食用了。

宋代及以后的植物油

据北宋庄绰所著《鸡肋篇》记载:

> 油通四方可食与然者,惟胡麻为上,俗呼脂麻。……炒焦压榨,才得生油,膏车则滑,钻针乃涩也。而河东食大麻油,气臭,与荏子皆堪作雨衣。陕西又食杏仁、红蓝花子、蔓菁子油,亦以作镫(灯)。……山东亦以苍耳子作油……颍州亦食鱼油,颇腥气。

这段记载总结了当时各地比较常见的食用油种类,包括芝麻油、大麻油、荏油、杏仁油、红蓝花子油、蔓菁子油等植物油,还出现了苍耳子油这种地方性小油品,以及动物油脂"鱼油",并认为胡麻油是通行于各地、食用品质最好的油脂。

油菜最早是作为蔬菜食用的,称为"芸薹(tái)",《齐民要术》所载"种芸薹"主要是种植并取其新鲜的茎叶食用,还没提到用其籽实榨油。唐代陈藏器《本草拾遗》中最早记载了芸薹籽可以榨油。宋代开始使用"油菜"这一名称。苏颂《本草图经》指出其"出油胜诸子,油入蔬清香,造烛甚明,点灯光亮,涂发黑润,饼饲猪易肥,上田壅苗堪茂"。可见时人已经认识到油菜籽的出油率高,超过其他榨油原料,所榨之油品质很好,既可以食用,也可以照

第六章 食物提取加工

明、润发，榨油残余的菜籽饼还是很好的养猪饲料和上田肥料。

宋代开始，大豆也被用来榨油。《物类相感志》中说"豆油煎豆腐，有味"，还说"豆油可和桐油作艌（niàn）船灰妙"，指出豆油既可以食用，也可以用来调和船只黏合剂。

宋代民间和宫廷皆有从事榨油者。民间既有专门从事制油的油坊，如《东斋记事》记载京师开封发生水灾，"城西民家油坊为水所坏"。宫廷有专门的制油机构，据《宋会要辑稿》记载，油库为宫廷内部的制油机构，隶属于油醋库，内部有油匠六十人，主要制造麻油、荏油和菜油，且以麻油为大宗，所用榨油原料为地方缴纳的贡赋。与醋匠仅有四人相比，可知当时油库的工匠之多及加工能力之大。

宋代关于售卖食用油的记载也很多。北宋欧阳修的《卖油翁》记载了一位酌油技艺高超的贩油老者。孟元老《东京梦华录》记载北宋东京（今河南开封）街巷上，经常有"挑担卖油"者。当时还颇有因卖油而致富之人，《永乐大典》引洪迈《夷坚志》记载了新安人吴十郎因贩油，后家道小康的致富故事。同书中有平江城张小二，原为屠夫，后改业"为卖油家作仆"，可见卖油家之殷实富裕。

除了个体贩油者，宋代还有专门从事贩油的店铺。《梦粱录》记载南宋临安街上的各类铺席（店铺）中就有"油酱铺"，是以油、酱为主要商品的店铺。《咸淳临安志》中记载宋代安抚司所设"回易库"，是掌管回易钱物的机构，也就是官营投资交易机构，其"将官钱责借油铺"，说明油铺利润较大，官府将钱借与油铺并从中收取利息。

正是因为食用油加工与交易的繁盛，使得宋代饮食中油煎、油炸类食物相当丰富。《梦溪笔谈》记载有油煎蛤蜊，《东京梦华录》记载有煎肝脏、煎鹌子等，《山家清供》记载有檐扑煎、油煎栀子花、油煎笋、油煎麸、油煎瓠、油煎豆腐等，《梦粱录》记载有油煎茄子、煎黄雀、炸春鱼、炸鲂鱼、炸石首鱼、炸河豚、炸蚶、炸饺子、炸山药、油炸从食、诸般糖食油炸等，《岁时广记》记载有油煎饼、馓子等。再加上在炒菜、凉拌菜等其他烹饪手法中的使用，宋人对

小磨麻油店铺·清代徐扬《姑苏繁华图》

|辽宁省博物馆·藏|

　　小磨麻油店就是专门售卖石磨加工香油的店铺，可见当时石磨加工香油的方法不仅能实现量产，而且成为一种很受欢迎的食用油种类，故而有专卖店铺。

第六章　食物提取加工

食用油的利用可以说是非常广泛了。

元代《王祯农书》中简要介绍了中国古代的榨油工具，并配有示意线图，还详细介绍了芝麻油的压榨方法：

> 凡欲造油，先用大镬（huò）爨（cuàn）炒芝麻，既熟，即用碓春，或辗（niǎn）碾令烂，上甑蒸过，理草为衣，贮之圈内，累积在槽；横用枋桯（tīng）相拶（zǎn），复竖插长楔（xiē），高处举碓或椎击，擗（pǐ）之极紧，则油从槽出。此横榨，谓之卧槽。立木为之者，谓之立槽，傍用击楔，或上用压梁，得油甚速。

这种榨油方法是将芝麻炒熟、碾碎、蒸制后，用草包裹，贮存在圈内，放入油槽内，再往油槽中插入楔子，通过用碓或锤从高处或侧面击打木楔来增加压力，从而使油脂流出。榨油工匠用锤向下击打木楔，称为"卧槽"。这种压榨方法，既能有效利用重力和惯性，还能节省体力，榨油效率很高。压榨法的出现使可加工处理的油料扩大到大豆、菜籽等硬度较大的油料，且出油率大大提高，是真正适于大量生产和商品化发展的榨油技术。

在压榨法中，王祯还记载了当时所创的榨油原料处理新技术：

> 今燕赵间创法，有以铁为炕面，就接蒸釜爨项，乃倾芝麻于上，执杴匀搅，待熟入磨，下之即烂，比镬炒及春碾省力数倍。

这是利用石磨处理芝麻原料，以便压榨提取芝麻油的技术，提油效率比原来的炒制和春碾提高数倍，故而"南北农家岁用既多，尤宜则效"，农家用此法者甚多。明代《天工开物》所说的"北京有磨法……以治胡麻"可能就是从这一方法发展而来的石磨香油加工方法，磨过的芝麻再用粗麻布袋绞拧即可出油。但这种方法仅适用于容易出油的芝麻，故所用范围有限。

明代宋应星的《天工开物》全面介绍了十余种油料作物的产油率、油品性状以及榨油方法，说明明代末期中国古代油料加工技术已经趋于成熟。书中记载当时用胡麻、黄豆、菜籽、茶籽等加工食用油，用乌桕籽、桐籽、棉籽、蓖

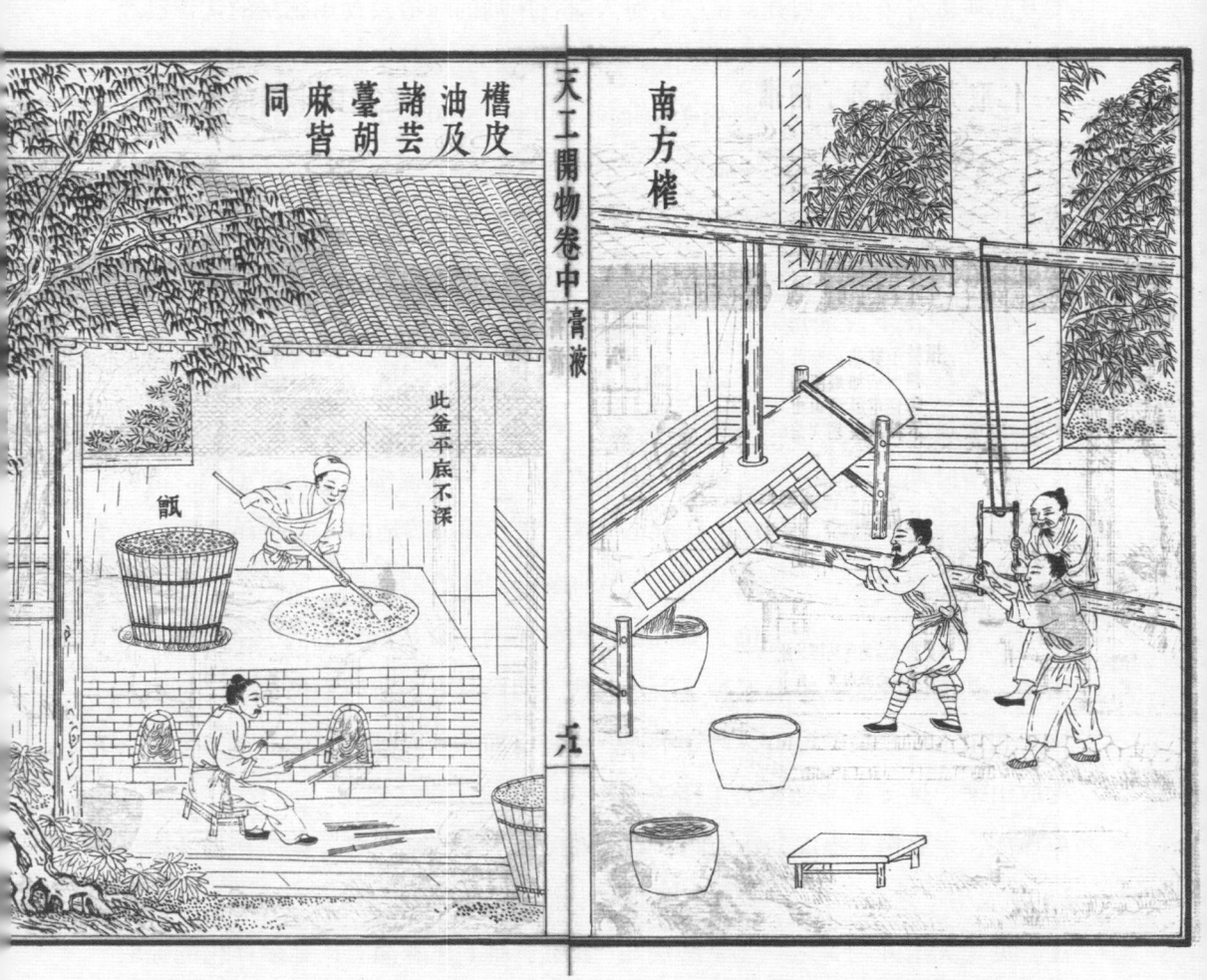

原料蒸炒、榨油场景图·明代宋应星《天工开物》，民国十八年（1929）武进涉园据日本明和年刊本

第六章 食物提取加工

麻籽等制作灯油、车油。其中，食用油的种类基本已经是我们现在常见的几种主要植物油了。"凡油供馔食用者，胡麻、莱菔子、黄豆、菘菜子为上，苏麻、芸薹子次之，茶子次之，苋菜子次之，大麻仁为下"，对当时主要的食用油种类及品质进行了档次划分，反映出时人对食用油的味道及食用感受的认识已经很深了。

花生油出现得最晚。明代弘治年间（1488—1505）的《常熟县志》《上海县志》《姑苏县志》中已经能见到关于花生的记载，称之为"落花生"，最初或是作为观赏植物，或是作为菜果食用，并未用于榨油。明代方以智《物理小识·卷九·草木类》载："番豆仁取油皆佳"，番豆是花生的别称，可见当时已经认识到花生含油量较高，适合榨油。清代《三农纪》曰，"番豆乃落花生也……炒食，可果，可榨油，油色黄浊，饼可肥田"，说明当时花生已经成为重要的油料作物和普遍食用的干果了。

明清时期油坊得到快速发展，雇工人数、生产规模都远远超过前代。清乾隆时期，油坊已遍及全国各地，东北珲春、江苏如皋等地的方志均有记载。

中国有俗语云"春雨贵如油"，用油来形容春雨的珍贵，反映了"油"在中国百姓生活中的重要地位。从古至今，食用油一直是饮食生活中重要的烹饪用品。其提取方法主要有五种，一是汉代《四民月令》所载舂捣法；二是水煮法，利用水油分离的原理，通过水煮，或将水加入预先处理过的油料中把油脂提取出来，见《齐民要术》"煮猪肉法"和《天工开物》所载"水煮法"；三是煎炸法，主要用于提取动物油脂，见《齐民要术》"𤎅肉法"；四是压榨法，见《王祯农书》之"油榨"，这也是最重要、提油效率最高的榨油方法；五是石磨法，见《天工开物》之"北京磨法"，多用于加工芝麻油。正是多样化的提取技术，使古人能够充分提取利用各种动植物油脂，既为人体提供营养，也为饮食烹饪提供更多的可能性。

膏液第十二·法具

取诸麻、菜子入釜,文火慢炒(凡柏、桐之类属树木生者,皆不炒而碾蒸),透出香气,然后碾碎受蒸。凡炒诸麻、菜子,宜铸平底锅,深止六寸者,投子仁于内,翻拌最勤。若釜太深,翻拌疏慢,则火候交伤,减丧油质。炒锅亦斜安灶上,与蒸锅大异。凡碾埋槽土内(木为者,以铁片掩之),其上以木杆衔铁陀,两人对举而椎之。资本广者则砌石为牛碾,一牛之力可敌十人。亦有不受碾而受磨者,则棉子之类是也。

既碾而筛,择粗者再碾,细者则入釜甑受蒸。蒸气腾足取出,以稻秸与麦秸包裹如饼形,其饼外圈箍或用铁打成,或破篾绞刺而成,与榨中则寸相吻合。凡油原因气取,有生于无。出甑之时,包裹急缓,则水火郁蒸之气游走,为此损油。能者疾倾、疾裹而疾箍之,得油之多,诀由于此,榨工有自少至老而不知者。

包裹既定,装入榨中,随其量满,挥撞挤轧,而流泉出焉矣。包内油出滓存,名曰枯饼。凡胡麻、莱菔、芸苔诸饼,皆重新碾碎,筛去秸芒,再蒸、再裹而再榨之。初次得油二分,二次得油一分。若柏、桐诸物,则一榨已尽流出,不必再也。

——明代宋应星《天工开物》

第二节 食盐

> 水润下以作咸,莫斯盐之最灵。
>
> ——东晋郭璞《盐池赋》

明代宋应星在《天工开物·作咸》中这样形容食盐对人的重要作用:"口之于味也,辛酸甘苦经年绝一无恙。独食盐禁戒旬日,则缚鸡胜匹倦怠恹然。岂非'天一生水',而此味为生人生气之源哉?"他认为辛、酸、甘、苦这些味道,一年不吃也不影响健康,唯独食盐,如果几日不吃就会手无缚鸡之力,精神倦怠。

盐,既是人们用于饮食调味、提升味觉享受的重要调味品,也是古代食物加工中可以有效延长食物贮存期限的重要抑菌物质,更是维持人体机能不可或缺的微量物质。正因为如此,盐自古便被视为重要的战略资源,被国家掌控。

早在殷商时期的甲骨文中就有关于"卤"的记载,"巳未卜,贞燎酒卤册大甲"(《甲骨文合集》1441)是用酒和卤祭祀大甲,"□[①]致卤五"(《甲骨文合集》7023反)"惟十卤以(致),乙……"(《合集》22294)"庚卜,子其见(献)丁卤"(《殷墟花园庄东地甲骨》202)等记载的应是地方或诸侯等向商王纳贡卤,

---

① 此处有一字但无法辨识。

"五""十"等为纳贡的数量。清代段玉裁注《说文解字》"盐"曰,"天生曰卤,人生曰盐"。卤水可制取食盐,这里的卤应该就是盐。《周礼》记载周代职官有"盐人","掌盐之政令,以共百事之盐",可见盐在宫廷饮食中的重要作用,盐还会用于祭祀活动,有专人专职负责。

战国时期的《管子·轻重甲》一篇有专门论述"盐"的内容,信息非常丰富,能帮助我们了解先秦时期的食盐生产和加工,及其在国家治理和百姓生活中的特殊地位,兹录于下:

管子曰:"阴王之国有三,而齐与在焉。"

桓公曰:"此若言可得闻乎?"

管子对曰:"楚有汝汉之黄金,而齐有渠展之盐,燕有辽东之煮,此阴王之国也。且楚之有黄金,中齐有菑石也。苟有操之不工,用之不善,天下倪而是耳。使夷吾得居楚之黄金,吾能令农毋耕而食,女毋织而衣。今齐有渠展之盐,请君伐菹(zū)薪,煮沸火为盐,正而积之。"

桓公曰:"诺。"十月始正,至于正月,成盐三万六千钟。

召管子而问曰:"安用此盐而可?"

管子对曰:"孟春既至,农事且起。大夫无得缮冢墓,理宫室,立台榭,筑墙垣。北海之众无得聚庸而煮盐。若此,则盐必坐长而十倍。"

桓公曰:"善。行事奈何?"

管子对曰:"请以令粜之梁赵宋卫濮阳。彼尽馈食之也,无盐则肿。守圉(yǔ)之国,用盐独重。"

桓公曰:"诺。"乃以令粜之,得成金万一千余斤[①]。

桓公召管子而问曰:"安用金而可?"

管子对曰:"请以令使贺献、出正籍者必以金,金坐长而百倍。

---

① 根据闵宗殿《中国古代农业通史·附录卷》,战国时期一斤约为现在的250克。

第六章　食物提取加工

运金之重，以衡万物，尽归于君。故此所谓用若挹（yì）于河海，若输之给马。此阴王之业。"

从这段记载可知，首先，齐国和燕国各有展渠、辽东的丰富海盐资源，展渠的海盐被管子视为齐国非常重要的富国强国资源（阴王之业），可与楚国的黄金矿藏相提并论；其次，齐国海盐的主要加工方式是"伐薪而煮"，以提取其中的盐分；再次，食盐是百姓生活必不可少的必需品，"无盐则肿"，如果不吃食盐会影响身体健康，尤其是对于境内并无食盐资源的诸侯国来说，必须仰赖于进口其他诸侯国的食盐生存，这也意味着，有食盐资源的诸侯国就有了制衡无盐国家的绝佳手段；最后，在管子的建议下，食盐生产由诸侯国控制，禁止民间"聚庸而煮盐"，有效增加了国家财富，是齐国强国称霸的重要措施，也就是管子所说的"海王之国，谨正盐筴（策）"。也正因为如此，至少从管子开始，盐就是国家管控的重要自然资源之一，也是历朝历代赋税的重要收入来源之一。

汉乐府《古艳歌》云"白盐海东来，美豉出鲁门"，盛赞齐盐、鲁豉品质优良，是同类商品里的佼佼者。

古代食盐分类

《天工开物·作咸》将食盐的品种大致分为"海、池、井、土、崖、砂石"六种，其中海盐、池盐、井盐占大宗。

海盐主要是以海水及海滨地下卤水为原料提取的食盐，主要产于滨海地区，前述齐、燕之地便是海盐产地。古代辽宁、长芦、山东、两淮、两浙、福建、两广等地都有滨海盐场分布。

池盐是主要利用内陆地区咸湖之水加工提取的食盐，主要分布在山西、陕西、甘肃、青海、宁夏等地，最著名的当属山西运城盐湖。《史记·货殖列传》有"山东食海盐，山西食盐卤"的记载，盐卤就是池盐。

井盐是通过凿井提取内陆地区的地下咸水加工而成的食盐，主要分布在四川、云南等地。

土盐是在山西等土地咸卤化严重的地区，通过刮取盐碱土熬煮制成的食盐，产量一般不大，适合民间自产自用。崖盐是在甘肃、陕西等地的崖穴中自然结晶形成的盐块，可以直接采取食用。砂石盐在《天工开物》中未有详细记载，应该也是利用含有盐分的砂石熬煮制盐，与土盐类似。

《周礼》中"盐人"所掌之盐，也有不同种类，"祭祀，共其苦盐、散盐；宾客，共其形盐、散盐；王之膳羞，共饴盐"。其中"苦盐"就是池盐，因早期加工技术不成熟，容易有苦味，故名"苦盐"，又因其呂颗粒状，还被称作"颗盐"。海盐因颗粒细小，被称作"散盐"。《宋史·食货志》则认为海盐、井盐等都是"末盐"，也就是《周礼》所谓的"散盐"。"形盐"，是将盐捣制加工成虎形的盐，主要用于祭祀。饴盐，又名"戎盐"，味纯咸而无苦味，《本草纲目》引东汉《名医别录》载"戎盐生胡盐山及西羌北地、酒泉福禄城东南角"，应该就是前面提到的"崖盐"。

海盐

《世本·作篇》载"宿沙作煮盐"。许慎《说文解字》释"盐"，也说"古者宿沙初作煮海盐"。《说文解字》释"卤"为"西方咸地"，还指出东方谓之"斥"，盐碱地被称为卤、斥。《尚书·禹贡》记载青州"海滨广斥""厥贡盐、絺（chī）"，说的也是先秦时期青州（位于今山东）海滨多盐碱地，进贡的主要物品是盐和细葛布。如此，则中国滨海地区对海盐的发现和利用相当早，可能早至上古时期，主要的加工方式是"煮"。

考古发现也可证实山东半岛地区悠久的"煮盐"历史。从20世纪50年代起，在当地就发现了大量商周时期的盔形器，被考古学家认定为煮盐器皿。2008年，山东寿光双王城水库发现了一处规模很大的商周时期制盐遗址群，不仅发现了大量的盔形器，还向世人展示了当时制盐作坊的基本形态。

第六章　食物提取加工

通过考古发现，我们大致可以了解商周时期的"煮盐"技术。当时"煮"的并不是海水。因为海水浓度低，直接进行加热蒸发并不能使其中的盐分结晶析出。所以，目前学界主流观点认为，历史上不存在直接"煮海为盐"的技术阶段。虽然古代文献中常见"煮海水为盐""煮海作盐"的说法，但应该是对利用海水来加工盐的一种统称，而非直接煮海水提取盐分。

商周时期，这一地区利用的应该是当地比较丰富的地下卤水资源，是海水不断蒸发浓缩、渗透聚集所形成的，浓度可以达到海水的三至六倍。地下卤水从坑井中取出后，经卤水沟流入沉淀池过滤沉淀、初步蒸发净化，之后再流入蒸发池进一步蒸发净化，提高浓度。高浓度卤水会被放入盐灶两侧的储卤坑中备用。盐工在工作间内点火，往盔形器内不断添加卤水，通过加热

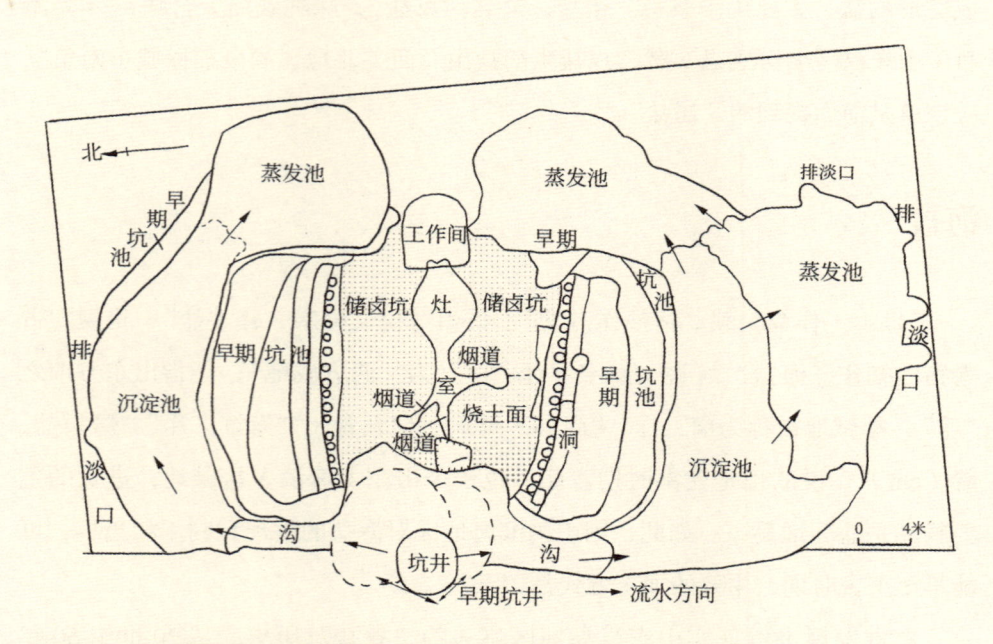

山东寿光市双王城商周盐业遗址制盐作坊单元结构复原图
| 王宪明参考燕生东等《山东寿光市双王城盐业遗址 2008 年的发掘》·绘 |

此遗址中的一个完整制盐单元，面积就达两千平方米左右，中部地势最高，分布有卤水坑井、盐灶、灶棚，以及附属于盐灶的工作间、储卤坑等，中部两侧对称分布有卤水沟和成组的过滤坑池、蒸发坑池。

第二节 食盐

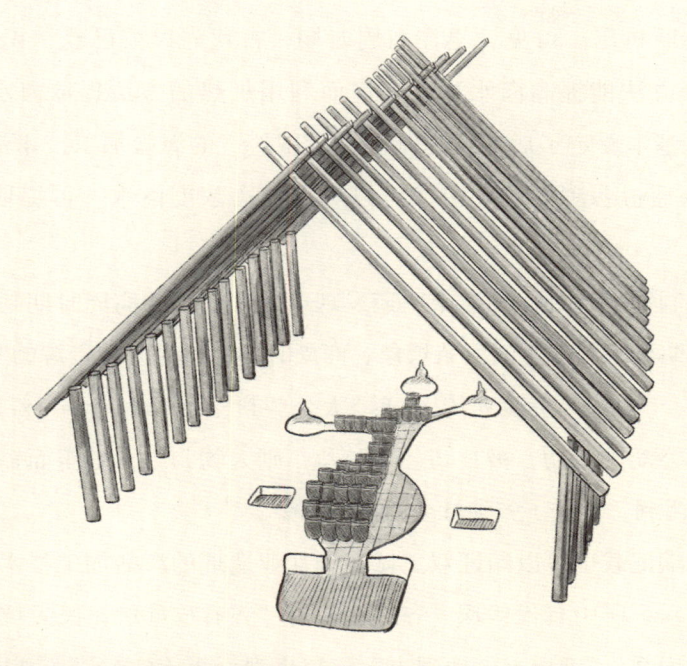

山东寿光市双王城商周盐业遗址盔形器摆放及灶棚示意图
| 王宪明参考燕生东等《山东寿光市双王城盐业遗址2008年的发掘》·绘 |

多个盔形器整齐放置于灶室的草拌泥层上，器物间隙用碎陶片填塞，以便于稳定。盔形器内白色垢状物的主要成分是钙镁的碳酸盐，形成温度在60℃左右，远低于宋元时期用铁盘煮盐时碳酸盐形成的温度（90~100℃）。这是因为盔形器底部与火隔着一层草拌泥，未能直接受火，再加上器壁厚，导致慢火熬煮成盐的结果。草拌泥隔层也能保护泥制的盔形器在熬煮过程中不会破裂。

汉代煎盐盘
| 烟台博物馆·藏 |

239

第六章　食物提取加工

煎煮使盐分不断析出。可见，早在商周时期，古代先民就已经认识到沉淀、日晒、风干等方法能提高卤水浓度，进而利用加热的方法提取卤水中的盐分。这一技术基本奠定了后期"先制卤，后制盐"的海盐加工技术流程，也就是先将海水通过各种方式加工成可以利用的高浓度卤水，再提取其中的盐分。

除双王城制盐遗址外，渤海南岸还发现了数量众多的商周时期制盐遗址，反映出商周时期当地制盐业的繁荣景象。商周时期当地对海盐资源的利用在文献中亦有反映。《史记·货殖列传》曰："太公望封于营丘，地潟（xì）卤，人民寡，于是太公劝其女功，极技巧，通鱼盐，则人物归之，襁至而辐凑。"可见发展"鱼盐之利"促进了齐地社会经济的繁荣。

后代的文献记载也可以印证双王城商周盐业遗址的海盐加工技术。《北堂书钞·卷一四六》所引晋代伏琛《齐地记》有"齐有皮邱坑，民煮坑水为盐，色如白石"的记载。《新唐书·地理志》记载贞观元年（627），东莱郡（属青州）掖县（今山东莱州市）"有盐井二"。可见，汉唐时期，山东滨海地区仍在开采利用地下卤水，经过蒸发浓缩后，加热提取食盐。

《太平御览》引唐代刘恂《岭表录异》载：

> 野煎盐……但将人力收聚咸沙，掘地为坑，坑口稀布竹木，覆篷簟于其上，堆沙，潮来投沙，咸卤淋在坑内。伺候潮退，以火炬照之，气冲火灭，则取卤汁，用竹盘煎之，顷刻而就。竹盘者，以篾细织竹镬，表里以牡蛎灰泥之。

通过刮取海滨咸沙，放入坑中，利用海潮浇淋沙土，提取其中的盐分，从而提高卤水浓度，最后用煎盘加热卤水提取食盐，这种方法被称为"海潮积卤"法。宋代《重修政和经史证类备用本草》对这一方法亦有记载。

宋代《太平寰宇记》记载唐五代时期江苏海陵地区的制盐之法为"刺土成盐"法，与上述"海潮积卤"法类似，是将刮取的海滨咸土置于草上，经过海水浇淋得到高浓度卤水，再煎煮成盐。其中制卤的过程也被称为"刮咸淋卤"

法。北宋词人柳永《煮海歌》中有"年年春夏潮盈浦,潮退刮泥成岛屿。风干日曝咸味加,始灌潮波塯成卤",说的也是"刮咸淋卤"法的制卤过程。河北黄骅大左庄隋唐制盐遗址的考古发现表明这一遗址当时使用的主要制卤技术应该就是"刮咸淋卤"法。

宋代,食盐加工的制卤环节还出现了"晒灰淋卤"法,是将干燥的草灰铺洒在海滨咸土上,经过铺晒,盐分会聚集在草灰上,再用海水浇淋得到高浓度卤水。无论是"海潮积卤"法、"刮咸淋卤"法,还是"晒灰淋卤"法,都是利用土、沙、灰、草等物质吸附海潮中的盐分,再经过浇淋得到高浓度卤水以备制盐之用。

早期卤水加工成盐,主要是用煎煮加热的方法使其结晶。到了宋元之际,部分海滨盐场开始出现"晒盐"法,是利用日晒风干使卤水中的盐结晶析出。这种方法使制盐工艺的第二阶段摆脱了人工劳动,转为利用自然力,生产效率明显提高,可以说是海盐加工技术的一大进步。

明代渤海地区的盐场出现了完全利用自然晾晒加工的滩晒制盐法。明代章潢《图书编·卷九十一·长芦煎盐源委》载:

> 海丰等场产盐,出自海水,滩晒而成。……于河边挑修一池,隔为大中小三段,次第浇水于段内,晒之,浃(jiā)辰则水干,盐结如冰……比刮土淋煎简便。

将海水引入人工修造的池中,分池分段滩晒成盐,实现了从制卤到成盐均利用自然力的转变,操作简便省力,还能节省燃料,是海盐加工技术的重大进步。晒制的盐品质也比煮制的更好。民国时期《莱阳县志》记载道光初年(1821),"关东大盐(即墨盐)输入,居民利之,又以煎盐味苦性燥,春夏腌鱼、秋冬腌菜不适,销路渐滞,民灶时起纠纷。咸丰二年(1852),乃定渔户腌鱼用大盐,余用煎盐。至光绪初叶,各滩渐知晒盐而煎盐遂废",因晒盐品质好而深受百姓欢迎,清末各地盐场多以晒盐为主,煎盐之法逐渐被废弃了。

第六章　食物提取加工

池盐

《左传·成公六年》载，晋景公十五年（前585）讨论迁都事宜，诸大臣建议的首选之地是"郇瑕氏之地"，也就是今天的山西运城地区，主要原因是"沃饶而近盐，国利君乐"。虽然最后晋国并未迁都于此，但仍然反映出当地的盐池资源已经是春秋时期国家生存发展所必须考虑的重要战略资源了。甚至有学者考证提出，上古时期，黄帝与蚩尤大战于涿鹿之野，就是为了争夺当地的盐池资源。山西、陕西、宁夏、甘肃等地是中国池盐的主要产地，《汉书·地理志》《续汉书·郡国志》《魏书》《隋书》《新唐书》等历代文献对当地的盐池、盐官多有记载。

史传舜作《南风歌》，"南风之薰兮，可以解吾民之愠兮。南风之时兮，可以阜吾民之财兮"。后世多有文献将河东盐池自然结晶成盐的过程与"南风"相联系。清代《河东盐法备览·盐池门源流》直接认为《南风歌》所颂便是河东盐池（运城盐池）在南风吹拂作用下自然结晶成盐，从而将对运城盐池的利用上溯至舜帝时期。此说虽未必完全令人信服，但也说明当地提取盐池之盐，主要是依靠池水自然蒸发，浓度提高后盐分自然结晶析出。

《水经注·卷六》曰："池水东西七十里，南北十七里，紫色澄渟，潭而不流。水出石盐，自然印成，朝取夕复，终无减损"，说的也是盐池之水自然结晶成盐，如遇山洪雨水，则无法产盐，所以当地特别重视对域内水系流入盐池的阻遏，以防泛滥，影响池盐生产。这一现象很容易理解，山洪雨水和其他径流的汇入会降低池水中盐的浓度，以致池水无法达到盐自然结晶析出所需要的饱和度。唐代《元和郡县志·关内道四》记载会州会宁有盐池曰"河池"，"春夏因雨水生盐，雨多盐少，雨少盐多"，《河东道一》卷记载解县女盐池"亢旱，盐即凝结；如逢霖雨，盐则不胜"，说的也都是雨水对盐池自然产盐的影响。

《水经注·卷六》又引服虔语，"土俗裂水沃麻，分灌川野，畦水耗竭，土自成盐"，当时的池盐加工，虽然是利用盐的自然结晶作用，但也已经开始开垦畦田，引池水入畦，通过风吹日晒提取盐分。如此，则人工制畦晒盐的历史

解盐图·明代刘文泰等撰，王世昌等绘《本草品汇精要》，明弘治十八年（1505）彩绘写本

或可追溯至东汉时期。也正是因为如此，唐代张守义在《史记正义》中将河东池盐称为"畦盐"。

宋代马纯《陶朱新录》记载：

> 解州安邑盐池广数舍，中有大渠，作畦种盐于渠旁，畦下结盐为底，厚数尺，每日暮引渠水平池，次日昧爽前，即有大风起于池上，谓之南风，天欲明风止，畦水皆成盐矣。

也是通过开垦畦田，引入盐池水，利用风吹日晒，生产池盐。在畦田中生产池盐，可以使池水中的硫酸镁、硫酸钠等物质结晶堆积在畦田底部，形成硝板，从而去除池盐中的苦味。

243

第六章 食物提取加工

池盐生产示意图·明代宋应星《天工开物》，民国十八年（1929）武进涉园据日本明和年刊本

除自然结晶外，有些地方也利用煎煮的方法提取池盐。《读史方舆纪要·卷十五》引《十三州志》记载广阿泽（位于今河北邢台），"泽畔又有盐泉，煮而成盐，百姓资之，亦名沃洲"，可知此地亦有咸泉，主要利用煎煮的方法提取食盐。

井盐

中国的井盐资源主要分布在四川、云南等地，历史上尤以四川为重。井盐加工也可分为取卤和制盐两道工序。其中，在制盐阶段一直采用的是煎煮加热的提取方法，与海盐加工相似。井盐加工技术的进步，主要体现在卤水的提取上。

　　晋常璩《华阳国志·蜀志》载，"周灭后，秦孝文王以李冰为蜀守。冰能知天文地理……又识齐水脉，穿广都盐井、诸陂池，蜀于是盛有养生之饶焉"，认为秦国蜀郡太守李冰在当地开凿盐井制盐，其中"齐水"被释为盐卤水。有学者认为，秦国占领蜀地后，将中原的凿井技术传入蜀地，促进了当地井盐的生产开发。在此之前，当地对井盐的利用应该是以地表自然流出的卤水或卤水浸泡后形成的咸石、咸土等为加工对象的。《水经注·卷三十三》引王隐《晋书·地道记》载朐忍县（今四川云阳县），"有石煮以为盐，石大者如升，小者如拳，煮之水竭盐成"，以及《后汉书·南蛮西南夷传·冉駹》载汶山郡"地有咸土，煮以为盐"，就是通过煎煮咸石、咸土来提取盐分的。

　　四川成都、邛崃等地发现有表现东汉井盐加工的画像砖，是汉代凿井制盐技术的图像例证。

　　四川成都扬子山画像砖生动反映了东汉时期蜀地井盐生产的繁忙景象。砖的左下边有盐井，上架双层坡顶井架，每层各有两人，一提一拉，利用滑轮和提水工具（皮囊、吊桶之类）从下方盐井中汲取卤水。右下方刻画有长条形灶，灶眼上架有多只釜，一人蹲于灶前，向灶膛内投放燃料煎煮制盐。灶与井架间有细长的梘（jiǎn）筒相连，应是输送卤水的管道，可将提取上来的卤水直接输送至灶前以备煎煮。梘筒上方还有两个身背重物之人，或许正要把煎煮装袋的盐运送出去。如此在东汉时期，古代先民就已经开凿盐井，并利用滑轮装置来提取卤水了。这种滑轮装置古代称为"辘轳"，在汉代陶井上多有使用。井盐所用之灶灶眼较多，可提高煎煮加工效率，因形似烧制瓷器的龙窑，故被学者称为"龙灶"。重庆地区出土的汉代陶灶中可见此类单火道多眼陶龙灶，还可见多火道多眼陶龙灶，可证当地井盐加工的繁荣。

　　据井盐加工画像砖可知，当时的盐井应该是宽口大井，可容纳容器上下提取卤水。唐代《元和郡县志·剑南道下》记载仁寿县有陵井，"纵广三十丈[①]，

---

① 根据闵宗殿《中国古代农业通史·附录卷》，唐代一丈约为现在的300厘米。

第六章　食物提取加工

四川成都扬子山汉代井盐生产画像砖拓片
| 中国农业博物馆·藏 |

东汉重庆红陶双火道九眼陶灶
| 重庆中国三峡博物馆·藏 |

深八十余丈，益部盐井甚多，此井最大。以大牛皮囊盛水引出之，役作甚苦，以刑徒充役"，说明当时盐井都很大，可以用大牛皮囊作为汲卤容器，工作强度很大，所以多役使刑徒犯人来从事井盐的生产加工。

西晋张华《博物志·卷二》载："临邛火井一所，从广五尺①，深二三丈②，井在县南百里。昔时人以竹木投以取火。诸葛丞相往视之，后火转盛热，盆盖井上，煮盐得盐。"当地盐井卤水多与天然气伴生，"火井"就是天然气井，说明三国时期当地应该已经开始利用天然气煮盐了。常璩《华阳国志·蜀志》记载临邛有火井，"井有二水，取井火煮之，一斛水得五斗盐。家火煮之，得无几也"，说明利用天然气煮盐的效率、产量更高。

唐代四川地区的盐井数量相当多，杜佑《通典·食货十》载："蜀道陵、绵等十州盐井总九十所，每年课盐都当钱八千五十八贯。"可见当地井盐加工之兴盛，是地方政府税收的重要来源之一。

到了宋代，四川井盐凿井取卤技术出现了重要革新。北宋文学家文同任陵州郡守时，曾在奏折中提到，"盖自庆历已来，始因土人凿地植竹，为之卓筒井，以取咸泉，鬻（yù）炼盐色。后来其民尽能其法，为者甚众"。这里提到的"卓筒井"是当地人发明的一种新式盐井，在民间发展很快。

苏轼在《东坡先生志林·卷四·筒井用水鞴（gōu）法》中对这一技术有更为详细的描述：

用圜刀凿山如碗大，深者数十丈③；以巨竹去节，牝牡相衔为井，以隔横入淡水，则咸泉自上；又以竹之差小者，出入水中为桶，无底而窍其上，悬熟皮数寸，出入水中，气自呼吸而启闭之，一筒致水数斗。

卓筒井是用圆形钻凿利器挖凿而成，井口仅碗口大小，深可达数十丈，井

---

① 根据闵宗殿《中国古代农业通史·附录卷》，西晋一尺约为现在的24.2厘米。
② 根据闵宗殿《中国古代农业通史·附录卷》，西晋一丈约为现在的242厘米。
③ 根据闵宗殿《中国古代农业通史·附录卷》，宋代一丈约为现在的312厘米。

第六章 食物提取加工

蜀省井盐图中凿井、汲卤、场灶煮盐、井火煮盐生产工序场景图·明代宋应星《天工开物》，民国十八年（1929）武进涉园据日本明和年刊本

第二节 食盐

第六章 食物提取加工

壁用巨竹筒衔接加固而成。取卤时使用底部以熟皮为活塞的小竹筒，设计也相当精妙，熟皮活塞可在竹筒入水时受到井内卤水向上的压力而自动开启，汲满后向上提水时又受到筒内卤水向下的压力而自动封闭，使用极为便利，效率也高。卓筒井作为一种小口深井，因开凿较为容易、修治比较简单、提取卤水灵便，所以一经发明，就得到快速应用，极大地促进了宋代井盐生产的发展。

明代《天工开物·作咸》也记载了这种小口深井的开采技术。盐井或以手捧持工具顿挫开凿，或以踏碓冲凿而成，并用竹筒接续入井内作为井壁，以便加固，防止坍塌。汲卤时已经改用畜力，效率更高更省力。卤水入灶煎煮，燃料或为柴薪，或为天然气。书中附有"蜀省井盐"图详细描绘了盐井开凿过程及汲卤制盐的工序，并配有开井口、下石圈、凿井、制木竹、下木竹、汲卤、场灶煮盐、火井煮盐、川滇载运等工序图。

到清代嘉庆、道光年间（1796—1850），四川地区的小口盐井深度已经超过千米，能够直接开采地下深层的黑卤水，技术已经极为成熟了。

清代温瑞柏《盐井记》有"煮海易，煮井难；煮滇井易，煮蜀井难"之语，认为四川井盐加工难于云南井盐加工。云南在汉代已置盐官。自唐代起，对云南井盐的记载逐渐增多，大致也经历了从利用自然流出的卤泉煎煮成盐，到开凿大口宽井取卤煮盐的过程。因当地浅层卤水蕴藏量比较丰富，明清时期的当地史志还可见地表自然流出卤泉的记载，所以凿井技术上一直停留在大口宽井阶段，未像四川一样发展出小口深井的开凿技术。这也印证了温瑞柏对两地井盐加工难度的判断。

除此之外，云南地区还有一种在河中造井取卤制盐的方法，在清代刘献庭《广阳杂记》卷一中有所记载：

> 云南琅井在昆阳州，白盐井在姚州，黑盐井在楚雄，皆有提举司。井皆在万山中最下处溪河之中，咸水冲突而起，如济南之趵突泉然。即其处甃石为井，缭之以栏，覆之以亭，构桥以通来往。环溪数千家，皆灶户也，每担咸水税若干。

当地河中有盐泉，人们在河中造井取卤，设桥上下。《乾隆白盐井志》还记载了在河边沙地造沙井取卤制盐，但产量不大，利用的也是河流附近的地下盐泉资源。

综上所述，古代食盐加工方法中，池盐以晾晒为主，崖盐可直接采取，海盐、井盐生产都存在制（取）卤和制盐两道工序，而制（取）卤技术的变化是食盐生产技术革新的重要方面。海盐卤水浓缩技术和盐井开凿技术的演进革新，蕴含着丰富的地质学、物理学、化学知识，反映了古代人们认识并利用自然资源以满足生活所需的孜孜追求。

海 盐

凡淋煎法，掘坑二个，一浅一深。浅者尺许，以竹木架芦席于上。将帚来盐料（不论有灰无灰，淋法皆同），铺于席上。四周隆起作一堤垱形，中以海水灌淋，渗下浅坑中。深者深七八尺，受浅坑所淋之汁，然后入锅煎炼。

池 盐

凡引水种盐，春间即为之，久则水成赤色。待夏秋之交，南风大起，则一宵结成，名曰颗盐，即古志所谓大盐也。

井 盐

凡蜀中石山去河不远者，多可造井取盐。盐井周围不过数寸，其上口一小盂覆之有余，深必十丈以外乃得卤信，故造井功费甚难。

——明代宋应星《天工开物》

第三节 食用糖

> 宝糖珍炬妆，乌腻美饴饧。
> ——宋代范成大《上元纪吴中节物俳谐体三十二韵》

《东观汉记·卷六·明德马皇后》记载汉章帝即位后，马皇后被尊为太后。当时遭遇灾荒，汉章帝执意要给外戚封爵以化解灾荒，马太后不同意，并表示"穰岁之后，惟子之志，吾但当含饴弄孙，不能复知政事"，等到五谷丰收之后，才能按章帝的意思办，到那时自己就可以吃着糖，逗孙子玩乐，不再过问政事了。后来"含饴弄孙"作为成语，用来形容闲适悠哉的老年生活。这里的"饴"就是一种食用糖。

中国古代的食用糖主要有三种：一种是蜂蜜，主要成分是葡萄糖和果糖，先秦时期就已经被人们所利用了；第二种是用粮食加工而成的，一般称为"饴""饧（xíng）"，出现得较早，最早应该在先秦时期就已经出现了；第三种是用甘蔗汁加工成的，一般称为"糖"，大约出现于汉代。《礼记·内则》曰"子事父母……枣栗饴蜜以甘之"，《楚辞·招魂》曰"粔籹蜜饵，有餦餭些"。"饴"应是麦芽糖；"蜜"即为蜂蜜；"粔籹"是用蜜和稻、粟煎熬制成的食物；"蜜饵"是用蜂蜜制作的糕饼；"餦餭"是一种干饴糖（硬麦芽糖）。如此，则饴、蜜应该是古人最早食用的两种甜味食物了。

蜂蜜

蜂蜜是蜜蜂通过采食花蜜酿制而成的，因含有大量的葡萄糖、果糖，所以口感很甜。因为人们采集蜂蜜后可以直接食用，所以对蜂蜜的利用较早。《山海经·中山经》载："平逢之山……实惟蜂蜜之庐。"晋代郭璞注曰："言群蜂之所舍，集蜜赤，蜂名。"可见当时人们主要是采集山间的野生蜂蜜来食用。

成书于汉代《神农本草经》认为"石蜜"能"安五藏诸不足，益气补中，止痛解毒，除众病，和百药。久服强志轻身，不饥不老，生山谷"，具有多种养生及治疗功效。这里的"石蜜"是一种蜂蜜，产于山崖之上，又称为"崖蜜"。崖蜜的采集相当危险。宋代程大昌《演繁露》记载的采摘崖蜜的方法较为具体，是用长竿悬系木筒，伸至悬崖所挂蜂巢的下方，用长竿刺破蜂巢，里面的蜂蜜就会流入木筒中。明代《天工开物》曰，"凡深山崖石上有经数年未割者，其蜜已经自熟。土人以长竿刺取，蜜即流下"，也是直接采摘野生蜂酿好的蜂蜜。

因为采摘困难，所以在汉代及以前，蜂蜜是相当珍贵的食物。前述《礼记》《楚辞》中，蜂蜜或被视为子女孝敬父母长辈的特殊食物，或是见于宫廷宴席之上。汉代《西京杂记·卷四》记载："南越王献高帝石蜜五斛[①]、蜜烛二百枚。……高帝大悦，厚报遣其使。"五斛石蜜约相当于现在的一百升蜂蜜，一方诸侯王以石蜜和蜂蜡做的烛为贡献之礼，还使汉高祖刘邦龙心大悦，重重赏赐了献礼的使臣，足见其珍贵。

汉魏时期，西北地区应该已经出现了人工养蜂收蜜的技术。晋代皇甫谧《高士传·姜岐》载，三国蜀汉延熙年间（238—257）的高士姜岐，汉阳上邽（今甘肃天水一带）人，在其母亲死后，将平原水田全部让给兄长皇甫岑，自己则隐居山林，以"畜蜂豕为事，教授者满于天下，营业者三百余人"，不仅自己以畜蜂养猪为业，还教授传播这两种动物的养殖技术。《武威汉代医简》

---

① 根据闵宗殿《中国古代农业通史·附录卷》，汉代一斛约为现在的20升。

第六章　食物提取加工

蜀州蜜和蜜蜡图·明代文俶《金石昆虫草木状》，明万历年间（1573—1620）彩绘本

多见以蜜和药的配方，也能从侧面说明西北地区盛产蜂蜜。直到明代，宋应星在《天工开物》中还说西北地区的蜂蜜产量"半天下"，占到全国的一半，可见当地人工养蜂收蜜历史之久、产量之大。

西晋张华《博物志》记载了"以桶聚蜂"的养殖技术，"远方诸山蜜、蜡处，以木为器，中开小孔，以蜜蜡涂器内外令遍。春月蜂将生育时，捕取三两头著器中，蜂飞去，寻将伴来，经日渐益，随持器归"，是用涂满蜜蜡的木质容器吸引蜂群在里面筑巢，对蜂群进行饲养，然后割取蜂蜜。《太平御览》也引用了这段记载，并说"至夏开器取蜜蜡"，可见当时是春季引蜂筑巢，夏季割取蜂蜜、蜜蜡。

《新唐书·地理志》记载有二十一郡向宫廷贡奉蜂蜜。二十一郡主要分布于北方的陕西、山西、甘肃、新疆等地，南方的湖北、江苏、江西、广西等

養蜜蜂類

人家多於山野古窰中收取盖小房或編荊囤兩頭泥封開一二小竅使通出入另開一小門泥封時時開却掃除常淨不令他物所侵及於家院掃除蛛網及關防山蜂土蜂不使相傷秋花彫盡留冬月可食蜜脾餘者割取作蜜蠟至春三月掃除如前常於蜂窠前置水一器不致渴損春月蜂盛一窠止留一王其餘摘之其有蜂王分窠群蜂飛去用碎土撒而收之別置一窠其蜂即止春夏合蜂及蠟每窠可得大絹一疋有收養分息數百窠者不必他求而可致富也

养蜜蜂类·元代《王祯农书》，明嘉靖九年（1530）山东布政使司刊本

[国家图书馆·藏]

第六章 食物提取加工

地，以及西南方的巴蜀地区。唐代韩鄂《四时纂要·夏令·六月》记载六月割取的蜂蜜最佳，如果韭菜开花后再割蜜，则"蜜恶而不耐久"。如此，则在唐代及以前，人们一般都在夏季割取蜂蜜。

宋代文献记载了不同种类的蜂蜜。南宋罗愿《尔雅翼》记载安徽宣城地区有黄连蜜，色黄而味道微苦；陕西凤翔、洛川一代有梨花蜜，色白如凝脂；亳州太清宫有桧花蜜，颜色略微发红；河南柘城地区有何首乌蜜，颜色更红些。不同蜜的特性，"各随所采花色，而性之温凉亦相近"，说明当时人们已经开始生产单花蜜，并对其不同特性有所了解，认识到不同花蜜的颜色、味道和性质与花种关系密切。

据《尔雅翼》记载"冬寒则割蜜"，元代《农桑辑要·蜜蜂》和《王祯农书·农桑通决·畜养篇》的记载与之相似，也是等秋天花儿都凋谢后，留下冬天蜜蜂所需食用的蜂蜜，其余的可以割走，制取蜜和蜜蜡。可见，随着养蜂技术的成熟，割取蜂蜜的时间从夏月延迟至秋冬之际，除给蜂群留足过冬所需的食物外，其余的都会被取走制作成蜂蜜、蜂蜡。如果留的蜜不够蜂群过冬食用，鲁明善《农桑衣食撮要·割蜜》中提供了一种方法，是将一两只草鸡去毛去内脏后，悬挂于蜂房中以供蜜蜂食用，这种方法还能加速促进蜜蜂的生长发育。明代戴羲《养余月令》也有相关记载，不过需要将鸡煮熟后再放入蜂房供蜜蜂食用。

《王祯农书》（武英殿本）还记载了"验蜜法"，以检验蜂蜜的质量、真伪，"烧红箸，插入蜜中，箸出烟者，杂饧也。粘着，杂粟粥也。白蜜成块为上。"这说明当时市场上已经出现了在蜂蜜中掺饧（麦芽糖）或粟粥等的劣质商品，需要购买者加以鉴别，而白色、成块的蜜是质量最好的蜂蜜。

《农桑衣食撮要·割蜜》中还记载了炼蜜和加工蜂蜡的方法。"将蜜脾用新生布纽净，不见火者为白沙蜜，见火者为紫蜜"，用布将蜂房中的蜜绞出，不用火煎的是白沙蜜，用火煎炼后成为紫蜜。明代方以智《物理小识》载"煎去其沫为上蜜"，用火煎炼去沫后可以得到上好的蜂蜜。绞后的蜂房残渣入锅，用小火煎熬，去除渣滓，再用水冷却后就成为黄蜡。

第三节 食用糖

古代利用蜂蜜加工的食物也十分多样。湖南长沙西汉马王堆汉墓中出土有"密（蜜）颣（类）一囊一笥""稻密（蜜）糒一笥有缣囊二""居女笥"的木牌、竹简，"密"同"蜜"，蜜类就是蜂蜜，"稻蜜糒""居女"是用蜜加工的食物。《四民月令》说"五月多作糒，以供出入之粮"，可知糒作为干制米粉类食物，是出门在外的干粮，便于携带久储。《齐民要术·卷九》有作"粳米糗糒""粳米枣糒"法，都是将大米蒸熟后捣磨成粉末，后者因添加了枣泥，故名"枣糒"。如此，则马王堆汉墓随葬的"稻蜜糒"应该是用蜜调和的大米粉末。"居女"通"粔籹"，又名"膏环"。《齐民要术·饼法第八十二》记载，"膏环，一名'粔籹'，用秫稻米屑，水、蜜溲之，强泽如汤饼面。手搦团，可长八寸许，屈令两头相就，膏油煮之"，即用水、蜂蜜调和糯米粉，揉成面团，再加工成长八寸左右的长条，两头相接呈环状，入油炸制，有点类似现在的糯米炸糕。

三国时期，人们已经开始利用蜂蜜制作饮品和腌渍水果了。《三国志·魏书·袁术传》注吴书载，袁术在死前特别想喝"蜜浆"，应该是蜂蜜水，当时没有蜜，他叹息良久后"呕血斗[①]余遂死"。《三国志·吴书·孙亮传》注"吴历"也记载了孙亮"取蜜渍梅"的故事。

《齐民要术》记载有"蜜苦酒法"，是用蜜酿醋，"蒸藕法""蜜纯煎鱼法""蜜姜法"等是用蜜加工藕、鱼、姜等菜肴，髓饼、膏环（粔籹）、细环饼、截饼、白茧糖、粲等都是用蜜及其他佐料和面制成的各色面点。

宋代利用蜂蜜加工的食物更是多样。据《东京梦华录》记载，北宋东京开封府，七夕节要食用油、面、糖、蜜做的"笑靥儿"，又称"果食花样"；娶妇嫁女，新婿回女方家"拜门"，女方家要赠送彩色绸缎和"油蜜蒸饼"；日常街市上，也有酥蜜食、蜜煎等蜂蜜加工食物售卖。

据《都城纪胜》《西湖老人繁盛录》《梦粱录》《武林旧事》的相关记载，南宋时期无论在宫廷还是民间，蜜制食物都非常受欢迎，还形成了不同节令食

[①] 根据闵宗殿《中国古代农业通史·附录卷》，三国魏一斗约为现在的 2000 毫升。

第六章　食物提取加工

用特色蜜制食物的风俗。南宋太后寿宴上有"蜜浮酥捺花"作为下酒菜，皇后每日膳食供应中有细蜜煎十碟，五月初五端午节（重五节），内廷会用五彩丝线绣糖蜜韵果、巧粽等做成经筒符袋，赐给文武百官，说明当时糖蜜韵果、糖蜜巧粽等食物是端午节的特色食物，被作为代表性符号用于经筒符袋的装饰。民间也有端午节吃糖蜜巧粽的习俗；七夕节有吃"水蜜木瓜"的习俗；重阳节，蜜煎局用熟栗子末拌麝香、糖、蜜制成"狮蛮栗糕"；年终除岁（除夕），宫廷备有"消夜果子合"，里面有蜜姜豉、蜜酥等小食。

蜜制食品在都城临安府（杭州）百姓的日常生活中也比比皆是，五月要到艳香馆尝蜜林檎，六月六避暑要吃蜜渍昌元梅，生活趣味十足。当时街市上非常有名的蜜制食物铺子就有戈家蜜枣儿、周五郎蜜煎铺、泉福糖蜜和朱家元子糖蜜糕铺等。食店会提供蜜炙鹌子、蜜烧肉炙、十色蜜煎螺、蜜糖酥皮烧饼、酱蜜丁等菜肴佐餐下酒。果子点心有裹蜜、蜜麻酥、蜜姜豉、蜜弹弹、蜜枣儿、薄荷蜜、琥珀蜜、诸色蜜糖煎、蜜糕、蜜煎山药枣儿、蜜筒甜瓜、蜜糖果食、蜜糖糕、蜜糖韵果、蜜薄脆等诸种。此外，还有蜜辣馅、小蜜食、蜜剂等蒸制面食（蒸作从食）。

蜂蜜还是加工饮品的重要调味剂。前文提到袁术想喝的"蜜浆"，在唐代孟诜的《食疗本草》中有所记载，"若觉热，四肢不和，即服蜜浆一碗"，可见蜜浆有调理身体的疗效，也难怪袁术临死前有喝"蜜浆"的想法。《武林旧事》卷六记载有"蜜姜水"，是宋代常见的饮子（饮品）之一。元代忽思慧《饮膳正要》中有桂煎、荔枝膏、木瓜汤等，都是利用蜂蜜加工的饮品。这些饮品多与蜂蜜所具有的医疗保健作用有关。蜂蜜也是历代医家炮制中药的重要原料，蜜炙（蜜制）便是以蜂蜜为原料加工中药的方法。这种方法不仅能够给中药增加蜂蜜所具有的治疗功效，还能改善中药的口感，增加适口性。

时至今日，蜂蜜依然是人们制作食物饮品、提升口感味道、补益养生的重要食物。

饴

《尚书·洪范》曰"稼穑作甘","稼穑"是谷物的代称，书中指出谷物可以制作甘甜之味，应该就是"饴"了。《诗经·大雅·緜》中有"周原膴膴，堇荼如饴"的诗句，说的是周原土地肥沃，生长出来的堇菜、荼菜像饴一样甜美。《说文解字》将"饴"解释为"米糵煎也"，糵就是麦芽，用火煎煮米和麦芽，就可以得到饴，所以饴是一种麦芽糖。早在先秦时期，人们就已经掌握了利用麦芽对稻米中所含淀粉进行糖化、煎煮糖化汁液制作麦芽糖的制糖技术了。

根据刘熙《释名》、扬雄《方言》和顾野王《玉篇》的相关记载，当时的麦芽糖，质地稀薄的为"饴"，质地浓稠的为"饧"，成块的干饴被称为"餦"，或曰"餦餭"。前述马皇后"含饴弄孙"的典故中，老年人口中所含之饴，应该就是这种干饴。不过，在历史文献中，"饴""饧"通用的情况十分普遍。

《四民月令》记载有"十月……先冰冻，作凉饧，煮暴饴"，十月天气已冷，适合作凉饧、薄（暴）饴。大概是因为冬季气温条件适合饴饧的低温凝冻和长期保存，薄饴是煎煮时间较短的饴，凉饧应该是将薄饴糖继续煎煮得到的质地浓稠的饧，在寒冷的气候条件下，或可凝结成块。汉代郑玄注《周礼·春官·小师》曰："萧编小竹管，如今卖饴饧所吹者也"，可见汉代市井中已有贩卖饴饧者。这里值得一提的是，制萧用的小竹管与卖饴商贩所吹的竹管相似，"吹"竹管或为商贩招揽客人的方法。这不禁使人联想到现在著名的非物质文化遗产——吹糖人，也是利用麦芽糖捏出中空的细长管，边吹气边捏成各种形象，历史的机缘往往很奇妙。

湖南长沙马王堆汉墓出土竹简中有"孝楊一资"的记载，学者们认为"孝楊"即为"胶饧"，与南梁宗懔《荆楚岁时记》所记载的正月初一"进屠苏酒、胶牙饧"相合，是一种黏牙的稠饧。"资"是墓中出土的硬陶罐。与同墓出土的固体糖放于竹编笥中不同，胶饧放于硬陶罐中，也说明饧的质地不是固体而是液体。

第六章　食物提取加工

新石器时代河姆渡遗址炭化稻粒
| 中国国家博物馆·藏 |

　　麦和稻是加工饴饧的主要原料，麦芽中含有大量的天然淀粉酶，可以将稻粒中的淀粉转化为糖分，通过煎煮糖汁加工成饴糖。

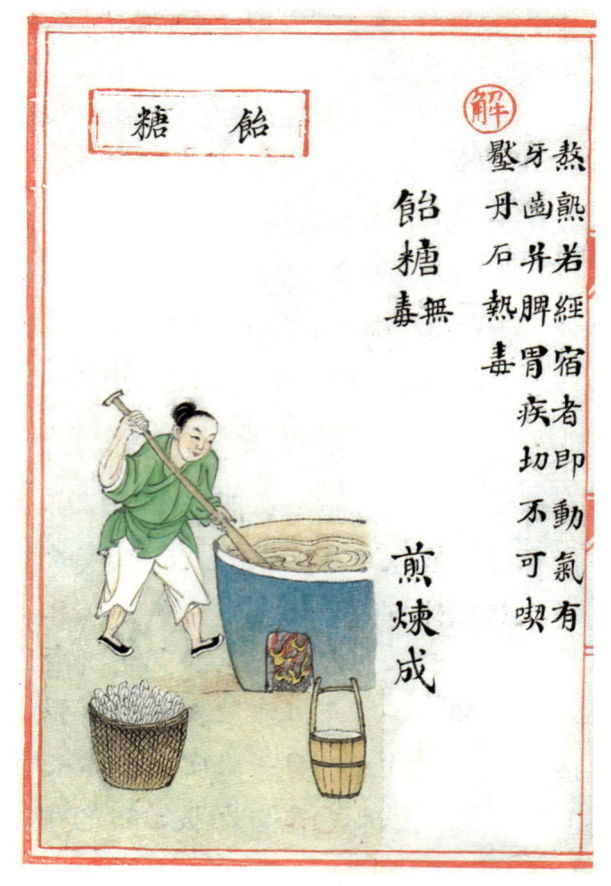

糖饴

解

熬熟若经宿者即动气有
牙齿并脾胃疾切不可喫
鳖丹石热毒

饴糖无毒

煎煉成

熬制饴糖场景图·明代刘文泰等撰、王世昌等绘《本草品汇精要》，明弘治十八年（1505）彩绘写本

第三节 食用糖

《后汉书》卷三十二记载，"野王献甘醪、膏饧，每辙扰人，吏以为利"，樊儵临死前，想请汉明帝罢除野王（今河南沁阳）每年向朝廷供奉"甘醪膏饧"的要求，以利当地百姓，其中膏饧就是麦芽糖。

贾思勰《齐民要术·饧餔第八十九》详细记载了制作麦芽糖的方法，分为煮白饧法、黑饧法、琥珀饧法。饧的颜色不同，主要是加工原料不同，以及加工过程中细节把握不同造成的。而麦芽糖的基本加工步骤都一样。

第一步，制蘖（麦芽）。制蘖法记载于《齐民要术·黄衣、黄蒸及蘖第六十八》中，一般在八月制蘖，因为需要用小麦、大麦等粮食来加工，时人为了保证基本的生存需要，多是等到八月前后，秋收在望，视余粮的多寡来制蘖。《四民月令》中十月作饴饧，或许也有类似的考虑。制蘖的具体方法是将小麦或大麦浸泡后再日晒，每天撒一遍水，待其出芽后，铺在席子上，继续每天撒一边水，促进发芽，最后将发芽的麦蘖制成碎末备用。如果要制作白饧（颜色淡亮），就要用青芽未出现前的白芽来制作蘖末。等麦芽长成青绿色，底部根系盘绕成饼状时再用来制作饧，则饧呈黑色。一般用小麦芽作饧，如果想要加工琥珀饧（颜色呈琥珀色），则需要用大麦制成蘖。

第二步，发酵糖化。将麦芽切成末（蘖末），放入蒸熟的米饭中拌匀，倒入瓮中，盖上盆保温存放，冬天需要在瓮外围上毡絮等保暖。这一步主要是利用麦芽中含有的天然淀粉酶，将大米等谷物中的淀粉发酵转化为糖分，也就是糖化作用。

第三步，取汁煮饧。冬季约一天左右，夏季只需半天，瓮中的米便会消减，渗出汤汁，这时加入开水充分混合，待稍凉后，滤取其中的汤汁，将汤汁入锅用小火煎煮，其间不停地搅拌，待水分蒸发，汤汁浓稠后就成了饧。

固态干饴糖的加工方法大概有两种。南朝陶弘景《本草经集注》中记载"方家用饴糖，乃云胶饴，皆是湿糖如浓蜜者，建中汤多用之。其凝强及牵白者不入药。……今酒用曲，糖用蘖，尤同是米麦"，入药的饴糖也被称为"胶饴"，质地浓稠，像浓蜜一样，应该就是马王堆汉墓竹简所载的"孝楊（胶饧）"。而凝固的干饴糖以及利用牵拉制成的白色干饴糖不入药，说明利用低温

第六章　食物提取加工

干燥法和牵拉法都可以加工成干饴糖。这里的牵拉制糖是指不停地牵拉尚呈胶状的麦芽糖，使其不断地与空气接触，逐渐硬化成颜色发白的干饴糖。这段文献还指出，当时的人们已经认识到，就像酿酒需要用酒曲作为发酵剂一样，加工饴糖是用蘖作为发酵剂，来提取谷物中的糖分。

《本草纲目》引五代后蜀韩保升《蜀本草》中的记载，饴"糯米、粳米、秫粟米、大麻子、枳（zhǐ）椇（jǔ）子、黄精、白术并堪熬造，惟以糯米作者入药，粟米者次之，余但可食耳"，指出多种含淀粉的植物都可以用来加工饴糖，但只有以糯米和粟米为原料制作的饴糖可以入药，其余的仅供食用，不过用蘖（麦芽）作为糖化反应剂都是一样的。

利用谷物加工糖的技术一直没有太大的变化，《齐民要术》中记载的饴饧加工方法，延续了两千多年，直到今天，也是我们加工麦芽糖的基本方法。

麦芽糖是中国传统年俗"祭灶"的重要祭品。早在汉代，祭灶就是"五祀"之一，灶是重要的祭祀对象。宗懔（Lǐn）《荆楚岁时记》中记载十二月八日为腊日，当天"以豚酒祭灶神"。南宋《梦粱录·卷六》明确记载用饧来祭祀灶神，腊月二十四当天，"不以穷富，皆备蔬、食、饧、豆祀灶。此日，市间及街坊叫卖五色米食、花果、胶牙饧、萁豆，叫声鼎沸"。明代《帝京景物略》载，腊月"廿四日，以糖剂饼、黍糕、枣栗、胡桃、炒豆祀灶君，以糟草秣灶君马，谓灶君翌日朝天去，白家间一岁事。祝曰：好多说，不好少说"，祭祀所用"糖剂饼"应该是一种麦芽糖制品。书中还记载了诗人谢承举的《送神辞》中有"张筵布簀（zé）举灯烛，送神上天朝帝阍（hūn）。黄饴红饧粲铺案，青刍紫椒光堆盆"的诗句，"黄饴红饧粲铺案"形容的正是各色麦芽糖摆满案桌，祭祀灶神的景象。书中还记有顾偓的《祠灶》，"无饧愚奏口，乏鼓送飞轮"，说的是贫苦人家无钱卖饧糖祭祀灶君，无法黏住灶君奏报人间善恶之口。清代《燕京岁时记》载北京腊月二十三祭灶，"民间祭灶惟用南糖、关东糖、糖饼及清水、草、豆而已。糖者，所以祀神也。清水、草、豆者，所以祀神马也"，关东糖和南糖都是用麦芽糖制成的糖果，其中，前者又名"糖瓜"，所以老北京年俗歌谣中有"二十三，糖瓜粘"的说法。

第三节　食用糖

岁暮祭灶场景图·清代《杭州四季风俗图》
|上海苏宁艺术馆·藏|

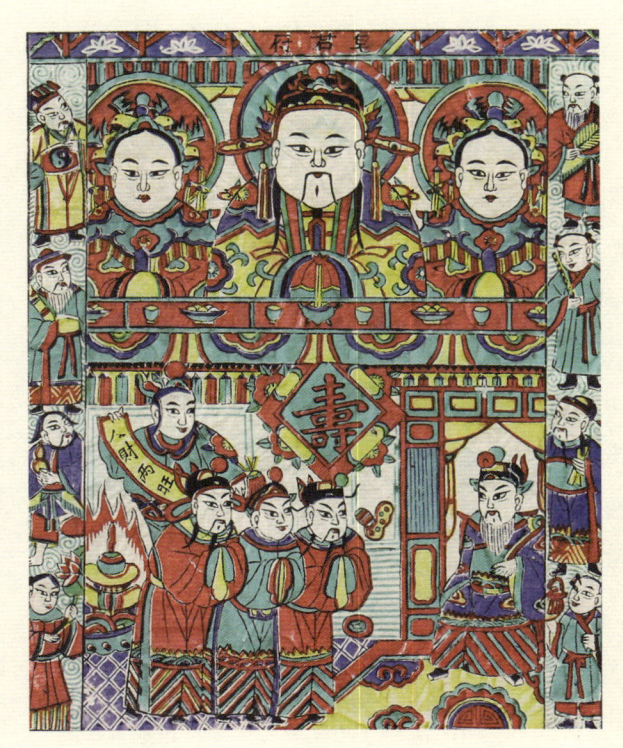

山东杨家埠"灶王"年画（清版后印）
|中国农业博物馆·藏|

　　麦芽糖是中国传统年俗"祭灶"的重要祭品。老北京年俗歌谣中有"二十三，糖瓜粘"，糖瓜就是麦芽糖制品。

第六章　食物提取加工

清代屈大均《广东新语·食语》记载：

> 广中市肆卖者有茧糖，窠丝糖也。其炼成条子而玲珑者，曰糖通。吹之使空者，曰吹糖。实心者小曰糖粒，大曰糖瓜。铸成番塔人物鸟兽形者，曰飨糖，吉凶之礼多用之。祀灶则以糖砖，燕客以糖果，其芝麻糖、牛皮糖、秀糖、葱糖、乌糖等，以为杂食。葱糖称潮阳，极白无滓，入口酥融如沃雪，秀糖称东莞，糖通称广州。乌糖者，以黑糖烹之成白，又以鸭卵清搅之，使渣滓上浮，精英下结。

这段文献里描述的茧糖、糖通、吹糖、糖瓜、糖砖、芝麻糖、牛皮糖、葱糖等都是用麦芽糖作为主要原料制成的糖果，可见在清代广州街市之上麦芽糖制成的糖果相当丰富多样。乌糖和飨糖则是以蔗糖为主要原料制成的糖果。屈大均指出"广人饮馔多用糖……开糖房者多以是致富"，反映出广东地区人们对糖食的嗜爱。

蔗糖

《楚辞·招魂》有"胹鳖炮羔，有柘浆些"，这里的"柘"即"蔗"，"柘浆"就是用甘蔗榨成的汁，是宴席上用以佐餐的饮品。甘蔗在中国的种植历史悠久，西汉司马相如《子虚赋》载，云梦一带有"诸柘巴苴"等草木，指的是云梦地区种植有甘蔗和芭蕉，东汉服虔《通俗文》也提到"荆州竿蔗"。但在先秦时期，人们对甘蔗的利用，主要是直接咀嚼食用或榨汁饮用，还没有将其加工成糖。至迟到汉代，人们已经能够从甘蔗汁中提取糖了。随着加工技术的不断进步，蔗糖的形态也在不断变化，并逐渐成为最主要的食用糖。

据《齐民要术·卷十·甘蔗》引汉代杨孚《异物志》记载，甘蔗"斩而食之，既甜；迮（zé）取汁为饴饧，名之曰糖，益复珍也。又煎而曝之，既凝，如冰，破如博棋，食之，入口消释，时人谓之'石蜜'者也"。甘蔗榨汁，是为"蔗浆"，可以加工成类似饴饧的流质"糖"，经过煎煮和曝晒，使水分彻底蒸发，就能加工成固体块状的"石蜜"。这里的"石蜜"与前述"蜂蜜"中的"石蜜"虽然称谓相同，但所指不同。代指蜂蜜的石蜜，取产于崖石之上的意思；代指蔗糖的石蜜，取凝如石块之意。

长沙马王堆汉墓出土竹简上有"唐一笥"，相应的竹笥木牌上写着"糖笥"，"唐"与"糖"互通，既然同墓还随葬有"孝樆""蜜"等，这里的"糖"指的应是不同于饧、蜜的蔗糖，并能放入编制的竹笥中存放，应是固体的蔗糖。同墓还出土有"唐扶于类笥"，有学者认为"扶于"可能是芙渠（莲花）或乌芋（荸荠），那么，"唐扶于"应该是用蔗糖加工的此类食物。

东汉张衡作《七辩》有"沙饧石蜜，远国储珍"之语，既然说是远国储珍，沙饧和石蜜应该都是贡品。其中，沙饧应该是用蔗浆加工而成的"沙糖"，而与前文对比可知，与之并列的"石蜜"应指的是不同的物质，极有可能是崖蜜，而非前述蔗浆所制的"石蜜"。汉代中原地区应该还不会用蔗浆加工"沙糖"，但南方远国利用"煎而曝之"的方法加工制作的"沙糖"就成为当地的土贡，被北方上层社会视为"远国储珍"。这里的"远国"应该是《异物志》所载的交趾地区，为南越国的一部分，位于今越南北部红河流域。汉武帝时期，设交趾郡，对其进行直接的行政管理。

交趾地区的蔗糖加工技术传入广东地区，促进了当地的制糖技术进步。南北朝时期，伽跋陀罗在广州翻译的佛经《善见律毗婆沙·卷十七》记载，"广州土境有黑石蜜者，是甘蔗糖，坚强如石，是名石蜜"，指出广州所产蔗糖，颜色发黑，呈块状，质地坚硬。《本草纲目》引陶弘景《本草经集注》也说："蔗出江东为胜，庐陵亦有好者。广州一种，数年生，皆如大竹，长丈[①]余。取汁以为沙糖，甚益人"，说的也是广州地区已经能够用蔗汁加工制作沙糖。这种沙糖（石蜜）是一种固体粗制糖，类似现在常说的古法红糖，是通过煎煮、曝晒甘蔗汁使水分蒸发得到的，最大限度地保留了甘蔗中的各种成分，不能算作结晶糖。因其凝结如石，破之如沙，所以被称为"沙糖"。

---

① 根据闵宗殿《中国古代农业通史·附录卷》，南朝梁的一丈约为现在的247厘米。

第六章　食物提取加工

唐代，制糖技术有了新的发展。据《新唐书·西域列传》记载：

> 摩揭它，一曰摩伽陀，本中天竺属国。……贞观二十一年（647）始遣使者自通于天子，献波罗树，树类白杨。太宗遣使取熬糖法，即诏扬州上诸蔗，拃（榨）瀋（汁）如其剂，色味逾西域甚远。

唐太宗贞观年间派使臣专门到中印度属国摩揭它学习熬糖法，回来后用扬州所产甘蔗加工成糖，颜色和味道都远超过"西域"，可见是一次非常成功的技术引进。文献中并未具体记载熬糖技术的细节，但"如其剂"有可能是添加了某种物质，以得到品质更好的糖。这一技术引进的细节在《续高僧传·卷四》中的记载略有不同，认为是王玄策等人前往天竺国，带回石蜜匠二人，前往越州（今浙江绍兴）加工石蜜，十分成功。无论是技术引进，还是匠工引进，都促进了唐代制糖法的改进提升，也使江苏扬州等地区成为高品质蔗糖的产地，在后世文献中有所体现。唐代天宝十二年（753）扬州的鉴真和尚东渡日本传授佛法，还随身携带了蔗糖赠送给东大寺，并把制糖法传到日本。鉴真和尚携带的蔗糖应是代表了当时唐王朝蔗糖加工技术最高水准的扬州蔗糖。

唐代引进"制糖法"的具体技术细节可在敦煌残卷所发现的"印度制糖法"中得到印证。根据季羡林先生的解读，敦煌残卷所载"印度制糖法"不仅介绍了印度三种不同的甘蔗品种，及其是否能用于制糖且品质如何，还介绍了制作沙糖和煞割令（也是一种糖）的具体过程。其中沙糖的制作方法是将甘蔗放入用牛牵引的大木臼中榨取蔗汁，放入铛中煎煮后，静置，插入竹筷（有利于沙糖结晶），加入少许灰去除蔗汁中不利于结晶出糖的物质，最终能够得到结晶沙糖。如此则当时制作沙糖已经开始出现去除杂质和加速结晶的相关技术。《马可波罗行纪》记载有"武干市"，应是今福建尤溪地区。书中指出，当地制糖技艺粗糙，元代巴比伦人给当地带来了用木灰精制蔗糖的方法。但是这种说法未必可信，因为南宋王灼《糖霜谱》中早已指出福唐（福州）地区在宋时已是糖霜（冰糖）的重要产地了。但加入草木灰以去除杂质的制糖技术应该确实存在过。明代方以智《物理小识》记载加工白糖的方法中，也会加入

"灰"，但不是草木灰，而是石灰。

这张敦煌残卷还记载了煞割令的制法，季羡林先生认为煞割令就是石蜜，但其加工方法的记载疏略，未作详解。从残卷所载文字来看，煞割令是比沙糖品质更高的糖，加工的主要步骤是先将蔗汁或沙糖入锅煎煮，再放入竹甑静置十五日，就能从汁中漉出煞割令。后面将论及的南宋王灼《糖霜谱》所载冰糖加工技术，认为遂宁当地的冰糖加工技术是由唐代大历年间（766—779）邹和尚传入的，而这段印度制糖法正是写在佛经残卷的背面，并在佛教盛行之地敦煌发现的。《糖霜谱》所载冰糖加工技艺也与残卷所载技术有相似之处，则煞割令极有可能是一种结晶沙粒糖，通过放入竹甑来加速糖的结晶。而这种沙粒糖颗粒可能有大有小，也为后来南宋时期冰糖制作技术的发明提供了技术基础。

唐代见于记载的还有一种乳糖。苏敬等奉敕编撰的《新修本草》中引《名医别录》记载有"石蜜"，"出益州及西戎，煎炼沙糖为之，可作饼块，黄白色"。

印度制糖法的相关记载·唐代敦煌残卷

法国国家图书馆·藏

第六章 食物提取加工

苏敬注曰："云用水牛乳、米粉和煎，乃得成块。西戎来者佳。近江左亦有，殆胜蜀者。云用牛乳汁和煎之糖，并作□[①]饼，坚重。"指出西北地区的人们已经将牛乳加入蔗汁中制作坚硬的饼状乳糖了，有时也会加入米粉，颜色黄白。唐代江左（即江东）地区也开始制作乳糖，比蜀地的品质还好。乳糖加工技术的产生与西北地区民族充分利用畜乳的习惯有密切关系。这种乳糖在李匡义《资暇集》中被称为"李环饧"，主要原料是牛乳和蔗糖，"苏乳煎之轻饧"，也被称为"乳饧"。乳饧作坊开张没多久，就名满洛阳，可见其受欢迎程度。通过上述文献，我们可以看出，唐代是制糖技术发生重大转折的时期，最主要的原因是不同国家、地区间加工技术的传播与交流。

插入竹筷以加速糖分结晶的蔗糖加工技术，到宋代有了更广泛的应用和技术进步，能够生产出"糖霜"，即大颗粒结晶冰糖，是比小颗粒沙糖结晶更先进的制糖技术。苏轼有"冰盘荐琥珀，何似糖霜美"的诗句。北宋寇宗奭《本草衍义·卷十八》载："甘蔗今川、广、湖南北、二浙、江东西皆有。……石蜜、沙糖、糖霜皆自此出，惟川浙者为胜。"不仅把蔗糖的加工品分成了三类，

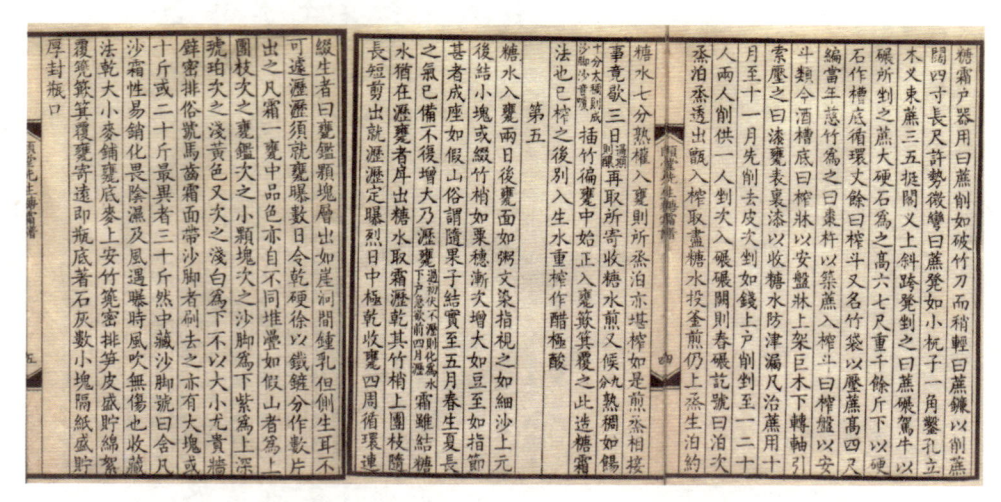

糖霜制作方法的相关记载·南宋王灼《糖霜谱》，清康熙四十五年（1706）楝亭藏本影印本
│中国农业博物馆·藏│

[①] 此处有一字但无法辨识。

清末民初南方榨甘蔗图·《西方的中国影像 1793—1949：迈施·威廉·弗里德里契卷二》

|迈施·威廉·弗里德里契·摄|

清代楸木雕花压榨甘蔗床

|中国国家博物馆·藏　王宪明·绘|

第六章　食物提取加工

即石蜜（粗制红糖）、沙糖（结晶红糖）、糖霜（结晶冰糖），还指出四川和浙江地区所产品质最好。北宋马咸《遂宁好》一诗中盛赞遂宁糖霜品质好："遂宁好，胜地产糖霜。不待千年成琥珀，真疑六月冻琼浆。"

南宋四川遂宁人王灼所撰《糖霜谱》更是高度肯定遂宁当地所产"糖霜"的品质，指出糖霜"福唐、四明、番禺、广汉、遂宁有之，独遂宁为冠。四郡所产甚微而碎，色浅味薄，才比遂宁之最下者"。书中详细记载了"糖霜"的加工技术。糖霜，又名"糖冰"，一般在每年十至十一月开始制作，具体制作方法分如下步骤。

一是榨取蔗汁。先将甘蔗削去外皮，砍成铜钱大小的片状，再放入蔗碾中压榨成汁。蔗碾由榨斗、榨盘、榨床和漆瓮组成，在榨斗中放入甘蔗片，榨盘和榨床是主要的榨汁部件，在牛的牵引下将蔗汁榨出，流入漆瓮中备用。如果没有碾，用舂碓也可以。榨汁后所剩的蔗渣还要上锅蒸制，蒸完再进行多次压榨取汁，以便甘蔗中的糖分被充分压榨出来。

二是煎煮浓缩。将蔗汁静置三日后，上火煎煮，煮至九分熟，浓稠如饧即可，倒入瓮中存放。

三是静置结晶。在瓮中插遍竹签，用簸箕覆盖，静置结晶。到来年正月十五前后，竹签上会有凝结成小块的糖霜，如粟穗般大小。随后，糖霜继续结晶增大，如指节般大小，最大的形状宛如假山。到五月份，糖霜一般不再增大。

四是取糖沥干。将竹签取出，剪下糖霜，沥干糖水，曝晒至干燥。瓮壁也会凝结如钟乳石状或成片的糖霜，需要就瓮曝晒几日，待糖霜干硬后再铲下。

书中还指出，一瓮产出的糖霜品色不同。以形态大小论，堆叠如假山样的糖霜最好，其次是竹签上结成的"团枝"，再次是瓮壁四周连缀生成的"瓮鉴"，又次的是剩下的小颗粒糖霜，最次的是细碎如沙的"沙脚"。以颜色论，紫色最好，深琥珀色的次之，浅黄色的又次之，浅白色的最差。而瓮壁周围细密结晶形成的"马齿霜"虽然细小，但却是最珍贵的，大概是因为颗粒极小如霜，产量少之故。至此，古代的糖霜结晶技术已经非常成熟了。《糖霜谱》还记载了对金汤、凤髓汤、妙香汤、糖霜饼等用冰糖加工的饮品和食物。

第三节 食用糖

《梦粱录·卷十三》记载南宋都城临安（今杭州）有各式卖糖果的小贩，如鰕须卖糖、福公个背张婆卖糖、洪进唱曲儿卖糖、顶傀儡面儿舞卖糖、白须老儿看亲箭披闹盘卖糖、标竿十样卖糖、效学京师古本十般糖等，各有特色，或唱或舞，用以招揽顾客。糖果的种类有秋千稠糖葫芦、吹糖麻婆子孩儿、凤糖饼、十般糖、花花糖、缩砂糖、五色糖等戏剧糖果之类，以及铁麻糖、芝麻糠、小麻糖、豆儿黄糖、杨梅糖、荆芥糖等小儿诸般食件。《武林旧事》记载临安街头有"诸般糖"作坊，仅从名字就能判断出是"糖果"或蔗糖加工食物的就有糖丝钱、十般糖、韵姜糖、花花糖、糖豌豆、乌梅糖、玉柱糖、乳糖狮儿、糖豆粥、糖粥、糖糕、蒸糖糕、生糖糕等，除此之外还有泽州饧、饧角儿等麦芽糖制品。

明清时期，制糖技术的进步主要体现在脱色剂的使用。明代以前的蔗糖生产，并未使用脱色剂，所以糖色均较深，粗制红糖和结晶沙糖基本都是黑红色，冰糖也主要是紫色和深琥珀色。

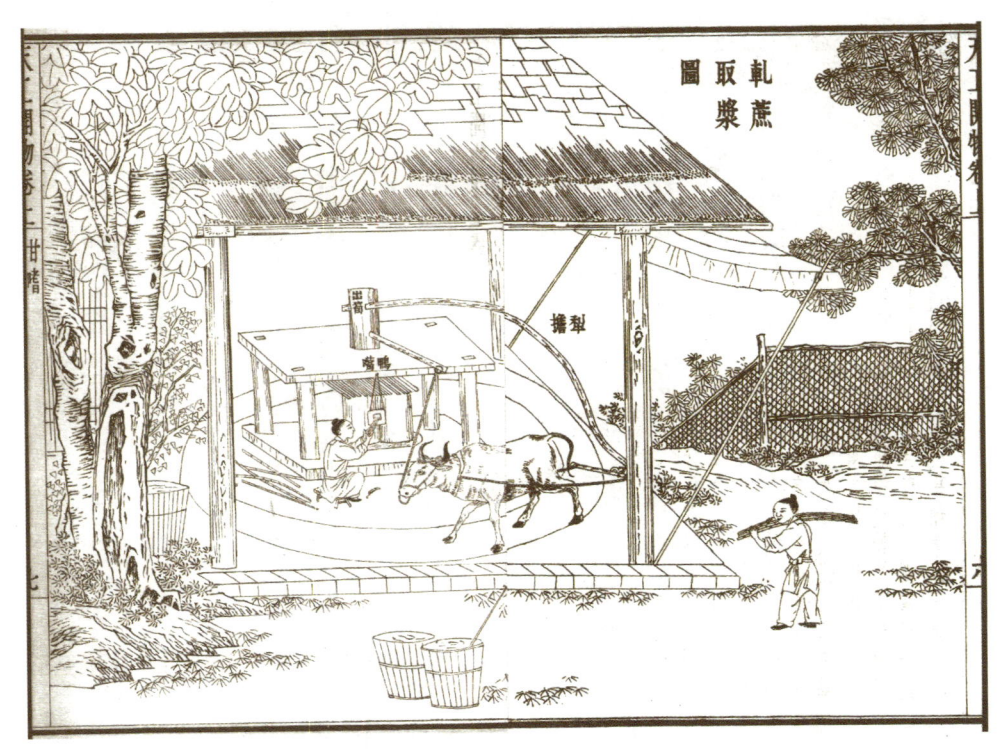

榨蔗取浆场景图·明代宋应星《天工开物》，民国十八年（1929）武进涉园据日本明和年刊本

第六章　食物提取加工

澄結
糖霜
瓦器

瓦溜
小孔

黃泥水

凡造獸糖者每巨釜一口受糖五十斤其下發火慢煎火從一角燒灼則糖頭滾旋而起若釜心發火則糖頭盡沸溢于地每釜用雞子三個去黃取清入冷水五升化解逐匙滴下用火糖頭之上則浮漚黑滓起水面以笊籬撈去其糖清白之甚然後打入銅銚下用之文武火温之看糖火色然然後入模凡獅象糖模兩合如瓦為之杓寫糖摸隨手覆轉傾下模冷糖入自有糖一膜靠模凝結燒名曰享糖華筵用之

糖霜脫色場景圖及有關記載·明代宋應星《天工開物》，民國十八年（1929）武進涉園據日本明和年刊本

第三节 食用糖

明代开始利用鸭蛋液和黄泥作为脱色剂，去除甘蔗皮中所含的紫色物质，加工提炼出白糖。弘治年间（1488—1505）周瑛等所修《兴化府志》记载了福建莆田、仙游等地的白糖制法，是将甘蔗汁加工成沙糖，再进行两步脱色，制成白糖。第一步是初步脱色，在沙糖汁中加入"鸭卵连清黄"，搅匀后使杂质上浮并捞净；第二步是黄泥脱色，将糖汁蒸发浓缩至黏稠状，放入用稻草等堵住底部的漏斗状容器中，待糖浆凝结堵住漏斗下方的出口后，拔去稻草，大约三月梅雨时节将漏斗上方用黄泥封堵，静置脱色三四个月左右，待大小暑月时，打破黄泥取糖，上层的都是白糖，晒干即可，靠近漏斗下方的糖略带黑色。

方以智《物理小识》中记载的白糖加工法有两种：一种是煎煮中先用石灰去除杂质，制成赤沙糖，再用白土进行脱色，制成白沙糖，最后加鸭蛋液进一步去除杂质；另一种是只用《兴化府志》所记载的黄泥脱色法制作白糖。

宋应星《天工开物·甘嗜第六》将蔗糖分为"红砂""白霜""凝水"，是不同加工阶段产生的不同蔗糖种类，并明确记载了三类糖在闽广等地的加工方法。甘蔗入糖车榨成汁后，加入石灰去除杂质，入三锅煎煮，三锅呈品字形，两锅不断煎煮稀蔗浆至浓稠后，聚集在第三口锅中小火煎煮，就可以制成红糖，即"红砂"。白糖即为"白霜"，是先将蔗汁加工成如前所述的浓稠蔗浆，颜色黄黑，放入桶中凝结成黑沙；黑沙放入底部用稻草封堵的瓦溜（上大下小的漏斗状容器）中，待黑沙凝固定形后，从瓦溜上方淋黄泥水，黑色杂质从瓦溜下方的小孔流出，最上层的糖就会变得异常洁白，被称为"洋糖"，也就是"白霜"了，下层的糖会略带黄褐色。"凝水"就是冰糖，是将洋糖煮化，加蛋清去除杂质，将青竹篾砍成寸段放入糖汁中，经过一夜的结晶，就能制成冰糖了。

明代李时珍在《本草纲目》中指出，蔗糖可以加工成不同的糖，"以白糖煎化，模印成人物狮象之形者"为飨糖，"以石蜜和诸果仁，及橙橘皮、缩砂、薄荷之类，作成饼块者"为糖缠，"以石蜜和牛乳、酥酪作成饼块者"为乳糖。

清代绘画中经常可见糖行、蜜饯糖食等售卖糖及糖渍食物的店铺。《北京民间风俗百图》中绘有打糖锣买糖果、抽糖人等生意人。打糖锣是招揽顾客的手段，众多小格子中摆放的各色糖枣豆食，甚是吸引人，跟今天糖果铺子中

第六章　食物提取加工

糖行·清代徐扬《姑苏繁华图》
|辽宁省博物馆·藏|

的摆设极为相似。抽糖人是将糖做成人物、禽兽等形状，让顾客抽取，在宋代《武林旧事》中就已有记载。

宋应星在《天工开物·甘嗜》中这么形容甜味对人的重要性，"气至于芳，色至于艳（qìng），味至于甘，人之大欲存焉。芳而烈，艳而艳，甘而甜，则造物有尤异之思矣"，认为人对甘甜的喜爱，就像喜欢芳香气味、喜欢青黑色一样，是"大欲"，是终极追求。从古至今，蜂蜜、饴糖、蔗糖都是甘甜味道的重要来源，不仅可以直接食用和加工成各种糖果，给人们带来美妙的味觉享受，更是人们加工各种食物、制造丰富味觉层次不可或缺的重要调味品。

煮白饧法

用白牙散蘖佳；其成饼者，则不中用。用不渝釜，渝则饧黑。釜必磨治令白净，勿使有腻气。釜上加甑，以防沸溢。干蘖末五升，杀米一石。

米必细舂，数十遍净淘，炊为饭。摊去热气，及暖于盆中以蘖末和之，使均调。卧于酳瓮中，勿以手按，拨平而已。以被覆盆瓮，令暖，冬则穰茹。冬须竟日，夏即半日许，看米消减离瓮，作鱼眼沸汤以淋之，令糟上水深一尺许，乃上下水洽。讫，向一食顷，使拔酳取汁煮之。

每沸，辄益两杓。尤宜缓火；火急则焦气。盆中汁尽，量不复溢，便下甑。一人专以杓扬之，勿令住手，手住则饧黑。量熟，止火。良久，向冷，然后出之。

用粱米、穄米者，饧如水精色。

——北魏贾思勰《齐民要术》

糖霜

凡治蔗，用十月至十一月。先削去皮，次剉如钱。上户削剉至一二十人，两人削，供一人剉。次入碾，碾阙则舂。碾讫，号曰泊。次蒸泊，蒸透出甑入榨，取尽糖水，投釜煎，仍上生蒸泊。约糖水七分熟，权入瓮，则所蒸泊亦堪榨。如是煎蒸相接。事竟，歇三日。再取所寄收糖水煎。又候九分熟，稠如饧，插竹偏瓮中，始正入瓮，簸箕覆之。此造糖霜法也……

水入瓮两日后，瓮西如粥文，染指视之，如细沙。上元后结小块，或缀竹梢如粟穗。渐次增大如豆，至如指节，甚者成座如假山，俗谓随果子。结实至五月，春生夏长之气已备，不复增大，乃沥瓮。霜虽结，糖水犹在，沥瓮者庰出糖水，取霜沥干。其竹梢上团枝，随长短剪出就沥。沥定曝烈日中，极干，收瓮。四周循环连缀生者曰瓮鉴，颗块层出，类崖洞间钟乳，但侧生耳，不可遮沥。沥须就瓮曝数日令干硬，徐以铁铲分作数片出之。

——南宋王灼《糖霜谱》

第七章 食物贮藏保鲜

> 我生百事常随缘……三年饮食穷芳鲜。
>
> ——宋代苏轼《和蒋夔寄茶》

《左传·襄公三十年》有「惟君用鲜」之语，认为只有尊贵的国君才能用新鲜的祭品来祭祀。《新唐书·杨贵妃传》记载：「妃嗜荔支，必欲生致之，乃置骑传送，走数千里，味未变，已至京师。」杨贵妃爱吃新鲜荔枝，唐玄宗便利用国家的驿传系统（用于公文等国家重要信息、物资的快速传送）为她从南方千里迢迢运来，为此还有了杜牧的千古名句「一骑红尘妃子笑，无人知是荔枝来」。宋代苏轼在《和蒋夔寄茶》中也说「我生百事常随缘，……三年饮食穷芳鲜」。这些正是古人对芳鲜美食的直白追求。

自古以来，因为新鲜食物难以保存、容易腐烂，以及历史时期保鲜条件和远距离运输能力的限制，最大限度地保持食物的新鲜始终是人们关注的重点。人们也在实践中不断积累经验并运用智慧，想方设法延长食物的保存期限，以满足从春到冬的饮食需求。

第一节 天然冰在食物保鲜中的应用

> 凿冰冲冲，纳于凌阴。
> ——周代《诗经·国风·豳风》

距今两千多年前，在中国陕西彬县、旬邑一代，每到夏历腊月间，官员"凌人"就开始组织百姓凿取冰块，送往"凌阴"贮藏，为当年的祭祀活动和来年的使用作准备。《诗经·国风·豳风》载"二之日凿冰冲冲，三之日纳于凌阴，四之日其蚤，献羔祭韭"，就是对这一重要活动的记录，展示的正是古代先民开采、贮藏天然冰，并利用天然冰的降温作用，最大限度地延长食物的保存期限。结合《周礼·天官·冢宰》中关于"凌人"的记载，我们可以更深入地了解到当时人们利用天然冰为食物保鲜的方法和过程。

谁来管理这项工作？凌人是周王室专门负责采集、贮存和分发冰块，以及管理凌阴等工作的专职官员，下面还设有士二人、府二人、史二人、胥八人，以及徒八十人，形成了一个近百人的庞大机构。

凌人要在寒冬腊月期间，带领百姓凿取河流冻结所产生的天然冰块，凿取量一般是使用量的三倍，应该是已将冰块融化的损耗计算在内了。随着天气渐热，凌人还要组织"颁冰"仪式，代表周王室将贮藏的冰取出来分给大臣们使用。中国现存最早记录农事的历书《夏小正》中也有夏历"二月颁冰"的记

第七章　食物贮藏保鲜

载，可能早在夏代，就已经开始采集并利用天然冰来为食物保鲜了。等到秋季渐凉，不再需要用冰块保鲜时，凌人就会带领下属清理凌阴，以备冬季继续使用。

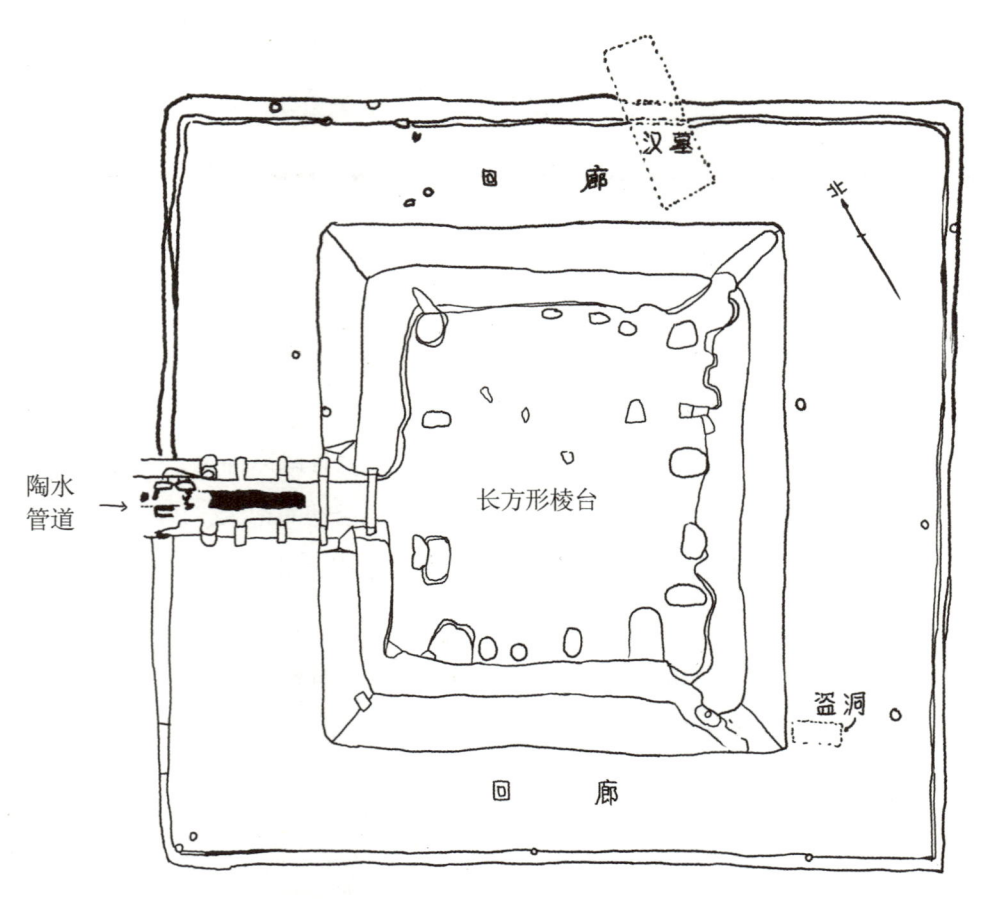

天然冰贮藏于何处？西周时期，贮藏天然冰的场所被称为"凌阴"。考古学家发现了多处春秋战国时期的凌阴遗址，其中，最大的是位于陕西凤翔秦都雍城宫殿中的凌阴遗址，能贮存多达一百九十立方米的冰块。

凌阴遗址平面图·陕西凤翔秦都雍城宫殿遗址

| 王宪明参考《陕西凤翔春秋秦国凌阴遗址发掘简报》·绘 |

陕西凤翔秦都雍城凌阴遗址形如一个倒置的长方形棱台，台上可以存储冰块，窖内四周有回廊，可用于存放容器及各类食物。内部设有水道，与外河道相连，冰块融水可由此排出，以防止积水过多使存冰消融。

第一节 天然冰在食物保鲜中的应用

河南新郑是春秋时郑国和战国时韩国的都城。考古学家在新郑的郑韩故城遗址宫殿区的西北部，发掘出一处地下窖穴，入口处有供人上下的窄小台阶，地面铺方砖，墙壁也经过特殊处理。底部偏东一侧，南北成行地排列着五口井，均呈圆筒状，井身用陶制的井圈套叠而成，井内出土了大量的猪、羊、牛、鸡等的骨骸。据考古工作者研究，此为宫廷的冷藏设施"凌阴"，井应该是专为贮存肉类食物而开凿的冷藏井。

历代史书有很多关于王室储冰场所的记载，名称也多有变化。除了"凌阴"之外，《越绝书》记载越王勾践和吴王阖闾都有自己的"冰室"。《汉书·惠帝纪》载，汉惠帝四年（公元前191年）"秋七月己亥，未央宫凌室灾"，把冰库被烧毁之事列入帝王本纪，可见当时人们对储冰及其场所的重视。宋人高承在《事物纪原》中引用《魏志》记载，建安十九年（214），曹操造台藏冰，称为"凌室"。唐代将冰室称为冰井，《新唐书·百官志》记载"季冬藏冰千段，先立春三日纳之冰井"。《宋会要辑稿》记载"建隆二年（961），诏置冰井务，隶皇城司"，冰窖由执掌宫禁的皇城司管理，方便宫廷使用。

皇室藏冰规模最大的当属清代。据《大清会典》记载，当时供祭祀和宫廷使用的冰窖，紫禁城内有五口，藏冰25000块，景山西门外有六口，藏冰54000块，德胜门外有三口，藏冰36700块。除此之外，德胜门外还有土窖二口，藏冰40000块，正阳门外有二口，藏冰60000块，以供官署使用。由此可见，历代皇室基本都建有供宫廷生活和祭祀使用的冰窖，冰窖也成为历代宫廷建筑不可或缺的重要组成部分。

贮藏的天然冰，最初只是皇室宫廷及贵族的专属用品。皇帝每年颁冰给贵族大臣们使用已经成为一种国家仪典，是来自天子的恩赐。自唐代开始，出现了销售冰块的记载，《唐摭言·卷十二》记载"昔蒯（kuǎi）人为商而卖冰于市"。但因为采集、贮藏冰块不易，所以市场售卖的价格极高，唐末《云仙杂记·卷六》说"长安冰雪，至夏日则价等金璧"，可知不是寻常百姓能享用得起的。宋代开始，百姓用冰才逐渐多了起来，街市上开始出现各种冰雪冷饮食品，在《东京梦华录》《梦粱录》《西湖老人繁盛录》《武林旧事》等文

战国时期青铜冰鉴·湖北随县擂鼓墩 1 号曾侯乙墓出土

|中国国家博物馆·藏　王宪明·绘|

这件青铜冰鉴由一个方鉴和一个方尊缶组成，方尊缶置于方鉴内，底部一侧有两个长方形榫眼，另一侧有一个长方形榫眼。安装时，把三个榫眼与方鉴底部的三个弯钩扣合，其中一个弯钩的活动倒钩自动倒下后，可把方尊缶固定在方鉴内不晃动，设计制作十分精巧。与青铜冰鉴配套的还有一把长柄青铜勺，长度足以探到尊缶的底部。这件冰鉴是古人用来冰酒的。方鉴与方尊缶之间的空间放置冰块，这样就能达到冰酒的目的了。

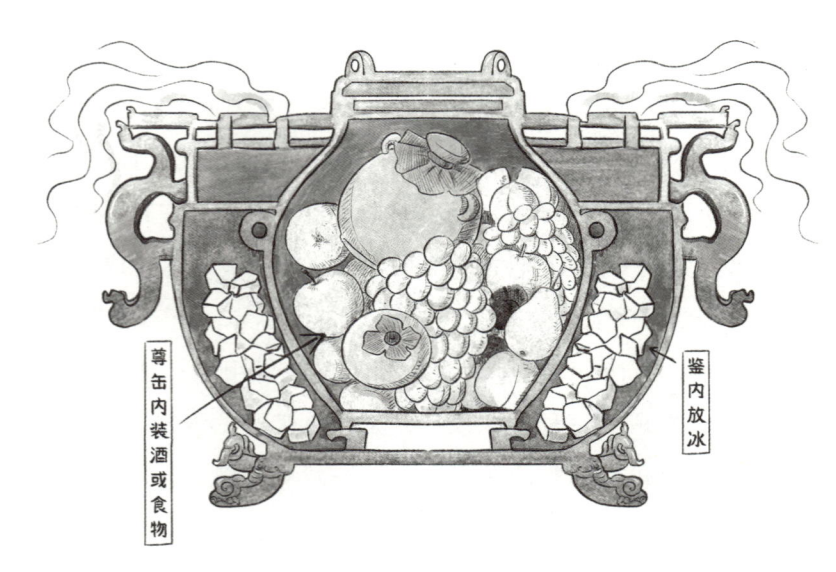

冰鉴储冰原理示意图

|王宪明参考湖南省博物馆《曾侯乙墓》·绘|

清代柏木冰箱

|故宫博物院·藏　王宪明·绘|

冰箱外部为柏木质。箱上有一对箱盖。箱内设一层格屉。盛夏时节，格屉下放冰块，将食物放于屉板之上，而箱内四壁用铅皮包镶，可以隔绝外面的热气进入箱内，利于冰块保持低温，对箱内贮藏的食物起到冷藏保鲜的作用。冰箱外部两个侧面各安两个铜提环，以便提拉冰箱之用。

元代王宫司宝壁画

|山西洪洞县广胜寺水神庙·藏|

图片出处：壁画艺术博物馆编《山西古代壁画珍品典藏·卷二》

右下角方桌下有一梯形方盒，盒中放有水果，旁边白色山形块状物品应该是冰块，能够为水果提供低温环境，便于保鲜。

第七章　食物贮藏保鲜

献中均有记载。到了明清时期，已经出现了很多民间冰窖，从事冰块的贮藏、销售。当官府冰窖入不敷出时，还会向民间冰窖采买。当时还出现了以贮冰、售冰为业的专业户，北京德胜门附近的冰窖口胡同就是以前专门从事贮冰和售冰的冰厂。

用何种容器保鲜食物？根据《周礼·天官·冢宰》的记载，一到春季，凌人就会带领属下准备、检查用来盛放冰的鉴，曰"治鉴"。凌人还要将冰和鉴送到掌管周王膳食的职官内饔（yōng）、外饔那里，用以贮藏王室的食物，还要将冰和鉴送到职官酒人、浆人那里，用来贮存王室的酒醴和浆饮。

冰鉴是利用天然冰冷藏食物的容器，汉代经学家郑玄这样解释冰鉴的作用："以盛冰，置食物于中以御温气。"冰鉴一般由内外两层容器组成，中间形成夹层，用来放置冰块，内层容器主要用于贮存食物。冰鉴的保存结构有点类似现代的冰箱，外层制冷，为内部贮藏的食物提供低温保鲜环境。除了为食物保鲜，冰鉴还可以为尸体保鲜防腐，被称为"夷盤"。

明代还出现了一种冰鲜船，主要用于鲥（shí）鱼的保鲜运输。于慎行诗云"六月鲥鱼带雪寒，三千里路到长安"，这里的"带雪寒"就是随船利用冰块为新鲜易腐的鲥鱼保鲜，以便运到三千里之外的长安城。潘季驯《河防一览》中也记载了这种冰鲜船，是将鲥鱼装船后，用冰盖住并填充结实后再行运输。王世贞《弘治宫词》云："五月鲥鱼白似银，传餐颇及后宫人。踌躇欲罢冰鲜递，太庙年年有荐新"，说明冰鲜运输鲥鱼是为了满足宫廷饮食和太庙祭祀的需求。而用冰鲜船远距离运输鲥鱼，可以算作是古代的"冷链运输"了。民国时期《镇海县志》记载，嘉庆二年（1797），当地新碑头帮有冰鲜船六十余艘，可见当时冰鲜船的规模及使用的广泛程度。

明清时期，开始使用一种木制"冰箱"来为食物保鲜，又称为"冰桶"，是从古代冰鉴演变而来的。一般用木制胎，冰箱口大底小呈方斗形，以厚木板为盖，腰部上下箍铜箍两周，两侧有铜环，方便搬运。箱内一般使用导热性能较弱的铅或锡为里，既能有效隔热，延长天然冰使用时间，又能防止冰水浸腐箱体。

第一节　天然冰在食物保鲜中的应用

冰鲜的效果如何？明代刘侗在《帝京景物略》中的一段描述也为我们展现了天然冰保鲜的效果：

> 八日，先期凿冰方尺①，至日纳冰窖中，鉴深二丈②，冰以入则固之，封如阜。内冰启冰，中涓为政。凡苹婆果入春而市者，附藏焉。附乎冰者，启之，如初摘于树，离乎冰，则化如泥。其窖在安定门及崇文门外。

苹婆果又称凤眼果，是产于南方的水果，不耐贮存，将其放入冰窖中保鲜，等到吃的时候，就像刚从树上摘取的一样，窖藏冰鲜的效果相当不错。当时凡入春时销售的苹婆果，都是在冰窖中冷藏保鲜的。前述将鲥鱼放入冰鲜船运送到数千里之远的北方，也说明冰鲜效果很好。

另外，值得一提的是，宋代苏轼说过"夏天肴馔悬井中，经宿不坏"。宋代和清代还有将笋或荔枝密封处理后，沉入井底的保鲜方法。井水寒冷，也能创造类似冰鲜的低温环境为食物保鲜。

先秦时期，中国古代先民就已经发现了冰块能够为食物等提供低温保鲜环境，延长食物的保存期限。历代宫廷一直有采集、贮存天然冰的传统，并将之用于食物、酒水等的冷藏保鲜，最大限度地满足了王宫贵族对新鲜食物的需求。唐代，天然冰开始出现于市场售卖。到了清代，民间冰窖与官方冰窖并存，前者主要用于满足百姓日常的用冰需求，说明普通百姓对天然冰的利用已经非常普遍了。时至今日，冰块依然是日常食物保鲜的重要手段之一。

---

① 根据闵宗殿《中国古代农业通史·附录卷》，明代一尺（量地尺）约为现在的32.7厘米。
② 根据闵宗殿《中国古代农业通史·附录卷》，明代一丈（量地尺）约为现在的327厘米。

第二节 天然冰在冷饮冰食中的应用

> 公子调冰水，佳人雪藕丝。
> ——唐代杜甫《陪诸贵公子丈八沟携妓纳凉晚际遇雨二首》

《周礼·天官·冢宰》中除了"凌人"外，还有"浆人"，是掌管王室"六饮"的职官。"六饮"之一曰"凉"，"以糗（qiǔ）饭加水及冰制成"，看来是用煮熟的谷类粮食加水和冰制成的冷饮，类似现在的冰粥。战国时期的《楚辞·招魂》中写到"挫糟冻饮，酎（zhòu）清凉些"，其中的"挫糟"指的是楚地人喜欢喝的一种甜酒，说的是将甜酒冰冻后饮用，感觉非常清凉，《楚辞·大招》中也有"清馨冻饮"的记载。

可见，早在周代，王室贵族的宴饮食谱中就已经出现冷饮了。这反映的不再是古人如何用天然冰保鲜食物，而是利用天然冰吸收热量融化后所具有的降温作用来加工食物，改变食物原有的风味，带来不一样的味觉享受。前述出土于战国时期楚地墓葬的青铜冰鉴，正是当地用来加工冰镇甜酒的工具。《越绝书》中记载越王勾践夏季"食于冰厨"，可见冰在夏季王室饮食中相当常见，因其极易融化，当时或设有专门的厨房，用来为王室制作冰食，以解暑降温。

冰块因为不易得，至少唐代以前，都是宫廷的专享物资，也被历代君王作为重要赏赐，赐给大臣，所以冷饮冰食最初只是宫廷以及贵族官宦才能享用的

第二节 天然冰在冷饮冰食中的应用

食物。三国时期的曹丕在《与朝歌令吴质书》中有"浮甘瓜于清泉，沉朱李于寒冰"的诗句，就是利用低温的水或者冰将瓜、李等水果冷却，以带来更好、更甜的口感。《晋书·慕容熙载记》记载十六国时期后燕慕容熙的皇后苻氏在夏天想吃"冻鱼脍"。脍就是生肉丝，古人以生肉切丝食用由来已久，认为生肉丝切得越细越好，故有"食不厌精、脍不厌细"之语。后燕皇后想吃的"冻鱼脍"，或许就是放在冰上冷冻后的鱼脍，既利于保鲜，在夏季食用时冰爽的口感也更好。

唐代开始，冷饮冰食的种类开始增多，最著名的莫过于"酥山"了，是王室贵族举办高级宴席时才能见到的冷饮制品。唐代诗人王泠然作有《苏合山赋》，"苏合山"就是"酥山"。诗中这样描绘"酥山"的制作："味兼金房之蜜，势尽美人之情，素手淋沥而象起，元冬涸（hù）而体成。"酥山一般由女性制作，主要是用奶制品"酥"，类似现在的黄油，加热到即将融化的程度，拌入蔗浆或蜂蜜，然后用手捧握，利用冰的冷却作用，在冰盘中淋滴出山峦起伏的

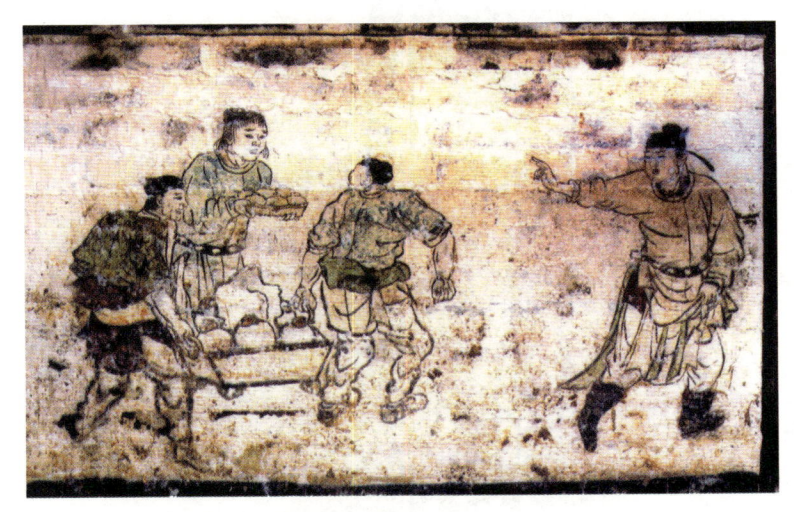

奉酒壁画·山西阳泉平定县城关镇西关村金墓
|山西省博物院·藏|
图片出处：徐光冀主编《中国出土壁画全集·山西卷》

图中两人抬一方形盒，内有酒坛或浆饮坛，旁边山形块状物应为冰块，可以起到冰镇保鲜作用。图中人物或赤膊，或撩起衣摆，说明当时的天气应该相当炎热。

第七章　食物贮藏保鲜

侍者酥山壁画·陕西咸阳乾县唐代章怀太子墓
|陕西历史博物馆·藏|

　　壁画中侍女圆脸朱唇，戴幞头，身着圆领长袖袍，束腰带。双手托一圆盘，盘中应为酥山，酥山上装饰有人工彩树、花朵等，似乎正在供奉给主人食用。

第二节　天然冰在冷饮冰食中的应用

清代金廷标《莲塘纳凉图》
|上海博物馆·藏|
　　画中主人公倚在莲塘边竹林下的石桌旁纳凉，桌上摆着莲藕等消夏瓜果，旁边还用冰块冰镇降温，实属惬意。画意正应了杜甫《陪诸贵公子丈八沟携妓纳凉晚际遇雨》中"竹深留客处，荷净纳凉时。公子调冰水，佳人雪藕丝"的诗句。

造型。夏季还需放入冰窖凝冻定型，有时还会插些人工制作的彩树、假花等作装饰，或将山峦染成"贵妃红"或"眉黛青"等颜色，可以算是现在冰激凌的雏形了。

　　据《唐语林》记载，唐玄宗赐给大臣陈知节一种冰饮，叫"冰屑麻节饮"，导致陈知节在酷暑时节"体生寒慄，腹中雷鸣"，可见这种冰饮之寒凉。"冰屑麻节饮"具体为何物，史籍未见记载。冰屑当为冰碎，类似现在的刨冰、冰

第七章　食物贮藏保鲜

沙。"麻节"还未见有相关解释。中医有一味药曰"麻黄",麻黄有节,节有止汗的功效,恰与麻黄发汗之功效相反。麻黄入药时,为防止其节阻碍麻黄发汗功效的发挥,一般会去掉节。"麻节"或为麻黄节,如此则"冰屑麻节饮"就是利用麻黄节止汗的效果,再加入冰屑来制作消暑降温的饮品,难怪暑热时饮用能使人体寒腹鸣了。

唐代还流行饮用冰冻过的"蔗浆",是将甘蔗榨汁后经过晾晒、煎熬,再冰镇制成的饮品。王维《敕赐百官樱桃》云"饱食不须愁内热,大官还有蔗浆寒",指的应该就是冰蔗浆。唐彦谦《叙别》有"碧碗敲冰分蔗浆"的诗句,是将冰块敲碎加入蔗浆中饮用。至于刘禹锡《刘驸马水亭避暑》"赐冰满碗沉朱实"和韩偓《雨后肿玉堂闲坐》"绿香熨齿冰盘果"中描述的冰镇果盘,杜甫《陪诸贵公子丈八沟携妓纳凉晚际遇雨》"公子调冰水,佳人雪藕丝"和《郑驸马宅宴洞中》"冰浆碗碧玛瑙寒"中描述的冰水和冰镇藕丝,大概已经是富贵人家常见的冰饮小食了。藕作为夏季时令蔬菜,被时人视为消暑食品,再与碎冰搭配,最适合盛夏时节食用。

唐代还出现了一种需要用冰加工的冷淘食物,曰"槐叶冷淘"。《唐六典·光禄寺》中记载有"夏月加冷淘、粉粥"的记载,说的是夏季宫廷祭祀、朝会燕飨(xiǎng)之时会在常例食物之余,额外增加"冷淘"这种时令餐食。通过杜甫的《槐叶冷淘》诗,我们大致能看出槐叶冷淘的做法,应该是用槐叶汁和面做成面食或粉食,将其加热煮沸后过冰水拔凉,有时还会放入冰窖中冷冻后再食用,杜甫认为其入口比雪还凉。所以,"冷淘"应该是用冰水或冰加工食物的烹饪方式,后世还不断发展出很多不同的变化,如北宋诗人王禹偁作有《甘菊冷淘》一诗,说的是用甘菊加工而成的冷淘面;南宋《西湖老人繁盛录》记载有"银丝冷淘"。到了清代,根据《帝京岁时纪胜》的记载,京师地区,冷淘面是盛夏时节家家俱食的冷食,又称为"过水面",种类也不再局限于利用槐叶和甘菊加工,而是发展出了各式花色冷面,因为其青翠可爱的颜色而备受各省游历友人的推崇。

到了宋代,随着都市商业的日渐发达,在市场上出现了很多冷饮店,贩卖

第二节 天然冰在冷饮冰食中的应用

的冷饮种类也非常丰富。宋代人对冷饮冰食的喜爱，诗人杨万里有很形象的描绘，"帝城六月日卓午，市人如炊汗如雨。卖冰一声隔水来，行人未吃心眼开"。炎炎盛夏，暑热难耐，街上的人们仿佛像在厨房中一样，挥汗如雨，突然听到冰饮的叫卖声，还没吃到嘴里就已经喜笑颜开、迫不及待了。

根据《东京梦华录》记载，北宋汴梁城（今河南开封），一到六月间，店铺就会当街"列床凳堆垛冰雪"，摆上床凳，堆上冰雪，售卖冰雪荔枝膏、砂糖绿豆、水晶皂儿、黄冷团子、鸡头穰冰雪等特色冷饮冰食，龙津桥夏季夜市上还有冰雪冷元子、甘草冰雪凉水等冷饮售卖。如今饮品铺子中售卖的冷饮也依然是放在碎冰上降温，以保持冰凉的口感，与宋代夏日街头的景象一模一样。《梦粱录·卷十六》记载了南宋临安城（今浙江杭州）的茶肆"暑天添卖雪泡梅花酒"，应该是梅花酒加冰饮用。《西湖老人繁盛录》《武林旧事》还记载临安城有乳糖真雪、富家散暑药冰水、雪泡缩脾饮、甘豆汤、椰子酒、豆儿水、鹿梨浆、卤梅水、姜蜜水等近二十种各色冷饮冰食，种类相当丰富。《武林旧事》在谈及宫廷如何消暑度夏时，说有"蔗浆金碗、珍果玉壶"等消夏冷饮，使得宫廷之人都感受不到人间还有酷暑了。《东京梦华录》中记载临安街市店铺中还售卖冻蛤蜊、冻鸡、冻三鲜、冻石首、冻白鱼、冻三色炙、冻鱼、冻鲞、冻肉、冻姜豉蹄子、冻姜豉鸡等菜肴，应该是利用冰块加工成的冷食。

饮子是宋代非常流行的一种饮料，一般用各种食材、中药材烹制而成，也叫"香饮子"。据史籍记载，宋代可见紫苏饮、香薷（rú）饮、薄荷饮、梅水、姜蜜水、木瓜汁、沈香水、荔枝膏水等各色饮子当街售卖，热饮冷饮皆可，其中雪泡缩脾饮就是典型的用冰块加工的冷饮子。

《宋史》中还记载了一种"蜜沙冰"的冷饮食物，是每到伏日，皇帝赏赐给重臣的一种特色冰食，应是用豆沙和蜂蜜加冰制作而成的。"冰酥"也是当时所见的一种冷饮，可能沿袭了唐代"酥山"的制作方法，使用奶制品酥加冰制成。北宋梅尧臣有"咀味销冰酥"的诗句，南宋诗人杨万里也有《咏酥》诗曰"似腻还成爽，才凝又欲飘；玉来盘底碎，雪到口边销"，说的就是这种冰酥。到了元代，又被称为"冰酪"，元代陈基有诗云"色映金盘分处近，恩兼

第七章　食物贮藏保鲜

冰酪赐来初"。相传，元世祖忽必烈为了防止盛夏时节牛奶变质，将其与冰块共同存放，意外发明了"奶冰"，这一制作方法还被意大利旅行家马可·波罗带回欧洲，催生了欧洲的"冰激凌"。这一传说中的奶冰，或许就是"冰酪"。清代杨米人《都门竹枝词》有"卖酪人来冷透牙"的诗句，说的应该也是这种"冰酪"，让人一看到卖酪人，就口齿生寒。

辽代史籍记载了"冻梨"，见于庞元英《文昌杂录》：

> 余奉使北辽，至松子岭。旧例，互置酒，行三，时方穷腊，坐上有北京压沙梨，冰冻不可食，接伴使耶律筠取冷水浸，良久，冰皆外

明代吴彬《月令图卷》(局部)
台北故宫博物院·藏

图中描绘了六月时，楼前放有两张几案，各放有瓜果、莲藕及壶罐等容器，旁边有大块的冰块起冰镇作用，以备主人消暑祛热之用。

第二节　天然冰在冷饮冰食中的应用

结，已而敲去，梨已融释。自尔凡所携柑桔之类，皆用此法，味即如故也。

"冻梨"是利用低温环境使梨冻结成冰，食用时用冷水浸泡，冰梨融化后食用，也可用于制作冻柑桔。至今在东北地区，仍然流行食用冻梨，风味独特，也被称为"冻秋梨"。

金元时期，出现了"冰镇珍珠汁"，见于元好问《续夷坚志》，做法是收集甘肃地区的洮水冬日凝结的小冰珠，"如芡实，员结如一耳郑之珠"，贮存至盛夏时节，加入蜜水，调和食用，就像珍珠一样。元代还有用"冰浆"作为宫廷赏赐的记载，也常见于明代宴席，应该是冰镇果汁或蔗浆类的饮品。

明清时期，冷饮冰食已经不是罕贵之物了，品种更为丰富。尤其是北京城，每到夏季，随着民间冰窖的发展、冰块贮存能力的提升和市场销售的增多，沿街叫卖冷饮冰食者随处可见。富察敦崇《燕京岁时记》记载有沿街叫卖"冰胡

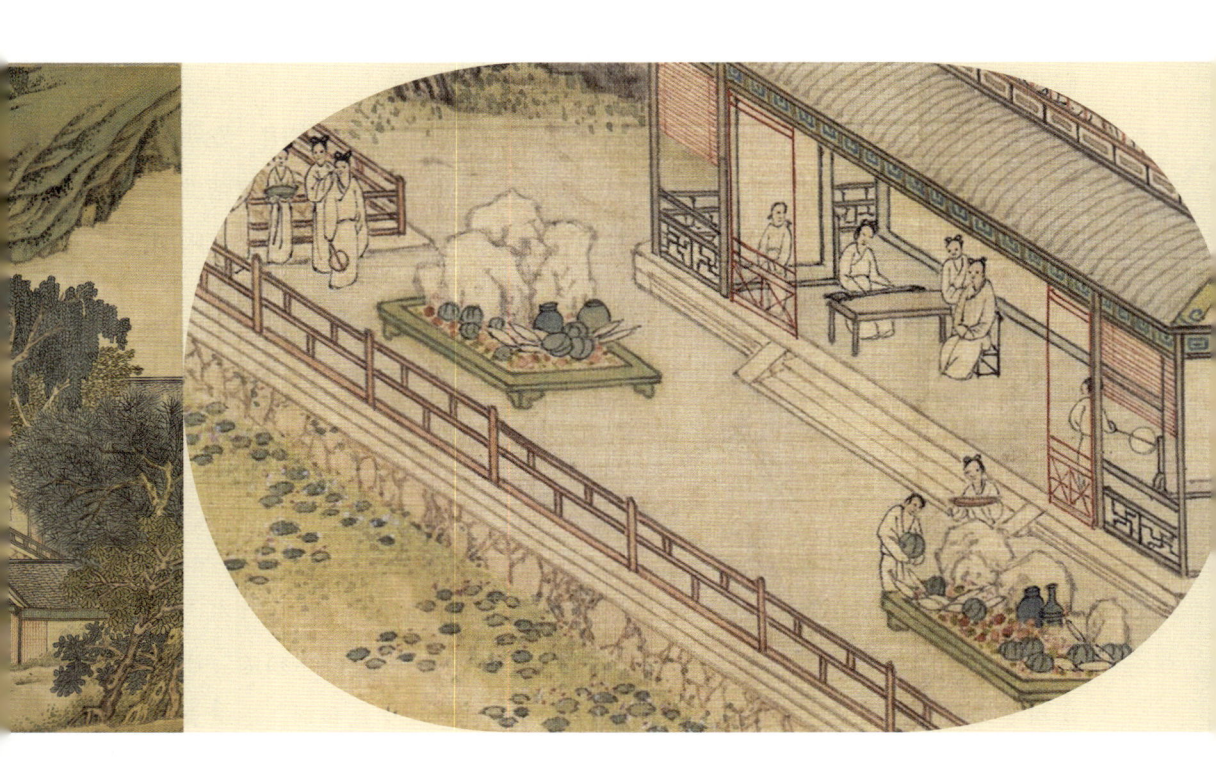

第七章　食物贮藏保鲜

儿"的，得硕亭也有"儿童门外喊冰核"的诗句，正是卖冷饮冰食的小贩。

严辰在《忆京都词》中说到京都夏日，宴席上"必有四冰果，用冰拌食，凉沁心脾"。《清稗类钞》也记载了将鲜核桃、鲜藕、鲜菱、鲜莲子等杂放于小冰块中，用于宴席招待。旧北京的什刹海荷花市场是当时最大的冰食市场，其中会贤堂饭庄的什锦冰盘闻名京城。顾禄在《清嘉录》中记载，清代苏州，每逢盛夏有卖"凉冰"的，杂以杨梅、桃子、花红之类，俗称冰杨梅、冰桃子。这些都是将冰块与水果小食类相拌食用，被称为"冰果""冰盘""冰碗""甜碗子"。

冰镇酸梅汤是清代极负盛名的冷饮，清代宫廷称之为"土贡梅煎"。郝懿行在《都门竹枝词》中这样写道："铜碗声声街里唤，一瓯冰水和梅汤。"《燕京岁时记》载有"前门九龙斋及西单牌楼邱家者为京都第一"，认为这两家制作的酸梅汤口味最好。《燕京岁时记》和崇彝的《道咸以来朝野杂记》中都记载了冰镇酸梅汤的做法，主要是用乌梅、冰糖熬制而成，有时还会加上蜂蜜、桂花、玫瑰、木樨等，用冰冷却，最是消暑解热、生津止渴。时至今日，也是人们非常喜爱的消暑饮品。

三千多年来，中国古代先民充分利用自然冰的保鲜、降温作用，发明并不断丰富形成了多种多样的冷饮冰食，从王室贵族惠及市井百姓，不仅帮助人们更加舒适地度过炎炎酷暑，减少苦夏烦恼，也为传统农耕社会增添了无限的生活情趣。

冷淘面法

生姜去皮，擂自然汁，花椒末用醋调，酱滤清，作汁。不入别汁水。以冻鳜鱼、鲈鱼、江鱼皆可。旋挑入减（咸）汁内。虾肉亦可，虾不须冻。汁内细切胡荽或香菜或韭芽生者。搜冷淘面在内。用冷肉汁入少盐和剂。冻鳜鱼、江

294

鱼等用鱼去骨、皮，批片排盆中，或小定盘中，用鱼汁及江鱼胶熬汁，调和清汁浇冻。

——元代倪瓒《云林堂饮食制度集》

酸梅汤

酸梅汤以酸梅合冰糖煮之，调以玫瑰木樨冰水，其凉振齿。以前门九龙斋及西单牌楼邱家者为京都第一。

——清代富察敦崇《燕京岁时记》

第三节 食物的常温贮藏保鲜

> 菽粟瓶罂贮满家。
> ——宋代范成大《秋日田园杂兴》

在距今七千多年前的河北武安磁山新石器时代遗址中，考古学家们发现了400多座窖穴，其中有88座窖穴贮存了炭化粟粒，应该是当时贮藏粮食的窖穴。据专家推测，这些炭化粟约有十万斤之多。这不仅反映了新石器时代粮食作物粟的种植面积很大、产量很高，也展示了史前人们利用窖穴来贮藏粮食，延长保存期限，以解决食物生产季节性与生存需求全年性之间的矛盾。与冰鲜法不同的是，这里利用的是窖穴这种常温干燥的保存环境。在漫长的历史发展过程中，中国先民充分利用各种技术手段来实现常温环境下的食物贮藏保鲜。

粮食的常温贮藏保存

《管子·牧民》曰："仓廪实则知礼节，衣食足则知荣辱"，强调的是百姓只有粮食充足、衣食无忧，才能进一步培养礼仪、懂得荣辱。这里的"仓廪实"，说的就是用粮食装满储粮建筑"仓"和"廪"。《诗经·魏风·伐檀》曰：

第三节　食物的常温贮藏保鲜

"不稼不穑，胡取禾三百囷（qūn）兮？"《诗经·小雅·楚茨》曰："我黍与与，我稷翼翼。我仓既盈，我庾（yǔ）维亿。"这里提到的"囷""仓""庾"等，也都是储粮建筑。

粮食是国家存亡和百姓生存最基础的物质资料。从古至今，国家和百姓都非常重视粮食的收储，收储方式大致可以分为地下贮藏和地上贮藏两种。

前述磁山遗址的窖穴，就属于地下贮藏方式。除武安磁山遗址外，距今约六千七百年的西安半坡仰韶文化遗址也发现了两百多个贮藏粮食的窖穴，窖穴中存放有适于贮存粮食的大型瓮罐陶器，并发现有炭化粟粒。用陶器装盛粮食进行贮藏，能有效起到防潮作用，延长保存期限。龙山文化时期的陕西沣西客省庄遗址考古发现的储粮窖穴规模更大，坑壁光滑、坚硬、平整，说明进行过特殊处理。窖口还有陶制的盖，使贮存效果更好。周代湖北圻春遗址、陕西沣

新石器时代河北武安磁山遗址 1346 号窖穴（灰坑）平、剖面图

| 王宪明参考孙德海等《河北武安磁山遗址》·绘 |

新石器时代河北武安磁山遗址发现了四百多座窖穴，其中有88座窖穴贮存了炭化粟粒，堆积厚度一般在0.3～2米，有10座窖穴的堆积厚度达2米以上，应该是当时贮藏粮食的窖穴。

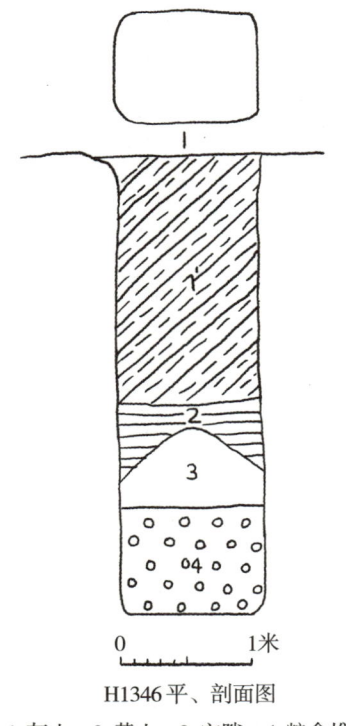

H1346平、剖面图
1.灰土　2.黄土　3.空隙　4.粮食堆积

第七章 食物贮藏保鲜

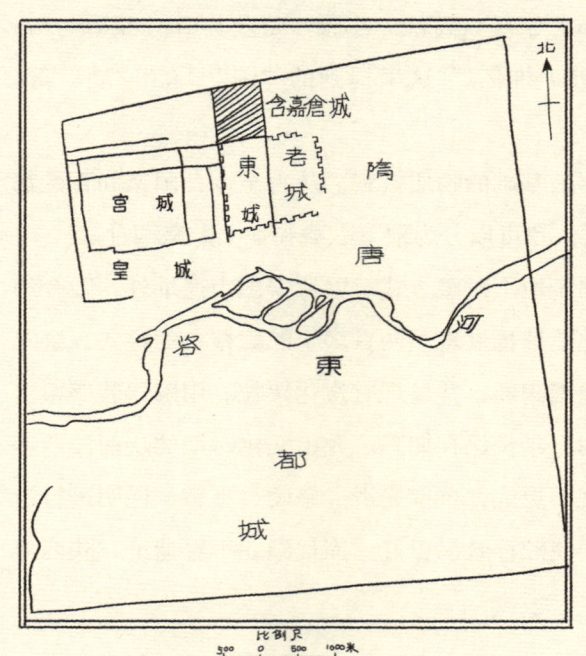

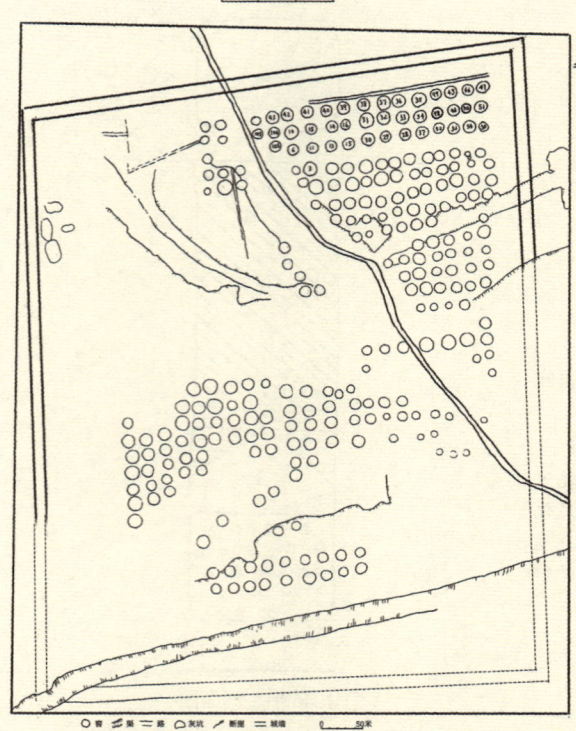

唐代洛阳含嘉仓城地理位置及内部粮窖分布示意图

|王宪明参考河南省博物馆、洛阳市博物馆《洛阳隋唐含嘉仓的发掘》·绘|

整个仓城东西长600多米,南北长700多米,里面发现了大小仓窖400余个,排列井然有序。仓窖口大底小,形如圆缸,直径最大的达18米,最深的达12米。

第三节 食物的常温贮藏保鲜

西张家坡遗址、辽宁赤峰夏家店和宁城南山根遗址、山西侯马晋城遗址等也都发现了贮藏粮食的窖穴。

利用地下建造贮藏粮食作物,一直到隋唐时期,还在北方地区普遍使用。含嘉仓,是隋唐时期东都洛阳的一座大型国家粮仓。根据考古发掘,含嘉仓位于隋唐洛阳故城的北部,宫城东北角外,发现了大小仓窖四百余个,排列井然有序。

当时仓窖的建造特别重视防潮防湿措施。窖穴挖好后,先垫上一层干土夯实加固,再用火烘烤底部及下部一周的窖壁,然后铺设由红烧土碎块和黑灰拌成的混合物层,作为防潮层,之后铺筑木板或草,上面再加铺谷糠和席。窖壁用木板砌成,有的在木板和贮藏的粮食之间还夹有围席和谷糠。窖顶是木架结构的草顶。可见隋唐时期官方粮窖的建造原理和工艺已经相当考究了。

含嘉仓第160号窖穴还发现了大半窖的粟粒,约五六十万斤之多。经专业检测,这些粟粒48%已炭化,还有52%仍为有机物。有些粟粒接触空气后,竟然长出了新芽,入土栽培后,还能正常地生长、抽穗。历经千年的粟粒还能有

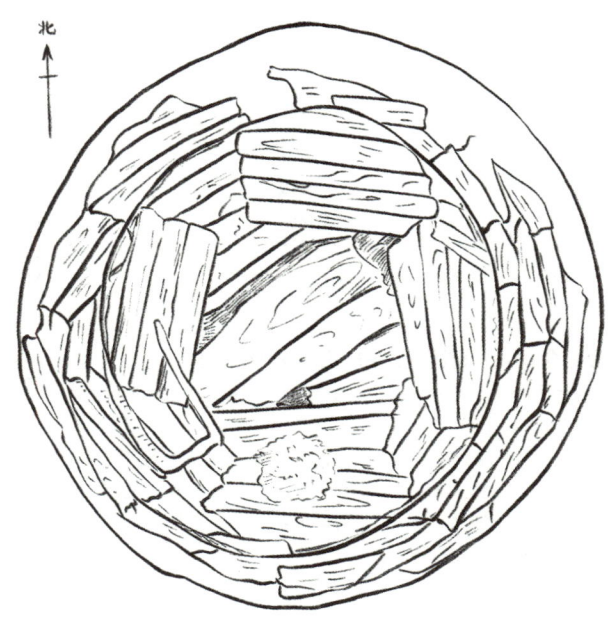

含嘉仓58号窖平面图(下层壁板和底板)

| 王宪明参考河南省博物馆、洛阳市博物馆《洛阳隋唐含嘉仓的发掘》·绘 |

第七章　食物贮藏保鲜

如此顽强的生命力，得益于先进的窖穴建造技术所创造的绝佳贮藏保存环境。

《吕氏春秋·季春》曰："天子布德行惠，命有司，发仓窌，赐贫穷，振乏绝。""窌"就是窖，是地下贮藏粮食的地方。"仓"则代指地上贮藏粮食的地方。因地上建筑难以保存，所以我们今天很难看到先秦时期"仓"的具体形态。不过，从象形文字甲骨文的"仓"字，倒是可以一窥其貌。甲骨文的"仓"像是一栋有着人字形屋顶的房子，房前有门，用于进出。

除了仓之外，廪、庾、囷、囤等都是地上储粮建筑。"庾"是郊外贮藏粮食的场所，露天囤积，《国语·周语》有"野有庾积，场功未毕"的记载。仓、廪等一般指方形的地上储粮建筑，囷、囤等一般是圆形的地上储粮建筑。通过古代墓葬出土的陪葬品和画像砖石、壁画等，我们也能了解到地上储粮建筑的基本形态。

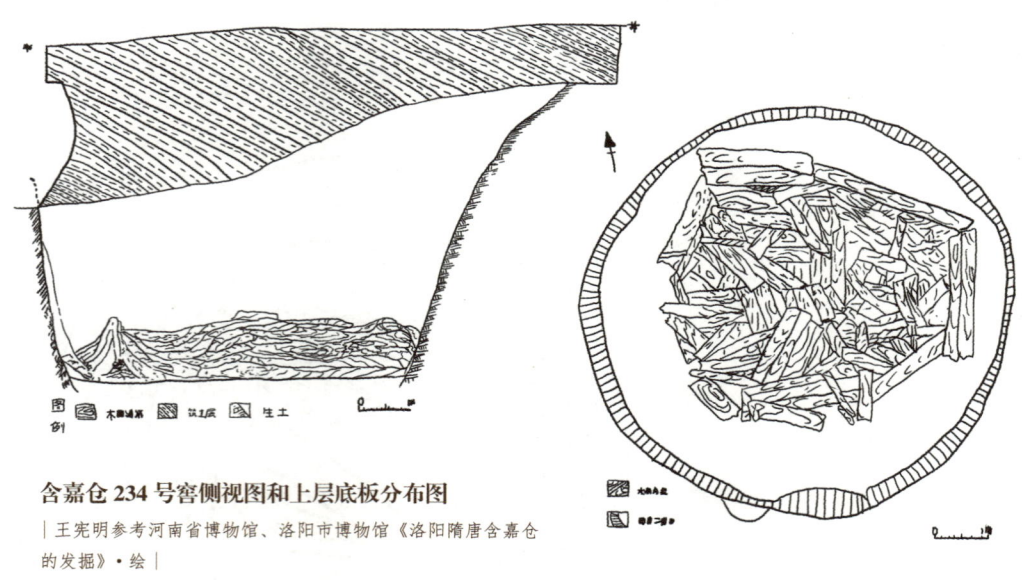

含嘉仓 234 号窖侧视图和上层底板分布图

| 王宪明参考河南省博物馆、洛阳市博物馆《洛阳隋唐含嘉仓的发掘》·绘 |

含嘉仓城的粮食窖内还发现有铭砖，是在粮食入窖时刻好了投入窖内的。其上记录了该窖储粮的品种、来源、数量、时期和仓窖的位置等。据已发现的砖铭，含嘉仓的储粮来自现在的江苏、安徽、浙江、湖北、河北、山东等省，不仅表明唐朝直接控制的粮食数量巨大，同时也反映出当时农业的发展和漕运的畅通。

甲骨文"仓"字

| 王宪明参考郭沫若主编《甲骨文合集》·绘 |

汉代陶囷

| 中国农业博物馆·藏 |

汉代陶仓楼·河南焦作地区出土

| 焦作市博物馆·藏 |

底层有阙形门和围墙，有犬看门，最上层有家兵站岗放哨。

第七章　食物贮藏保鲜

汉代陶仓楼·河南焦作地区出土
焦作市博物馆·藏

"繁阳县仓"壁画及题铭·内蒙古和林格尔汉墓

图片出处：徐光冀主编《中国出土壁画全集·内蒙古卷》

图上有一重檐双层陶仓，写有题铭"繁阳县仓"，同幅画面上还有题铭"繁阳吏人马皆食大仓"，应该是当地官署的官仓，官署的官吏和马匹都仰赖官仓的供给，可见其粮食贮存量应该不小。

第三节 食物的常温贮藏保鲜

陕西宝鸡凤翔高庄秦墓出土的陶囷，顶为出檐攒尖顶，囷体呈圆柱形，檐下有方形门，底部有圈足。中国农业博物馆馆藏的两件陶囷与之基本类似。这基本是北方陶囷较为常见的形式。

北方地区还发现了很多汉代方形多层陶仓楼，一般为多层斗拱式建筑，最高的达七八层，底部略高于地面。为了防止粮食被盗，有的仓楼底层设有围墙、阙形门等，有的在高层风窗上安排家兵防守。其中，河南焦作地区出土的汉代陶仓楼非常有特色，是一种囷与仓的结合体，底部为两到三个圆形陶囷，上部为庑殿顶方形陶仓。作为连接，中层设有外伸的栏杆廊道，以斜坡式楼梯与地面相通，人们可以借助楼梯上下，存取粮食。

南方地区因气候潮湿，其地上储粮建筑的形制与北方有所不同。广州汉墓出土了大量的方形仓和圆形囷，有陶制和木制的，大部分下部都有三四根梁柱支撑，将贮藏粮食的建筑主体架离地面，其中一件陶仓还配有方便进出的斜坡搭板。干栏式建筑在河姆渡时期的南方地区就已经出现了，也常见于日常生活建筑。这种建筑能有效隔离地面的潮气和湿气，便于人们生活和粮食贮藏保存。四川地区出土的汉代画像砖拓片则更为形象地向我们展示了当时的干栏式地上储粮建筑，以及人们加工粮食并收储入仓的场景。画像中的粮仓都是干栏式建筑，下方梁柱将仓房的主体架离地面，利用斜坡或楼梯上下。仓前有农人正在用踏碓舂捣粮食以去壳，用飏（yáng）扇吹拂去除粮食中的糠秕杂质，处理好后，就会送入后方的仓中贮存。

由上可知，当时的地上储粮建筑与房子类似，皆有房顶，设有窗户，且窗户的位置一般较高，主要用于仓内通风，以保持环境干燥。存取粮食时，需要借助斜坡或楼梯上下，这一设置可能是出于粮食保管安全的需要。北方的地上储粮建筑一般位于地面或者稍高于地面，南方的地上储粮建筑会用梁柱支撑，远离地面，以便防潮防湿。

地上储粮和地下储粮两种方式，在中国古代一直都在使用，也各有优点。地下储粮，能创造相对密闭的环境，不仅温湿度稳定，利于粮食贮存，而且密闭造成的缺氧环境可以杀死粮食本身所附着的害虫及虫卵，同时，还能避免外

汉代干栏式陶仓·广州汉代墓葬出土

|广州博物馆·藏　王宪明·绘|

四川地区汉代舂米入仓画像砖拓片

|中国农业博物馆·藏|

上图中，画面近处为农人在舂碓粮食，用飏扇去除杂质，画面远处为高高的干栏式木造粮仓，上覆人字形斜坡顶。下面的图像中，有个人正抱着装好的粮食爬上斜坡搭板放入仓中贮存。

部害虫和鼠类等进入破坏粮食。地上储粮，通风良好、环境干燥，存取方便、操作便利，能为粮食提供很好的贮藏保存环境，是官府和普通民户常用的储粮方式。

此外，早在汉代，古代先民就已经开始采用分类贮藏的方法，因为不同粮食作物，收获期不同，贮存期限也有长短之分。洛阳金谷园村汉墓中出土的陶仓上就书写有"黍""大豆""小豆""稻""大麦"等字样，说明这些陶仓分别用于贮藏对应种类的粮食作物。

精米与未脱壳谷物的贮存条件和贮存时间也不相同，故而会分开存放，汉代出土的一些仓囷上题有"白米万石""黍米万石""粱米万石""白米囷"等铭文，"白米"应该就是去壳后的精米。粮食的种子也要单独设仓贮存，如洛阳西汉壁画墓中出土了写有"黍种""稻种""粟种"等专门贮藏不同作物种子的仓。

粮食的分类贮存有利于更好地贮藏各种粮食，准确掌握贮藏时间，定期翻晒，以确保粮食的贮存质量及效果。中国古代先进的粮食贮藏保存技术为保障人们一年四季的主食消费、国家官署的正常运转，以及战争时期的军粮囤积提供了技术支撑。

其他食物的常温贮藏保存

中国先民还会利用窖穴、地沟等地下建筑保存其他的食物。在黑龙江密山市距今约五六千年的新开流遗址发掘出十座圆形、椭圆形窖穴，堆积了大量的鱼骨、鱼鳞，应是当时人们捕鱼后集中储放的地方。根据当地田野调查资料显示，直到近代，当地渔民捕鱼有较多剩余时，仍会在湖畔沙岸树荫下挖坑贮鱼。放置时鱼腹朝上，一层层摆放，坑口盖木板或树枝，其上覆土。夏、秋季可存三五日，冬季则可长期存放。若窖深，冬季贮鱼时，放一层鱼，浇一次水，冻冰保存，窖口盖土，可保存到第二年五月化冻时。新开流遗址的窖穴，应该就是近代这种鲜鱼窖藏保存方式的历史源头。

第七章　食物贮藏保鲜

历代农书对利用地下坑、沟、窖等贮藏蔬菜水果的方法多有记载。现存最早的农书《氾胜之书》中就记载了坑藏瓠瓜，"掘地深一丈，荐以藁，四边各厚一尺[①]。以实置孔中，令底下向。瓠一行，覆上土，厚三尺。二十日出，黄色，好，破以为瓢。其中白肤以养猪，致肥，其瓣以作烛，致明"，是将瓠瓜藏于深一尺的窖穴内，瓜蒂朝上，周围铺以作物秸秆，可防潮防湿，保存二十日仍色泽很好。

北魏贾思勰的《齐民要术》记载了坑藏蔬菜、梨和葡萄的保鲜方法。书中记载藏生菜法，"九月、十月中，于墙南日阳中掘作坑，深四五尺。取杂菜，种别布之，一行菜，一行土，去坎一尺许，便止。以穰（ráng）厚覆之，得经冬。须即取，粲然与夏菜不殊"，秋季用这种方法贮藏蔬菜，需要时随时取用，能历经一整个冬季，口感、味道和夏天的蔬菜差不多。在"藏梨法"中强调坑要深、阴，且不能湿润，即使不覆盖，贮藏的梨也能保存到第二年夏天。"藏蒲（葡）萄法"记载"极熟时，全房折取。于屋下作荫坑，坑内近地凿壁为孔，插枝于孔中，还筑孔使坚，屋子置土复之，经冬不异也"，是将葡萄整枝折取后，插于坑壁上，密闭保存，可越冬。

唐代韩鄂的《四时纂要》记载了窖藏萝卜、蔓菁、韭菜和紫苏的保鲜方法。宋代苏轼《格物粗谈》有窖藏桔法。宋代《桔录》有"有人掘地作坎，攀枝条之垂者，覆之以土，明年盛夏开取之，色味犹新"的记载，也是一种连枝入坑贮藏的办法，与《齐民要术》"藏葡萄法"类似。

元代《农桑辑要》有窖藏菠菜、水萝卜法。明代徐光启的《农政全书》记载了深沟贮梨和地窖贮甘蔗的保鲜方法，还指出"京师（北京）窖藏果菜，三冬之月，不异春夏"，可见明代北京地区普遍利用窖穴贮藏果菜，且贮藏保鲜效果很好。明代黄省曾《种芋法》和李时珍《本草纲目》分别记载了窖藏芋头和大白菜，清代道光皇帝还曾作诗称赞窖藏大白菜味道鲜美，"采摘逢秋末，充盘本窖藏……举箸甘盈齿，加餐液润肠"。清代《营田辑要》记载有选择阴湿

[①] 根据闵宗殿《中国古代农业通史·附录卷》，西汉一尺约为现在的23.2厘米。

第三节 食物的常温贮藏保鲜

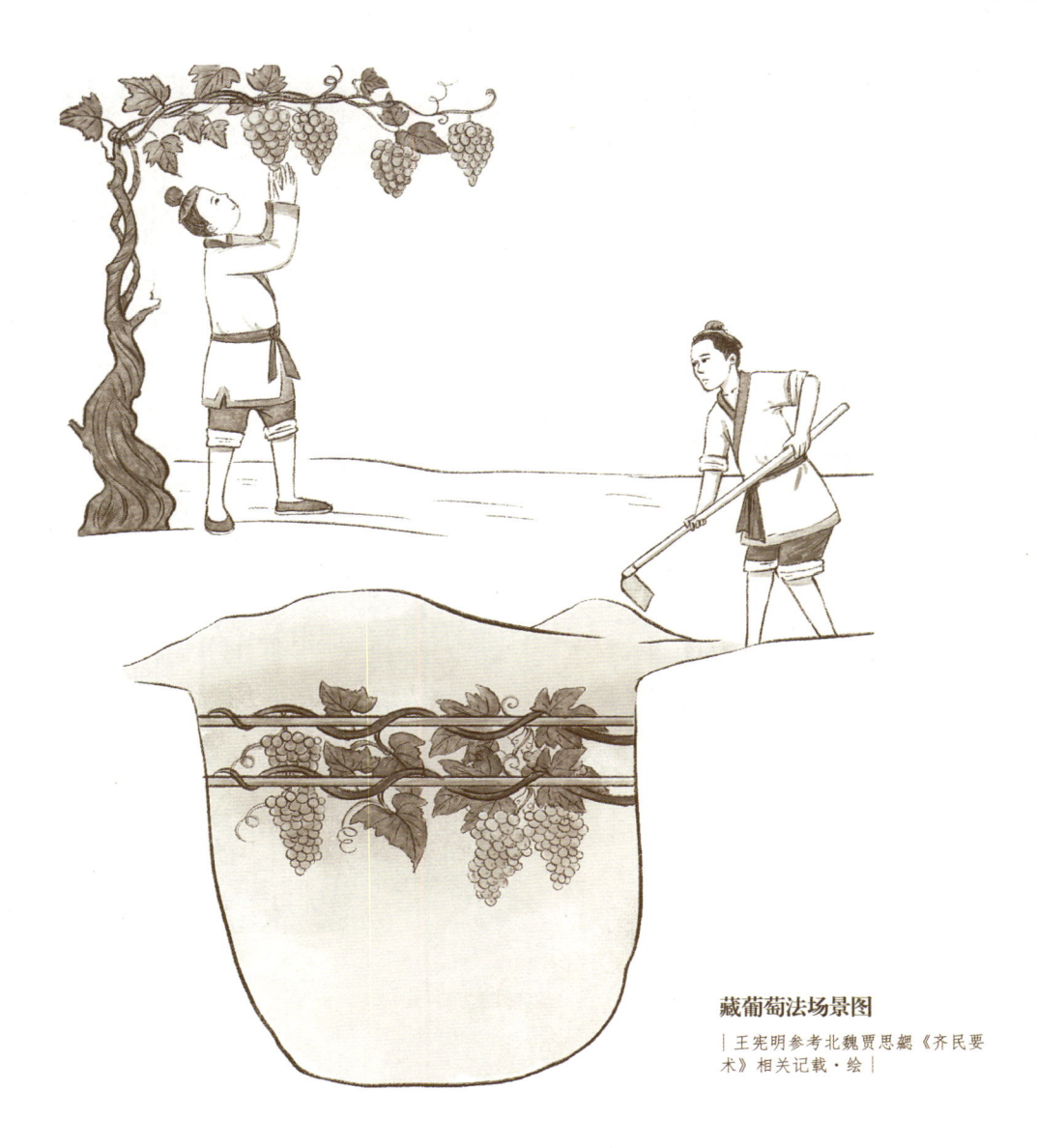

藏葡萄法场景图
| 王宪明参考北魏贾思勰《齐民要术》相关记载·绘 |

地段埋藏保存莲藕的方法。杨屾在《豳风广义·园制》中还提及了一种大窖套小窖的贮藏技术，是一种双层窖贮方法，"于屋下掘作深阴坑，内作小窖，铺软草，置苹果、槟子于其上，不须覆盖，至过年二三月亦能不坏"。

除了地下埋藏法，还可以从历代文献中找到丰富多样的常温环境下保鲜食物的方法。

第七章　食物贮藏保鲜

清代双层窖贮场景图
王宪明参考中国农业博物馆农史研究室《中国古代农业科技史图说》·绘

　　器物贮藏法是将蔬菜水果放入密封的缸、坛、瓶、竹筒等器物中进行贮藏。唐代杨贵妃爱吃荔枝的故事家喻户晓，当时除了用驿传系统提高运输速度、缩短运输时间外，还会利用竹筒密封荔枝来保鲜，杜甫的《甘园》说"结子随边使，开筒近至尊"，看来利用竹筒密封，加上驿站快马日夜驰运，才能让宫廷享用到鲜美但易腐的岭南荔枝。明代徐𤊹《荔枝谱》则更加详细地记载了用巨竹密封贮藏荔枝的方法，"乡人常选鲜红者，于竹林中择巨竹，凿开一窍，置荔节中，仍以竹箨（tuò）裹泥封固其隙，藉竹生气滋润，可藏至冬春，色香不变"，将荔枝藏于竹节中，用竹皮和泥包裹密封，最长可以保存至第二年春天。

唐代仲子陵的《洞庭献新桔赋》中提到了用竹筒密封贮藏橘子。宋代苏轼《格物粗谈》记载了用毛竹密封保存带蒂樱桃，用大小碗合扣密封保存橙子的方法。元代《居家必用事类全集》记载的藏石榴法，是将大石榴连枝剪下，放入新瓦罐中，用十多层纸进行密封，可以保存较长时间。明代《臞仙神隐书》记载了利用带盖锡罐贮藏橄榄，用纸密封后可以长时间保存。

坑窖贮藏法和器物密封贮藏法的基本原理，跟现代食物保鲜中常用的"气调贮藏"原理基本一致，都是通过密闭环境调节空气中的氧气和二氧化碳含量来抑制食物的呼吸作用，延长保存时间，可以说是中国古代贮藏技术的一大创造。

蜡封保鲜法是将植物呼吸作用发生的部位用蜡密封，以长时间保存的方法。最早出现于隋代，当时将蜡涂在柑橘的蒂部来保鲜。《隋书》记载隋文帝喜欢吃柑橘，蜀地摘了黄柑，用蜡封其蒂献给皇帝，香味久久不散。宋代出现了用蜡封樱桃枝条和蜡封茄子蒂的贮藏方法，清代还用蜡封荔枝蒂来保鲜，都是利用涂蜡来隔绝空气，降低果实的呼吸作用，还可防止细菌侵染，减少水分流失。

干燥贮藏法是利用或创造干燥的保存环境，以延长食物保存期限的办法。《齐民要术》记载有"藏干栗法"，"著器中，晒细沙可燥，以盆覆之。至后年二月，皆生芽而不蠹者也"，是用干燥细沙创造良好的保存环境。元代《居家必用事类全集》对这种贮藏方法记录得特别详细，"霜后初生栗子，不以多少，投水盆中，去其浮者，余皆漉出，众手净布拭干。更于日中晒少时，令全无水脉为变。用新小瓶罐，先将沙炒干，放冷，将栗装入瓶。一层栗二层沙，约九分满。每瓶只可放三二百个，不可大满。用笋叶一重盖覆，以竹篾按定。扫一净地，将瓶倒覆其上，略以黄土封之。逐旋取用。不可令近酒气。可至来春不坏"，先水选去除坏果，晒干后，和炒过的干沙一起放入瓶中，密封倒置保存，

第七章　食物贮藏保鲜

活竹贮藏荔枝场景图

|王宪明参考沈镇昭、隋斌《中华农耕文化》·绘|

可储至第二年春天。宋代《物类相感志》记载："藏柑子以盆盛，用干潮沙盖之，土瓜同法。"宋代《格物粗谈》记载了用石灰、淡灰贮藏冬瓜、茄子的方法，利用的应该是石灰、淡灰的吸湿干燥功能。宋代还出现用松毛包藏橘子的方法，明代明确指出用的是"燥松毛""干松毛"。

古代茶叶的贮藏保存也特别强调防湿干燥，《唐语林·卷八》说："茶必市蜀之佳者，贮于陶器，以防暑湿。"宋代通常用箬（ruò）叶或其制作的容器封藏茶叶，也是为了防潮干燥。欧阳修在《归田录》中还记载了一种利用普通茶叶吸湿干燥的特点来贮藏珍贵茶叶的方法，"从景祐已后，洪州双井白芽渐盛，近岁制作尤精。囊以红纱，不过一二两，以常茶数十斤养之，用辟暑湿之气"。明清时期，除用箬叶储茶，还利用稻草灰、石灰等的吸湿干燥作用来贮藏茶叶，明代屠隆《考槃余事》和清代袁枚的《随园食单》中均有记载，将茶叶用坛或纸装好，放入稻草灰、石灰等中进行收储。

堆藏法是将蔬菜堆放在阴凉干燥的室内保存，强调的是通风干燥的保存环境。《齐民要术》记载收获姜时，"九月掘出，置屋中"，应该是将生姜直接堆于室内存放。宋代陈元靓《事林广记》记载了"阴室"中堆放葱、韭的贮藏方法。

液体保鲜法是利用特殊处理的液体浸泡蔬菜、水果，使其不腐烂，从而达到长久保存的目的。《齐民要术》中"藏干栗法"，"取穰灰，淋取汁渍栗。出，日中晒，令栗肉焦燥，可不畏虫，得至后年春夏"，穰灰是一种草木灰，用草木灰水浸泡后的栗子不生虫害，能贮藏至第二年春夏。宋代《格物粗谈》记载了用腊雪水、青铜末、防风（一种中药）水、盐水、白矾水浸泡贮藏多种果蔬的方法。这些液体大多呈碱性，有一定的杀菌杀虫作用，能够有效延长食物的保存时间。

留树保鲜法是在自然条件下，果实成熟后不摘，将其包裹于树上，过冬再摘，也能达到一定的保鲜效果。宋代《物类相感志》记载有梨留树保鲜法，"今北人于树上包裹，过冬乃摘，亦妙"。

带枝插寄贮藏法的基本原理与留树保鲜法相类似，不同之处在于前者是将水果摘下后插在别的植物上进行保存。宋代《格物粗谈》记载带枝插寄贮藏梨

第七章　食物贮藏保鲜

和柑橘的方法,"捡不损大梨,取不空心大萝葡,插梨枝在内,纸裹放暖处,至春深不坏,带枝柑橘亦同此法"。

混藏保鲜法是利用一种植物对另一种植物呼吸作用的抑制,将不同的蔬菜水果相间收藏来达到保鲜的目的,就是现代所说的"化感作用",反映了中国古代相生相克的思想。宋代《归田录》中记载,金桔"于绿豆中藏之,可经时不变,云橘性热而豆性凉,故能久也"。这应该是中国关于混藏水果保鲜的最早记载。《调燮类编》记载,将金桔、橙、柑、桔子与菜豆混合贮藏,能够"经时不变"。《物类相感志》《格物粗谈》也都有记载,还把保藏果品的种类扩

奉茶图壁画·山西大同元代冯道真墓

图片出处:徐光冀主编《中国出土壁画全集·山西卷》

　　方桌上陈列有倒置的茶盏、茶托等各色茶具,以及题有"茶末"字样的储茶盖罐。方桌旁有一道童,手持茶盏准备进茶。

第三节 食物的常温贮藏保鲜

大到了整个柑橘类。宋代还出现了佛手柑与冰片（或蒜）、冬瓜与茄子等混藏保鲜的方法。

上述丰富多样的贮藏保鲜方法，蕴含着气调贮藏、降低植物呼吸作用、干燥防湿、抑菌防虫等多种科学原理及传统智慧，是古代先民们遵循因地制宜、因时制宜、因物制宜原则的发明创造，能够最大限度地减缓果蔬的自然腐坏，以供人们一年四季的生活之需。

绿豆藏桔场景图

| 王宪明参考中国农业博物馆农史研究室《中国古代农业科技史图说》·绘 |

参考文献

[1] 游修龄. 中国农业通史：原始社会卷［M］. 北京：中国农业出版社，2008.

[2] 陈文华. 中国农业通史：夏商西周春秋卷［M］. 北京：中国农业出版社，2007.

[3] 张波，樊志民. 中国农业通史：战国秦汉卷［M］. 北京：中国农业出版社，2007.

[4] 王利华. 中国农业通史：魏晋南北朝卷［M］. 北京：中国农业出版社，2009.

[5] 曾雄生. 中国农业通史：宋辽夏金元卷［M］. 北京：中国农业出版社，2014.

[6] 闵宗殿. 中国农业通史：明清卷［M］. 北京：中国农业出版社，2016.

[7] 闵宗殿. 中国农业通史：附录卷［M］. 北京：中国农业出版社，2017.

[8] 宋兆麟. 中国风俗通史：原始社会卷［M］. 上海：上海文艺出版社，2001.

[9] 陈绍棣. 中国风俗通史：两周卷［M］. 上海：上海文艺出版社，2001.

[10] 彭卫，杨振红. 中国风俗通史：秦汉卷［M］. 上海：上海文艺出版社，2001.

[11] 张承宗，魏向东. 中国风俗通史：魏晋南北朝卷［M］. 上海：上海文艺出版社，2001.

[12] 吴玉贵. 中国风俗通史：隋唐五代卷［M］. 上海：上海文艺出版社，2001.

[13] 徐吉军，方建新，方健，等. 中国风俗通史：宋代卷［M］. 上海：上海文艺出版社，2001.

[14] 宋德金，史金波. 中国风俗通史：辽金西夏卷［M］. 上海：上海文艺出版社，2001.

[15] 陈高华，史卫民. 中国风俗通史：元代卷［M］. 上海：上海文艺出版社，2001.

[16] 陈宝良. 中国风俗通史：明代卷［M］. 上海：上海文艺出版社，2001.

[17] 林永匡，袁立泽. 中国风俗通史：清代卷［M］. 上海：上海文艺出版社，2001.

[18] 徐海荣. 中国饮食史（5卷）［M］. 杭州：杭州出版社，2014.

[19] 梁家勉. 中国农业科学技术史稿［M］. 北京：中国农业出版社，1989.

[20] 孙机. 中国古代物质文化［M］. 北京：中华书局，2014.

[21] 孙机. 汉代物质文化资料图说［M］. 上海：上海古籍出版社，2008.

[22] 王子今. 秦汉名物丛考［M］. 北京：东方出版社，2015.

[23] 曾雄生，陈沐，杜新豪. 中国农业与世界的对话［M］. 北京：中国农业出版社，2014.

［24］黎虎．汉唐饮食文化史［M］．北京：北京师范大学出版社，1998．

［25］黄正建．唐代的衣食住行［M］．北京：中华书局，2013．

［26］王利华．中古华北饮食文化的变迁［M］．北京：生活·读书·新知三联书店，2018．

［27］李治寰．中国食糖史稿［M］．北京：农业出版社，1990．

［28］姚伟钧，刘朴兵，鞠明库．中国饮食典籍史［M］．上海：上海古籍出版社，2012．

［29］中国科学院考古研究所．洛阳烧沟汉墓［M］．北京：科学出版社，1959．

［30］湖南省博物馆，中国科学院考古研究所．长沙马王堆1号汉墓（上下集）［M］．北京：文物出版社，1973．

［31］中国社科院考古研究所，等．广州汉墓（上下册）［M］．北京：文物出版社，1981．

［32］中国社科院考古研究所，等．殷墟妇好墓［M］．北京：文物出版社，1980．

［33］湖北省博物馆．曾侯乙墓（上下册）［M］．北京：文物出版社，1989．

［34］湖北省荆沙铁路考古队．包山楚墓（全两册）［M］．北京：文物出版社，1991．

［35］湖北省文物考古研究所．江陵望山沙冢楚墓［M］．北京：文物出版社，1996．

［36］陈伟，等．楚地出土战国简册（十四种）［M］．北京：经济科学出版社，2009．

［37］广州市文物管理委员会，等．西汉南越王墓（上下册）［M］．北京：文物出版社，1991．

［38］陕西省考古研究院，等．法门寺考古发掘报告（上下册）［M］．北京：文物出版社，2007．

［39］宁夏固原博物馆．固原文物精品图集（上中下册）［M］．银川：宁夏人民出版社，2011．

［40］陕西历史博物馆，北京大学考古文博学院，北京大学震旦古代文明研究中心．花舞大唐春：何家村遗宝精粹［M］．北京：文物出版社，2003．

［41］国家文物局古文献研究室．马王堆汉墓帛书［M］．北京：文物出版社，1980．

［42］湖南省博物馆，复旦大学出土文献与古文字研究中心．长沙马王堆汉墓简帛集成（全七册）［M］．北京：中华书局，2014．

［43］中国社会科学院考古研究所，河北省文物管理处．满城汉墓发掘报告（上下册）［M］．北京：文物出版社，1980．

［44］魏启鹏，胡翔骅．马王堆汉墓医书校释［M］．成都：成都出版社，1992．

［45］武汉大学简帛研究中心，荆州博物馆．秦简牍合集（全四册）［M］．武汉：武汉大学出版社，2014．

［46］中国文物研究所，新疆维吾尔自治区博物馆，武汉大学历史系．吐鲁番出土文书（全四册）［M］．北京：文物出版社，1992．

［47］国家计量总局，中国历史博物馆，故宫博物院．中国古代度量衡图集［M］．北京：文物出版社，1984．

参考文献

［48］中国国家博物馆. 中华文明:《古代中国陈列》文物精萃［M］. 北京:中国社会科学出版社,2010.

［49］徐光冀. 中国出土壁画全集(10卷)［M］. 北京:科学出版社,2012.

［50］中国画像石全集编辑委员会. 中国画像石全集(8卷)［M］. 济南:山东美术出版社,郑州:河南美术出版社,2000.

［51］中国画像砖全集编辑委员会. 中国画像砖全集(3卷)［M］. 成都:四川美术出版社,2006.

［52］敦煌研究院. 敦煌石窟全集(26卷)［M］. 上海:上海人民出版社,2001.

［53］中国农业博物馆. 汉代农业画像砖石［M］. 北京:中国农业出版社,1996.

［54］卞修跃. 西方的中国影像1793—1949(64册)［M］. 合肥:黄山书社,2016.

［55］敦煌研究院. 敦煌石窟全集(26卷)［M］. 香港:商务印书馆,2002.

［56］中国历史博物馆,新疆维吾尔自治区文物局. 天山·古道·东西风——新疆丝绸之路文物特辑［M］. 北京:中国社会科学出版社,2002.

［57］陕西省考古研究所. 壁上丹青:陕西出土壁画集(上下册)［M］. 北京:科学出版社,2009.

［58］壁画艺术博物馆. 山西古代壁画珍品典藏(8卷)［M］. 太原:山西经济出版社,2016.

［59］故宫博物院. 清宫海错图［M］. 北京:故宫出版社,2014.

［60］石慧. 中国农业的"四大发明". 大豆［M］. 北京:中国科学技术出版社,2021.

［61］沈镇昭,隋斌. 中华农耕文化［M］. 北京:中国农业出版社,2012.

［62］中国农业博物馆农史研究室. 中国古代农业科技史图说［M］. 北京:农业出版社,1989.

［63］中国农业百科全书总编辑委员会,农业历史卷编辑委员会,中国农业百科全书编辑部. 中国农业百科全书:农业历史卷［M］. 北京:农业出版社,1995.

［64］中国科学院考古研究所,陕西省西安半坡博物馆. 西安半坡［M］. 北京:文物出版社,1963.

［65］诗经［M］. 王秀梅,译注. 北京:中华书局,2015.

［66］李梦生. 左传译注［M］. 上海:上海古籍出版社,1998.

［67］黎凤翔. 管子校注［M］. 梁连华,整理. 北京:中华书局,2004.

［68］司马迁. 史记［M］. 北京:中华书局,1959.

［69］张传官. 急就篇校理［M］. 北京:中华书局,2017.

［70］石汉声. 氾胜之书今释［M］. 北京:科学出版社,1956.

［71］李学勤. 十三经注疏(标点本)·周礼注疏［M］. 北京:北京大学出版社,1999.

［72］董楚平. 楚辞译注［M］. 上海:上海古籍出版社,1986.

［73］班固. 汉书［M］. 北京:中华书局,1964.

[74] 许慎. 说文解字[M]. 北京：中华书局，1963.

[75] 刘熙. 释名[M]. 北京：中华书局，2016.

[76] 刘晖. 论衡校释[M]. 北京：中华书局，1990.

[77] 崔寔. 四民月令校注[M]. 石声汉，校注. 北京：中华书局，1965.

[78] 桓谭. 新辑本桓谭新论[M]. 朱谦之，校辑. 北京：中华书局，2009.

[79] 尚志钧. 神农本草经校注[M]. 北京：学苑出版社，2008.

[80] 刘歆. 西京杂记[M]. 葛洪，录.《四部丛刊初编》本.

[81] 郭璞. 山海经[M].《四部丛刊初编》本.

[82] 陈寿. 三国志[M]. 陈乃安，校点. 北京：中华书局，1964.

[83] 张华. 博物志校证[M]. 范宁，校证. 北京：中华书局，1980.

[84] 常璩. 华阳国志[M].《钦定四库全书》本.

[85] 贾思勰. 齐民要术[M]. 缪启愉，校释. 北京：中国农业出版社，1998.

[86] 杨衒之. 洛阳伽蓝记[M].《四部丛刊三编》本.

[87] 郦道元. 水经注校证[M]. 陈桥驿，校证. 北京：中华书局，2007.

[88] 范晔. 后汉书[M]. 李贤，等，注. 北京：中华书局，1965.

[89] 萧子显. 南齐书[M]. 北京：中华书局，1972.

[90] 陶弘景. 本草经集注[M]. 尚志钧，尚元胜，辑校. 北京：人民卫生出版社，1994.

[91] 宗懔. 荆楚岁时记[M]. 宋金龙，校注. 太原：山西人民出版社，1987.

[92] 刘义庆. 世说新语译注[M]. 张万起，刘尚慈，译注. 北京：中华书局，1998.

[93] 魏收. 魏书[M]. 北京：中华书局，1974.

[94] 杜台卿. 玉烛宝典[M].《古逸丛书》本.

[95] 房玄龄，等. 晋书[M]. 北京：中华书局，1974.

[96] 姚思廉. 陈书[M]. 北京：中华书局，1972.

[97] 魏征，令狐德棻. 隋书[M]. 北京：中华书局，1973.

[98] 李延寿. 南史[M]. 北京：中华书局，1975.

[99] 李延寿. 北史[M]. 北京：中华书局，1974.

[100] 李林甫，等. 唐六典[M]. 陈仲夫，点校. 北京：中华书局，1992.

[101] 虞世南. 北堂书钞[M].《钦定四库全书》本.

[102] 孟诜. 食疗本草[M]. 张鼎，增补；吴受琚，俞晋，校注. 北京：中国商业出版社，1992.

[103] 孙思邈. 千金翼方[M].《庄兆祥教授知足书室藏书》本.

[104] 张鹭. 食疗本草[M]. 赵守俨，点校. 北京：中华书局，1979.

317

参考文献

[105] 段成式. 酉阳杂俎[M]. 许逸民, 校笺. 北京: 中华书局, 2015.

[106] 段公路. 北户录[M].《学海类编》本.

[107] 李吉甫. 元和郡县图志[M]. 贺次君, 点校. 北京: 中华书局, 1983.

[108] 王定保. 唐摭言[M].《啸园丛书》本.

[109] 刘昫, 等. 旧唐书[M]. 北京: 中华书局, 1975.

[110] 陶谷. 清异录[M].《钦定四库全书》本.

[111] 欧阳修, 宋祁. 新唐书[M]. 北京: 中华书局, 1975.

[112] 欧阳修. 新五代史[M]. 徐无党, 注. 北京: 中华书局, 1974.

[113] 李昉. 太平御览[M]. 夏剑钦, 校点. 石家庄: 河北教育出版社, 1994.

[114] 王谠. 唐语林[M].《钦定四库全书》本.

[115] 孟元老. 东京梦华录[M]. 邓之诚, 注. 北京: 中华书局, 1982.

[116] 庄绰. 鸡肋编[M]. 北京: 中华书局, 1983.

[117] 沈括. 梦溪笔谈[M].《十万卷楼丛书》本.

[118] 灌圃耐得翁. 御题临安志·都城纪胜[M].《武林掌故丛编》本.

[119] 孟元老, 等. 东京梦华录(外四种)·西湖老人繁盛录[M]. 上海: 古典文学出版社, 1957.

[120] 孟元老, 等. 东京梦华录(外四种)·梦粱录[M]. 上海: 古典文学出版社, 1957.

[121] 孟元老, 等. 东京梦华录(外四种)·武林旧事[M]. 上海: 古典文学出版社, 1957.

[122] 浦江吴氏. 吴氏中馈录·本心斋疏食谱(外四种)[M]. 北京: 中国商业出版社, 1987.

[123] 林洪. 山家清供[M].《夷门广牍》本.

[124] 彭大雅. 黑鞑事略[M].《六经堪丛书》本.

[125] 脱脱, 等. 宋史[M]. 北京: 中华书局, 1977.

[126] 脱脱, 等. 辽史[M]. 北京: 中华书局, 1974.

[127] 王祯. 农书译注[M]. 缪启愉, 缪桂龙, 译注. 济南: 齐鲁书社, 2009.

[128] 司农司. 农桑辑要[M].《钦定四库全书》本.

[129] 倪瓒. 云林堂饮食制度集[M]. 邱庞同, 注释. 北京: 中国商业出版社, 1984.

[130] 忽思慧. 饮膳正要[M]. 李春方, 译注. 北京: 中国商业出版社, 1988.

[131] 贾铭. 饮食须知[M]. 陶文台, 注释. 北京: 中国商业出版社, 1985.

[132] 无名氏. 居家必用事类全集[M]. 邱庞同, 注释. 北京: 中国商业出版社, 1986.

[133] 马可·波罗. 马可波罗行纪[M]. 沙海昂, 注; 冯承钧, 译. 北京: 商务印书馆, 2012.

[134] 王元恭. 至正四明续志[M]. 清抄本.

[135] 宋濂, 等. 元史 [M]. 北京: 中华书局, 1976.

[136] 韩奕. 易牙遗意 [M]. 邱庞同, 注释. 北京: 中国商业出版社, 1984.

[137] 徐光启. 农政全书校注 [M]. 石声汉, 校注. 上海: 上海古籍出版社, 1979.

[138] 宋应星. 天工开物 [M]. 武进涉园据日本明和八年刊本.

[139] 李时珍. 本草纲目（校点本）[M]. 北京: 人民卫生出版社, 1975.

[140] 高濂. 饮食服饰笺 [M]. 陶文台, 注释. 北京: 中国商业出版社, 1985.

[141] 宋诩. 宋氏养生部（饮食部分）[M]. 陶文台, 注释. 北京: 中国商业出版社, 1989.

[142] 张岱. 陶庵梦忆 [M]. 淮茗评, 注释. 北京: 中华书局, 2008.

[143] 邓庆寀. 闽中荔支通谱 [M]. 明刊本.

[144] 刘文泰, 等. 本草品汇精要 [M]. 王世昌, 等绘. 明弘治十八年彩绘写本.

[145] 文俶. 金石昆虫草木状 [M]. 明万历时期彩绘本.

[146] 奚囊广要·物类相感志 [M]. 明刻本.

[147] 孙希旦. 礼记集解 [M]. 沈啸寰, 王星贤, 点校. 北京: 中华书局, 1989.

[148] 顾仲. 养小录 [M]. 邱庞同, 注释. 北京: 中国商业出版社, 1984.

[149] 朱彝尊. 食宪鸿秘 [M]. 邱庞同, 注释. 北京: 中国商业出版社, 1985.

[150] 李化楠. 醒园录 [M]. 侯汉初, 熊四智, 注释. 北京: 中国商业出版社, 1984.

[151] 袁枚. 随园食单 [M]. 周三金, 等, 注释. 北京: 中国商业出版社, 1984.

[152] 马世之. 春秋战国时代的储冰及冷藏设施 [J]. 中州学刊, 1986（01）: 110, 112.

[153] 韩伟, 董明檀. 陕西凤翔春秋秦国凌阴遗址发掘简报 [J]. 文物, 1978（03）: 43-47.

[154] 卫斯. 我国古代冰镇低温贮藏技术方面的重大发现——秦都雍城凌阴遗址与郑韩故城"地下室"简介 [J]. 农业考古, 1986（01）: 115-116, 142.

[155] 王育成. 先秦冰政辑考 [J]. 郑州大学学报（哲学社会科学版）, 1988（03）: 83-88.

[156] 安金槐, 李德保. 郑韩故城内战国时期地下冷藏室遗迹发掘简报 [J]. 华夏考古, 1991（02）: 1-15, 112.

[157] 吕文郁. 中国古代的冷藏和空调技术 [J]. 中国典籍与文化, 1995（04）: 58-65.

[158] 段清波, 张琦. 中国古代凌阴的发现与研究 [J]. 文博, 2019（01）: 21-26.

[159] 梁发芾. 古代暑天皇家冰块的上贡与赏赐 [J]. 中国经济报告, 2016（09）: 123-125.

[160] 单先进. 略论先秦时期的冰政暨有关用冰的几个问题 [J]. 农业考古, 1989（01）: 284-297.

[161] 韩健畅. 说"槐叶冷淘" [J]. 咸阳师范学院学报, 2013, 28（01）: 82-86.

[162] 黄薇. 酥山、饮子、雪霞羹、槐叶冷淘: 打开清凉一夏的味蕾 [J]. 国家人文地理, 2020

（08）：44–53.

[163] 赛时. 中国古代的冷饮与冰食[J]. 中国食品，1988（09）：27–28.

[164] 朱启新. 说文谈物：古代的粮食储藏[J]. 文史知识，2001（12）：58–63.

[165] 杨亚长. 半坡文化先民之饮食考古[J]. 考古与文物，1994（03）：63–72.

[166] 阎万英，梅汝鸿. 古代栗子的种植及贮藏[J]. 农业考古，1986（02）：377–382，375.

[167] 韩长松，张丽芳，赵慧钦. 河南焦作出土的二联仓、三联仓陶仓楼[J]. 中原文物，2010（02）：76–81，114–116.

[168] 河南省博物馆，洛阳市博物馆. 洛阳隋唐含嘉仓的发掘[J]. 文物，1972（03）：49–62.

[169] 闵宗殿. 气调贮藏的发明史[J]. 农业考古，1984（02）：310–311.

[170] 陶文台. 食品储藏廿二法——中国食品储藏史料拾零之一[J]. 食品科技，1981（05）：5.

[171] 庄虚之. 试论我国古代的荔枝贮运技术及其意义[J]. 河北农业大学学报，1988（04）：68–72.

[172] 陈习刚. 吐鲁番文书所见葡萄加工制品考辨[J]. 唐史论丛，2010（00）：331–374.

[173] 胡长春. 我国古代茶叶贮藏技术史略[J]. 农业考古，1994（02）：259–262.

[174] 余扶危，叶万松. 我国古代地下储粮之研究（上）[J]. 农业考古，1982（02）：136–143.

[175] 余扶危，叶万松. 我国古代地下储粮之研究（中）[J]. 农业考古，1983（01）：263–269.

[176] 余扶危，叶万松. 我国古代地下储粮之研究（下）[J]. 农业考古，1983（02）：213–227.

[177] 邵万宽. 我国古代食物的加工与贮藏技术[J]. 农业考古，2017（04）：201–207.

[178] 孙华阳. 我国古代柑桔贮藏加工技术探讨[J]. 农业考古，1986（02）：271–273.

[179] 张平真. 我国古代蔬菜贮藏技术考述[J]. 中国蔬菜，2008（05）：42–44.

[180] 庄虚之. 我国古代新鲜果蔬贮藏方法的分析研究[J]. 中国农史，1987（01）：45–51.

[181] 杜葆仁. 我国粮仓的起源和发展[J]. 农业考古，1984（02）：299–307.

[182] 杜葆仁. 我国粮仓的起源和发展（续）[J]. 农业考古，1985（01）：336–343.

[183] 丁伟，刘怀，李隆术. 我国古代贮藏物害虫防治的主要策略与方法[J]. 西南农业大学学报，2000（04）：335–338.

[184] 李士斌. 中国古代柑桔贮藏的经验[J]. 中国农史，1989（02）：109–110，101.

[185] 董希如. 我国古代贮藏技术管窥[J]. 农业考古，1992（01）：246–250.

[186] 黑龙江省文物考古工作队. 密山县新开流遗址[J]. 考古学报，1979（04）：491–518，555–560.

[187] 孙德海，刘勇，陈光唐. 河北武安磁山遗址[J]. 考古学报，1981（03）：303–338，407–414.

[188] 历延芳, 陈东海, 葛凤晨.《打牲乌拉志典全书》与清朝贡蜜[J]. 养蜂科技, 1995 (05): 33-34.

[189] 朱贺琴. 汉文古籍中食物保鲜措施探析[J]. 农业考古, 2015 (06): 231-234.

[190] 葛凤晨, 历延芳, 陈东海. 源远流长的长白蜜蜂文化(二十)——在清朝官方注册的世袭制养蜂打蜜人[J]. 中国养蜂, 1998 (02): 24.

[191] 李建萍. 中国古代水产品传统加工储藏方法述略[J]. 古今农业, 2011 (02): 93-104.

[192] 李海林. 漫话古代果品的保藏与加工[J]. 中国食品, 1987 (12): 32-33.

[193] 王利华. 魏晋-隋唐时期北方地区的果品生产与加工[J]. 中国农史, 1999 (04): 90-101.

[194] 刘振亚, 刘璞玉. 我国古代饮料与冷凉食品探源[J]. 古今农业, 1989 (02): 40-45.

[195] 秋良. 漫谈古代的食用油[J]. 食品与健康, 2013 (04): 52-53.

[196] 曹隆恭. 我国古代的油菜生产[J]. 中国科技史料, 1986 (06): 24-30.

[197] 王德强. 河北海盐博物馆藏汉代盐豉共壶[J]. 文物春秋, 2018 (03): 65-66.

[198] 纪丽真. 青岛地区海盐业研究[J]. 中国海洋大学学报(社会科学版), 2009 (01): 16-20.

[199] 王子今. 盐业与《管子》"海王之国"理想[J]. 盐业史研究, 2014 (03): 5-14.

[200] 孟庆斌. 长芦盐业史述略[J]. 河北学刊, 1992 (04): 98-103.

[201] 杨宽. 古代四川的井盐生产[J]. 科学大众, 1955 (08): 329-330.

[202] 朱霞. 从《滇南盐法图》看古代云南少数民族的井盐生产[J]. 自然科学史研究, 2004 (02): 132-147, 189-192.

[203] 李小波. 三峡地区古代盐业经济的兴衰及其原因[J]. 盐业史研究, 2004 (01): 40-44.

[204] 魏钊, 王后雄. 我国古代盐业生产技术的发展过程、当代价值及反思[J]. 科学技术哲学研究, 2018, 35 (03): 77-83.

[205] 王果. 移民入川与四川井盐的开发[J]. 盐业史研究, 1991 (02): 29-40.

[206] 牛英彬, 白九江. 中国古代淋土法制盐技术的发展与演变[J]. 盐业史研究, 2019 (03): 141-154.

[207] 白广美. 中国古代盐井考[J]. 自然科学史研究, 1985 (02): 172-185.

[208] 曲晓晖. 从馆藏盐盘谈古代制盐法[J]. 文物鉴定与鉴赏, 2022 (04): 126-128.

[209] 白九江. 考古学视野下的四川盆地古代制盐技术——以出土遗迹、遗物为中心[J]. 盐业史研究, 2014 (03): 15-35.

[210] 燕生东, 党浩, 王守功, 等. 山东寿光市双王城盐业遗址2008年的发掘[J]. 考古, 2010 (03): 18-36, 100-106, 111.

[211] 燕生东. 渤海南岸地区商周时期盐业考古发现与研究[J]. 齐鲁文化研究, 2009 (00):

参考文献

238-247.

［212］蔡克勤，杨长辛. 山西运城盐湖开发史及其古代制盐技术成就［J］. 化工矿产地质，1993（04）：261-268.

［213］吉成名. 中国古代池盐生产技术［J］. 文史知识，1996（04）：79-81.

［214］鲍俊林. 中国古代海盐生产技术的发展阶段及地方差异［J］. 盐业史研究，2021（03）：3-14.

［215］牛英彬，白九江. 中国古代淋土法制盐技术的发展与演变［J］. 盐业史研究，2019（03）：141-154.

［216］吴天颖. 中国井盐开发史二三事——《中国科学技术史》补正［J］. 历史研究，1986（05）：123-138.

［217］周正庆. 16世纪中叶以前我国蔗糖业生产概论［J］. 中国农史，2003（04）：25-31.

［218］彭世奖. 关于中国的甘蔗栽培和制糖史［J］. 自然科学史研究，1985（03）：247-250.

［219］刘朴兵. 略论中国古代的糖类［J］. 美食研究，2019，36（01）：7-11.

［220］赵匡华. 我国古代蔗糖技术的发展［J］. 中国科技史料，1985（05）：9-19.

［221］季羡林. 一张有关印度制糖法传入中国的敦煌残卷［J］. 历史研究，1982（01）：124-136.

［222］季羡林. 蔗糖的制造在中国始于何时［J］. 社会科学战线，1982（03）：144-147.

［223］陈学文. 中国古代蔗糖工业的发展［J］. 史学月刊，1965（03）：27-30.

［224］季羡林. 白糖问题［J］. 历史研究，1995（01）：5-23.

［225］李治寰. 从制糖史谈石蜜和冰糖［J］. 历史研究，1981（02）：146-154.

［226］黄金海. 广西古代的蔗糖技术［J］. 广西民族研究，2003（01）：100-104.

［227］金世琳. "其合氏乃"与"乎吴取乃"——中国古代的乳文化概述（上篇）［J］. 乳品与人类，2003（01）：36-37.

［228］金世琳. "以马乳为酒，撞挏乃成也"——中国古代的乳文化概述（中篇）［J］. 乳品与人类，2003（04）：12-13.

［229］金世琳. "新酪搥重日，绝品挹清元"——中国古代的乳文化概述（下篇）［J］. 乳品与人类，2003（05）：18-19.

［230］冯竹清，王思明. 古代干酪的制作与利用研究［J］. 农业考古，2020（06）：161-168.

［231］李逸友. 呼和浩特市万部华严经塔的金代碑铭［J］. 考古，1979（04）：365-374.

［232］杨波. 唐代新进士樱桃宴考［J］. 天津大学学报（社会科学版），2006（01）：50-53.

［233］袁冀. 元代宫廷大宴考［J］. 蒙古史研究，2005（00）：116-132.

［234］董杰，张和平. 中国传统发酵乳制品发展脉络分析［J］. 中国乳品工业，2014，42（11）：

26–30.

［235］张和平. 中国古代的乳制品［J］. 中国乳品工业，1994（04）：161–167.

［236］杨芳，潘荣华. 中国古代乳文化的发轫、传播与变异［J］. 华南农业大学学报（社会科学版），2012，11（02）：141–148.

［237］刘双. 中国古代乳制品考述［C］// 饮食文化研究，2007（3）：57–63.

［238］刘希良，张和平. 中国乳业发展史概述［J］. 中国乳品工业，2002（05）：162–166.

［239］杨坚. 我国古代的豆腐及豆腐制品加工研究［J］. 中国农史，1999（02）：74–81.

［240］秦春艳. 历史时期中国豆腐的生产发展与地域空间分布［D］. 重庆：西南大学，2016.

［241］蓝勇，秦春燕. 历史时期中国豆腐产食的地域空间演变初探［J］. 历史地理，2017（02）：136–145.

［242］应克荣. 豆腐起源考［J］. 安徽史学，2013（03）：127–128.

［243］袁翰青. 关于豆腐的起源问题［J］. 中国科技史料，1981（02）：84–86.

［244］金洪霞. "齐盐鲁豉"之美的历史钩沉及其文化解读［J］. 美食研究，2017，34（01）：20–23.

［245］赵建民.《齐民要术》"豆豉"之烹饪应用技艺［J］. 扬州大学烹饪学报，2008（03）：33–36.

［246］王政军. 从典籍看中国古代豆豉酿制工艺的发展［J］. 中国调味品，2017，42（11）：154–158.

［247］朱红梅. 豆豉的历史渊源与食用风习［C］. 饮食文化研究，2004（1）：94–99.

［248］包启安. 豆豉的源流及其生产技术［J］. 中国酿造，1985（02）：9–14，8.

［249］杨坚. 我国古代豆豉的加工研究［J］. 古今农业，1999（01）：80–86.

［250］张发柱. 我国古代制作豆豉方法资料辑要［J］. 调味副食品科技，1981（11）：23–26.

［251］顾和平. 中国古代大豆的加工和食用［J］. 中国农史，1992（01）：84–86.

［252］张发柱. 豆豉制作史略考［J］. 中国酿造，1982（01）：34–39.

［253］洪光住. 豆酱油制造起源初探［J］. 调味副食品科技，1980（06）：14–16.

［254］张发柱. 豆酱制作起源考辨［J］. 调味副食品科技，1983（01）：17–20.

［255］胡嘉鹏. 关于酱油生产技术的文献史料（上）［J］. 中国调味品，2004（07）：3–6.

［256］胡嘉鹏. 关于酱油生产技术的文献史料（下）［J］. 中国调味品，2004（09）：10–15.

［257］包启安. 酱及酱油的起源及其生产技术（一）［J］. 中国调味品，1992（09）：3–6，25.

［258］包启安. 酱及酱油的起源及其生产技术（二）［J］. 中国调味品，1992（10）：4–7.

［259］包启安. 酱及酱油的起源及生产技术（三）［J］. 中国调味品，1992（11）：3–9.

参考文献

[260] 包启安. 酱及酱油的起源及生产技术（四）[J]. 中国调味品, 1993（1）: 2-5.

[261] 包启安. 酱及酱油的起源及生产技术（五）[J]. 中国调味品, 1993（03）: 4-8.

[262] 包启安. 酱及酱油的起源及生产技术（六）[J]. 中国调味品, 1993（04）: 1-7.

[263] 杨坚. 我国古代大豆酱油生产初探[J]. 中国农史, 2001（03）: 83-88.

[264] 洪光住. 漫话豆酱史[J]. 调味品科技, 1979（02）: 43-44.

[265] 王政军, 张莉.《齐民要术》中的醋食研究[J]. 中国调味品, 2020, 45（11）: 175-177, 188.

[266] 白君礼, 魏宏升.《齐民要术》中酿醋技术的研究[J]. 西北农业大学学报, 1995（06）: 80-83.

[267] 王玮, 张宝善, 李亚武, 等. 对《齐民要术》中食醋酿造的再认识[J]. 中国酿造, 2013, 32（08）: 163-166.

[268] 包启安. 古代食醋的生产技术（一）食醋的起源及不同原料的食醋生产[J]. 中国调味品, 1987（02）: 22-27.

[269] 包启安. 古代食醋的生产技术（二）古代食醋的制曲及发酵技术[J]. 中国调味品, 1987（04）: 17-21.

[270] 倪莉. 关于"醯"、"酢"、"醋"、"苦酒"的考译[J]. 中国酿造, 1996（03）: 12-13, 16.

[271] 赵荣光. 中国醋的起源与中国醋文化流变考述[C]. 饮食文化研究, 2005（3）: 11-18.

[272] 邱庞同. "鲊"源流考述[J]. 中国食品, 1989（05）: 42-43.

[273] 杨坚.《齐民要术》中的鱼类加工技术研析[C]. 饮食文化研究, 2008（2）: 13-20, 12.

[274] 邵万宽. 古代菜肴特殊烹制方法探析[J]. 四川旅游学院学报, 2017（05）: 19-22.

[275] 王赛时. 论宋代肉鱼食品的资源供应与食用结构[C]. 饮食文化研究, 2004（1）: 35-53.

[276] 王赛时. 中国古代饮食中的鱼鲊[J]. 中国烹饪研究, 1997（01）: 49-54.

[277] 申雨康. 浅论中古时期的腌制性蔬菜——"菹"[J]. 江苏调味副食品, 2022（01）: 9-14.

[278] 卢敏智. 清代三幅外销画关联历史文化初探[J]. 岭南文史, 2022（02）: 60-66, 96.

[279] 洪光住. 我国腌菜史料各论（一）[J]. 调味副食品科技, 1981（03）: 17.

[280] 洪光住. 我国腌菜史料各论（二）[J]. 调味副食品科技, 1981（06）: 19.

[281] 洪光住. 我国酱腌菜史料各论（三）[J]. 调味副食品科技, 1982（01）: 15-17.

[282] 洪光住. 我国酱腌菜史料各论（四）[J]. 调味副食品科技, 1982（09）: 16-19.

[283] 王赛时. 我国古代食蔬漫话（上）[J]. 中国食品, 1998（09）: 24-25.

[284] 王赛时. 我国古代食蔬漫话（下）[J]. 中国食品, 1998（10）: 26.

[285] 沈丽莉. "汤饼"及其古代饮食文化[J]. 语文学刊, 2009（11）: 133-134.

[286] 贺菊莲. 从考古发现初探唐之前西域饼食文化 [C]. 留住祖先餐桌的记忆：2011'杭州·亚洲食学论坛论文集，2011：464-472.

[287] 李崇寒. 从死面到发面饼：中国独特的面食文化 [J]. 国家人文历史，2018（04）：58-63.

[288] 安尼瓦爾·哈斯木. 从吐鲁番阿斯塔那墓葬出土面食看高昌居民的饮食构成 [C]. 留住祖先餐桌的记忆：2011'杭州·亚洲食学论坛论文集，2011：536-545.

[289] 阎艳. 古代"汤饼"及其文化意义 [J]. 唐都学刊，2003（01）：60-61.

[290] 闫艳. 古代"馒头"义辩证——兼释"蒸饼"、"炊饼"、"笼饼"与"包子" [J]. 南京师范大学文学院学报，2003（01）：128-130.

[291] 徐时仪. 古代典籍记载的面食词语考探 [J]. 中国典籍与文化论丛，2005（00）：274-281.

[292] 贾俊侠. 汉唐长安"饼食"综论 [J]. 唐都学刊，2009，25（04）：13-20.

[293] 金洪霞，赵建民. 华夏煎饼食俗的历史钩沉与文化解读 [J]. 四川烹饪高等专科学校学报，2010（03）：9-12.

[294] 刘朴兵. 简论中国古代的"饼" [J]. 南宁职业技术学院学报，2019，24（02）：1-4.

[295] 王仁湘. 面条的年龄——兼说中国史前时代的面食 [J]. 中国文化遗产，2006（01）：75-79.

[296] 吕厚远，李玉梅，张健平，等. 青海喇家遗址出土4000年前面条的成分分析与复制 [J]. 科学通报，2015，60（08）：744-760.

[297] 王启涛. 丝绸之路上的饮食文化研究之一：饼——以吐鲁番出土文书为中心 [J]. 四川旅游学院学报，2016（04）：8-15.

[298] 赵建民. 唐宋饼食文化的传承与嬗变 [C]. 饮食文化研究，2004（3）：47-52.

[299] 朱瑞熙. 中国古代的饆饠 [C]. 饮食文化研究，2004（2）：45-47.

[300] 高启安. 中国古代的方便食品：棋子面 [J]. 南宁职业技术学院学报，2015，20（03）：1-4.

[301] 王赛时. 中国古代的团型面食 [J]. 中国食品，1993（07）：29-30.

[302] 刘晓焕. 中国古代主食内容例说 [C]// 饮食文化研究，2005（4）：45-54.

[303] 张松林. 中国新石器时代陶鏊初考 [J]. 中原文物，1997（03）：76-89.

[304] 高启安，索黛. 敦煌古代僧人官斋饮食检阅——敦煌文献P.3231卷内容研究 [J]. 敦煌研究，1998（03）：60-74，187.

[305] 聂凤乔. 古代食菌的加工贮藏法 [J]. 食用菌，1985（02）：41-42.

[306] 黄士斌. 洛阳金谷园村汉墓中出土有文字的陶器 [J]. 考古通讯，1958（01）：36-41.

[307] 李吟屏. 新疆历代度量衡初探 [J]. 喀什师范学院学报，1991（02）：89-97.

[308] 邱隆. 中国历代度量衡单位量值表及说明 [J]. 中国计量，2006（10）：46-48，76.

参考文献

[309] 杨坚.《齐民要术》中农产品加工的研究[D]. 南京：南京农业大学，2004.

[310] 刘朴兵. 唐宋饮食文化比较研究——以中原地区为考察中心[D]. 武汉：华中师范大学，2007.

[311] 王蓓蓓. 唐代果品业研究[D]. 重庆：西南大学，2008.

[312] 王朝君. 中国古代杏的栽培、加工与利用[D]. 南京：南京农业大学，2009.

[313] 孙刘伟. 北宋东京饮食文化研究[D]. 郑州：郑州大学，2019.

[314] 王素强. 元明冰事述考[D]. 兰州：兰州大学，2013.

[315] 龚一闻. 新疆苏贝希遗址出土面食的制作工艺分析[D]. 北京：中国社会科学院大学，2011.

[316] 王鑫.《格物粗谈》与《物类相感志》中的科技史料研究[D]. 太原：山西大学，2021.

[317] 张玮. 汉代储粮方式的考古学观察[D]. 南京：南京大学，2012.

[318] 胡蝶. 宋代膏油研究[D]. 开封：河南大学，2017.

[319] 郑明军. 唐五代宋初敦煌日常用油研究[D]. 兰州：西北师范大学，2020.

[320] 刘英. 中国古代作物油料研究[D]. 杨凌：西北农林科技大学，2009.

[321] 刘媛. 商周时期盐业生产技术研究[D]. 郑州：郑州大学，2011.

[322] 李青淼. 唐代盐业地理[D]. 北京：北京大学，2008.

[323] 李冰冰. 唐代蔗糖生产及其影响研究[D]. 重庆：西南大学，2016.

[324] 刘丹. 中国古代糖史研究[D]. 杨凌：西北农林科技大学，2009.

[325] 王斐然. 中国传统发酵食品"鲊"的历史流变[D]. 杭州：浙江工商大学，2022.

[326] 王凤玉.《东京梦华录》名物词研究[D]. 西安：陕西师范大学，2014.

[327] 孙刘伟. 北宋东京饮食文化研究[D]. 郑州：郑州大学，2019.

[328] 刘梦娜. 宋代饮食文化的考古学考察[D]. 郑州：郑州大学，2018.

[329] 胡艳红. 百种宋人笔记所见饮食文化史料辑考[D]. 上海：华东师范大学，2006.

[330] 邱隆. 中国历代度量衡单位值表及说明[J]. 中国计量，2006（10）：46-48+76.